GAODENG ZHIYE JIAOYU CHAYE SHENGCHAN JIAGONG JISHU ZHUANYE GUIHUA JIAOCAI

高等职业教育茶叶生产加工技术专业系列教材 ●

茶叶加工与品质检验

沈强 杜杰 武永福 主编

张小琴 王银桂 张宁 副主编

U0255151

中国轻工业出版社

图书在版编目（CIP）数据

茶叶加工与品质检验 / 沈强，杜杰，武永福主编. —北京：中国轻工业出版社，2021.11

高等职业教育茶叶生产加工技术专业规划教材

ISBN 978-7-5184-0389-9

Ⅰ.① 茶… Ⅱ.① 沈… ② 杜… ③ 武… Ⅲ.① 制茶工艺 – 高等职业教育 – 教材 ② 茶叶 – 食品检验 – 高等职业教育 – 教材 Ⅳ.①TS272

中国版本图书馆CIP数据核字（2015）第106831号

责任编辑：古　倩　杜宇芳

策划编辑：古　倩　　责任终审：张乃东　　封面设计：锋尚设计

版式设计：锋尚设计　　责任校对：晋　洁　　责任监印：张　可

出版发行：中国轻工业出版社（北京东长安街6号，邮编：100740）

印　　刷：三河市万龙印装有限公司

经　　销：各地新华书店

版　　次：2021年11月第1版第5次印刷

开　　本：787×1092　1/16　印张：14.5

字　　数：320千字

书　　号：ISBN 978-7-5184-0389-9　定价：39.00元

邮购电话：010-65241695

发行电话：010-85119835　传真：85113293

网　　址：http://www.chlip.com.cn

Email：club@chlip.com.cn

如发现图书残缺请与我社邮购联系调换

211496J2C105ZBW

本书由贵州省农业科学院院专项"黔农科院院专项 [2013] 009号"、贵州省高层次创新人才培养专项"黔科合人才 [2015] 4023号"、陇东学院教材编写项目、湛江职业技术学院教材编写项目、贵州省科技创新人才团队项目"黔科合人才团队 [2014] 4025号"和贵州省农业科学院院专项"黔农科院院专项 [2014] 019号"项目经费资助出版。

主　编：沈　强　杜　杰　武永福
副主编：张小琴　王银桂　张　宁

主　编：沈　强（贵州省茶叶研究所）
　　　　杜　杰（湛江职业技术学院）
　　　　武永福（陇东学院）

副主编：张小琴（贵州省茶叶研究所）
　　　　王银桂（东莞中学松山湖学校）
　　　　张　宁（陇东学院）

编　者（排名不分先后）：
　　　　沈　强（贵州省茶叶研究所）
　　　　张小琴（贵州省茶叶研究所）
　　　　郑文佳（贵州省茶叶研究所）
　　　　杜　杰（湛江职业技术学院）
　　　　武永福（陇东学院）
　　　　张　宁（陇东学院）
　　　　刘晓博（贵州大学）
　　　　汪艳霞（贵州大学）
　　　　张　建（贵州省产品质量监督检验院）
　　　　王银桂（东莞中学松山湖学校）

审　稿：王百姓（陇东学院）
　　　　郑文佳（贵州省茶叶研究所）

序 言

INTRODUCTION

近年来，我国西南各省大力鼓励发展茶叶育种、栽培、生产及销售，以增加茶农收入。传统农业院校的茶学专业纷纷加大科研力度，以提高茶叶的附加值，新兴高职高专院校积极开设茶叶加工及销售等相关专业和课程。然而近十几年来，茶叶加工及品质检验的相关教材没有得到及时更新，另外，传统茶叶加工教材没有实际操作流程，偏重于理论教学。因此，我们编写组历时两年，大力搜集资料，编写完成了这本具有生动鲜活实例，可操作性强的实用教材，以改变枯燥乏味的理论与实践脱节的传统教学模式。

中国是茶的原产地，是世界上最早发现和利用茶的国家，也是茶叶科技和茶文化的发祥地。世界各国的茶树最初都是从中国传播出去的。随着茶树在世界各地的传播和繁衍，种茶、制茶技术以及茶医药保健和茶文化等茶叶科技知识开始向世界各国传播。茶叶科技和茶文化诞生于古代中国，弘扬于当代世界。"茶学学科"作为一门二级学科，也首先出现在中国。

我国不仅是世界上茶树品种资源最为丰富的国家，也是茶叶产品品目最为丰富齐全的国家。我国茶叶产品涵盖了红、绿、黑、青、黄、白六大茶类，还有琳琅满目的再加工茶和深加工茶制品。世界茶叶市场的主流产品红碎茶，以及日本的蒸青绿茶在中国都有规模化生产，而工夫红茶、名优绿茶、炒青绿茶、黑青黄白四大茶类，以及花茶等再加工茶是我国独有的茶叶产品形式。

从国家农业部种植业管理司统计数据看，2013年我国茶叶面积3869万亩，茶叶产量189万吨，茶叶产值1100亿元，2014年茶叶面积4112万亩，茶叶产量215万吨，茶叶产值1349亿元，涉及茶农8000多万。茶产业越来越多地从传统的农业产业向工业、医药、文化及服务业等扩展。茶已广泛渗透到第一、第二、第三产业。相应的，其依托的科学技术也扩展到农学、医学、食品科学、社会科学等方面。

科技是推动经济发展的生产力，经济发展也是科技进步的原动力。与蓬勃发展的茶业经济相适应，我国在许多大专院校都设有茶学专业，据统计，目前全国设有茶学专业的高等、高职和中专学校有30多所。茶学作为二级学科在高等院校已存在多年，并且在浙江大学已经是国家重点学科，在安徽农业大学也是国家重点（培育）学科。在安徽农业大学、中国农业科学院茶叶研究所、湖南农业大学等单位都设有省、部级重点开放实验室。由此可见，"茶学学科"作为一门二级学科，已经成为我国的特色学科，在许多方面已经具有一定的优势。

了解、学习、掌握六大茶类加工的基本理论与实用技术，将为我国茶叶加工及品质检验事业提供强大的技术后盾，满足我国茶叶加工及检验事业发展所必需的人才需求，进一步提高我国六大茶类加工、茶叶品质检验等一系列工业化加工水平。这对于促进我国茶业结构调整、增加茶叶附加值、满足多元化市场需求、促进我国传统茶叶出口与贸易、提升我国传统茶业具有十分重要的作用。

本书作者都是具有博士、硕士学位的中青年教授、副教授、讲师，长期从事茶叶加工与品质检验的教学与科研工作，经验丰富，精力充沛，善于捕捉新的信息、新的科研技术，发现并反映关键问题，能引导学习者准确地掌握本学科的知识，结合我国国家和地方实际情况，推动茶业产业的发展。本书也将成为名茶加工者、生产者、销售者的良师益友。

王百姓

2015年5月

前 言
PREFACE

本书根据近年来茶业发展趋势及茶叶加工实际需求，着重运用实例的方式，结合工业生产实践，举出生动实用的例子来说明我国六大传统茶类加工的基本原理及品质检验方法，力求体现茶叶及茶学发展的实际需求，在内容和形式上有所创新。

本书共七个任务，详细阐述了绿茶、黄茶、黑茶、白茶、青茶、红茶及茶叶内含营养物质的检测方法。本书采用图文并茂的形式详细介绍了各大茶类的加工工艺和检验方法，并且介绍了典型名茶的鲜叶标准、传统加工工艺、审评方法及标准、贮存要点、著名典故、工业化生产流程、审批程序、审批报表等，供茶学专业学生或相关专业人士及非专业人员学习、了解、参考中国传统茶叶加工的精髓及要点。

本书详尽介绍了六大茶类的加工工艺及其品质特点，每一茶类通过图文并茂的方式举出两个例子来介绍其具体的操作流程、仪器设备、技术参数、任务实施表、加工方案、关键控制点、质量检验表、任务考核表、相关知识点等。其中绿茶以都匀毛尖、贵州绿宝石的加工为例；黄茶以君山银针、霍山黄芽茶的加工为例；黑茶以湖南安化黑茶、广西六堡茶的加工为例；白茶以白毫银针、白牡丹茶的加工为例；青茶以安溪铁观音、武夷岩茶的加工为例；红茶以祁门工夫红茶、正山小种红茶的加工为例；同时详细介绍了成品茶水分、水溶性灰分和水不溶性灰分、酸不溶性灰分、水浸出物、粗纤维、咖啡因、茶多酚、游离氨基酸、铅、有机氯等的测定方法。

本书主要由沈强、杜杰、武永福、张小琴、王银桂、张宁编写，同时受到刘晓博、汪艳霞、张建等人的大力协助；全书审稿工作受到王百姓和郑文佳两位老师的全力帮助；沈强、武永福和杜杰负责全书的统稿工作。

本书受到贵州省农业科学院院专项、贵州省高层次创新人才培养专项、陇东学院教材编写项目、湛江职业技术学院教材编写项目以及贵州省科技创新人才团队项目的大力资助，同时也受到贵州省茶叶研究所、陇东学院和湛江职业技术学院科技处、教务处等领导、同事的大力协助，另外受到贵州省产品质量监督检验院的领导、同事的大力帮助。在编写审稿过程中，承蒙中国轻工业出版社大力协助。由于涉及六大茶类，具体生产任务中的领料、填单等各种报表较多，各种营养物质的检测也很多，作者又各居异地，书中疏漏和不妥之处在所难免，衷心期待诸位同仁和读者指正。

编者

2015年5月

目　录
CONTENTS

任务一　**绿茶加工与品质检验** ······················· **01**

Task **01**

　　任务1-1　都匀毛尖加工 ····················· 03

　　任务1-2　贵州绿宝石加工 ···················· 10

任务二　**黄茶加工与品质检验** ······················· **27**

Task **02**

　　任务2-1　君山银针茶加工 ···················· 29

　　任务2-2　霍山黄芽茶加工 ···················· 32

任务三　**黑茶加工与品质检验** ······················· **55**

Task **03**

　　任务3-1　湖南安化黑茶加工 ··················· 56

　　任务3-2　广西六堡茶加工 ···················· 63

任务四　**白茶加工与品质检验** ······················· **78**

Task **04**

　　任务 4-1　白毫银针茶加工 ···················· 80

　　任务 4-2　白牡丹茶加工 ····················· 83

任务五　**青茶加工与品质检验** ······················· **98**

Task **05**

　　任务 5-1　安溪铁观音加工 ···················· 99

　　任务 5-2　武夷岩茶加工 ···················· 106

任务六

Task 06

红茶加工与品质检验 •• **121**

  任务6-1 祁门工夫红茶加工 •••••••••••••••••••••••• 123

  任务6-2 正山小种红茶加工 •••••••••••••••••••••••• 124

任务七

Task 07

茶叶品质检验方法 •••••••••••••••••••••••••••••••••••• **178**

  任务7-1 水分含量的测定 •••••••••••••••••••••••••• 179

  任务7-2 灰分的测定 ••••••••••••••••••••••••••••••• 182

  任务7-3 水溶性灰分和水不溶性灰分的测定 •••••• 186

  任务7-4 酸不溶性灰分的测定 •••••••••••••••••••••• 190

  任务7-5 水浸出物的测定 •••••••••••••••••••••••••• 194

  任务7-6 粗纤维的测定 ••••••••••••••••••••••••••••• 197

  任务7-7 咖啡因的测定 ••••••••••••••••••••••••••••• 202

  任务7-8 茶多酚的测定 ••••••••••••••••••••••••••••• 206

  任务7-9 游离氨基酸的测定 •••••••••••••••••••••••• 210

  任务7-10 铅的测定 ••••••••••••••••••••••••••••••••• 214

  任务7-11 有机氯的测定 •••••••••••••••••••••••••••• 218

绿茶加工与品质检验

● **学习目标：**

完成本学习任务后，你应能：

1. 叙述绿茶的加工工艺、生产设备、茶叶中各组分的作用；
2. 在教师的指导下，根据生产任务制订工作计划，并能根据工作计划实施绿茶生产；
3. 知道每一操作步骤的作用及对产品质量可能造成的影响；
4. 正确使用干燥箱、分光光度计、超净工作台等仪器或工具对绿茶进行质量检验；
5. 在教师的指导下，规范检测及评价绿茶的质量；
6. 在学习过程中能够客观地评价自己或他人的工作；
7. 掌握绿茶鲜叶的萎凋、杀青、绿茶的揉捻、干燥等加工技能。

一、生产与检验流程

接受生产任务单 → 根据生产任务单形成领料单 → 领料后根据工艺流程进行生产 →

对产品进行检验 → 出具检验报告

二、学习任务描述

根据生产任务，制订绿茶生产的详细工作计划，包括人员分工、物料衡算、领取原料；检查设备，保障设备的正常运转和安全；按工艺要求和操作规定进行生产；生产过程中严格控制工艺条件；产品检验；出料包装；设备清洁等。生产过程中要能随时解决出现的紧急问题。

三、概况

绿茶是我国六大茶类之一，绿茶生产遍及全国所有产茶省。与其他茶类相比，绿茶具有历史悠久、产区广泛、产量丰富、品质优异、销售渠道稳定等特点。根据绿茶的加工方法和品质特征不同，可将绿茶分为炒青、烘青、蒸青、晒青和特种绿茶五大类型。其中，炒青绿茶又分长炒青、圆炒青和扁炒青等几个小类。近几年来，以炒烘结合的方法加工的半烘炒绿茶和特种绿茶的发展较快，这类茶主要满足花茶市场和消费高档化需求。

各种绿茶初加工的工艺主要包括杀青、揉捻和干燥三个基本过程。其中，杀青是在高温短时条件下，迅速破坏鲜叶中酶的活性，使鲜叶中的有效成分固定，是绿茶品质形成的关键工序。用锅炒方法杀青、干燥制成的绿茶叫炒青绿茶，用蒸汽杀青制成的绿茶叫蒸青绿茶。在干燥过程中，用烘干方法制成的绿茶叫烘青绿茶，用晒干方法制成的绿茶叫晒青绿茶。

绿茶都具有"清汤绿叶"的品质共性，通常要求具有"三绿"的特征。三绿指绿茶的干茶翠绿，汤色碧绿，叶底嫩绿。虽然各地生产的绿茶品质特征各异，但总体而言，高级绿茶的品质特征是外形条索匀整、不断碎、色泽绿润，调和一致，净度好；内质香高持久，纯正；汤色清澈，黄绿明亮；滋味浓醇爽口；叶底嫩绿明亮。

霍山黄芽

任务 1-1

都匀毛尖加工

　　都匀毛尖是贵州三大名茶之一，也是中国十大名茶之一。产于贵州都匀市。都匀位于贵州省的南部，是黔南布依族苗族自治州州府。都匀毛尖主要产地在团山、哨脚、大槽一带，山谷起伏，海拔千米，峡谷溪流，林木苍郁，云雾笼罩，冬无严寒，夏无酷暑，四季宜人，年平均气温为16℃，年平均降水量在1400多毫米；土层深厚，土壤疏松湿润，土质是酸性或微酸性，内含大量的铁质和磷酸盐，特殊的自然条件不仅适宜茶树的生长，而且形成了都匀毛尖的独特风格。其品质特征：条索紧细卷曲，色泽鲜绿，白毫显露；香气清嫩，汤色清澈，滋味鲜浓，回甘带甜，叶底嫩绿明亮，芽头肥壮。都匀毛尖素以"干茶绿中带黄，汤色绿中透黄，叶底绿中显黄"的"三绿透三黄"特色著称。

任务目标

1. 掌握都匀毛尖的起源、分类、品质特征；
2. 掌握都匀毛尖的杀青、揉捻、干燥等加工技能；
3. 掌握炒青都匀毛尖和烘青都匀毛尖的工艺流程和加工工艺；
4. 掌握珠茶和蒸青都匀毛尖的工艺流程和加工工艺；
5. 熟悉都匀毛尖加工生产中的主要设备。

任务流程

> 鲜叶 → 杀青 → 揉捻 → 做形（搓团提毫）→ 干燥

任务描述

　　根据生产任务，制订都匀毛尖生产的详细工作计划，包括人员分工、物料衡算、领取原料；检查设备，保障设备的正常运转和安全；按工艺要求和操作规定进行生产；生产过程中严格控制工艺条件；产品检验；出料包装；设备清洗等。生产过程中要能随时解决出现的紧急问题。

一、加工流程

　　① **鲜叶**：清明前后开采，采摘鲜嫩、叶色深绿的鲜叶，标准为一芽一叶初展，长度不超过2.0cm，梗长不超过2.0mm。通常炒制500g高级毛尖茶需要5万~6万个芽头。

② **摊青**：一般用摊青槽或摊青架。鲜叶摊放15~20cm，雨水叶和露水叶要薄摊通风。摊放过程中，每隔1~2h翻动1次。

③ **杀青**：采用电炒锅杀青。当锅温升到120~140℃时，投入摊放好的茶青250~350g，双手翻炒，做到抖散、翻匀、杀透。

④ **揉捻**：锅温降到70℃左右，在锅中将茶坯进行推揉，开始轻柔，使茶坯成条，然后重揉，使茶条揉紧，茶汁适当揉出。

⑤ **做形**：达五成干时，降低锅温到50~60℃，转入搓团提毫工序。开始搓大团，然后小团，塑造外形。到七成干时用轻—重—轻的手法进行提毫，到白毫显露。近八成干时，停止提毫。

⑥ **干燥**：降低锅温到40~50℃，将茶坯薄摊在锅中文火慢焙，每隔2~3min轻翻1次，足干后出锅，摊凉后入库。

二、加工要点

1. 杀青

锅温应根据投叶量多少而不同，投叶量多时锅温要高，投叶量少时锅温应低。一般5~7kg的投叶量，锅温260~280℃；10kg左右的投叶量，锅温300~360℃。

投叶量要根据锅温、鲜叶老嫩、鲜叶含水量等不同而定，一般投叶量在8~10kg。投叶后，应先抛炒2~3min，然后闷炒1~2min后再抛炒，至适度为止。雨水叶、露水叶应多抛，粗老的叶子应多闷杀。

时间要根据锅温、叶量、鲜叶等级等不同而定。84型锅式杀青机一般6~7min。58型杀青机时间较长，一般需9~12min。105型短滚筒杀青机筒温260~300℃，每筒投叶量6~8kg，杀青时间4~6min，至杀青适度时反转出叶。

判断杀青适度的标准：叶色暗绿，梗折不断，香气显露，青气消失，紧捏叶子成团，稍有弹性，无红梗红叶、烟焦现象。

2. 揉捻

炒青绿茶的鲜叶加工过程中，一般使用的揉捻机为中小型揉捻机。主要有CR-40型、55型和65型等，转速一般为45~55r/min。揉捻工序包括：揉前准备→揉捻叶温控制→揉捻叶质量控制→加压力度控制→加压时间控制→出揉捻叶。

在揉捻工序中，要掌握的关键技术要点是：嫩叶控制转速慢，较老叶控制转速稍快；在揉捻加压环节，应该遵循"先轻后重，逐步加压，轻重交替，最后不加压"的原则。一般情况下，嫩叶体积小，投叶量可多些；老叶体积大，投叶量可少些。较嫩叶子，一般采取一次揉；较老叶子，可分二次揉，中间解块一次。复揉通常在二青后进行，如复揉一次的工艺流程是：杀青→揉捻→二青→复揉→干燥。

判断揉捻适度的标准：揉捻叶基本成条，三级以上的叶子成条率达80%以上，三级以下的不低于60%；细胞破损率一般为45%~55%，匀整度在70%以上；茶汁黏附叶表面，手摸有滑润黏手的感觉。

3. 干燥

干燥一般分为二青、三青和辉锅三道工序。各地干燥方法存在不同，如二青有用炒或烘的；炒也有用锅炒或滚炒的。三青及辉锅亦有类似情况。研究表明，整个干燥作业中，二青用烘干、三青用锅炒、辉锅用滚炒，即采用烘→炒→滚的方法，是较为合理的流程。

二青温度不能过高，一般烘干机温度控制在95~115℃；烘笼以80~85℃为宜，不能超过90℃。二青叶烘干程度以含水量40%~45%为宜，较老叶子含水量宜高，较嫩叶子含水量可略低。减重率15%~20%。一般烘到叶子手捏不粘，稍感触手，而叶子尚软，仍可成团，松手后会弹散即可。

炒三青时，在锅式炒干机进行。每锅投叶为7.5~10kg的二青叶，锅温为100~110℃，时间为25~30min。炒到手捏叶子有部分发硬，但不会断碎，而有触手感觉，略有弹散力时即可。含水量控制在20%左右为宜。

辉锅通常有两种方法，即采用锅式炒干机和瓶式炒干机辉锅，前者称炒，后者称滚。用锅式炒干机辉锅，叶量为二锅三青叶。锅温为90~100℃，炒30~40min，含水量5%~6%为适度。用瓶式炒干机辉锅，要掌握三个环节：投叶多、温度低、炒时长。叶量要多，滚筒内叶子要放满，到炒时有少量叶子滚出为度；温度不能太高，除刚上叶时的10min内温度可稍高外，此后温度宜低，一般需炒90min，在低温下长时间地辉锅。

三、任务实施

（一）领取生产任务

生产任务单						
产品名称	产品规格	生产车间	单位	数量	开工时间	完工时间
都匀毛尖	100g/包	都匀毛尖生产车间	包	5		

（二）任务分工

序号	操作内容		主要操作者	协助者
1	生产统筹			
2	绿茶包装	工具领用		
3		原料领用		
4		检查及清洗设备、工具		
5		称量材料		
6		原料选择		
7		修整		
8	产品检测			
9				

（三）领料

1. 车间设备单

行号	设备代码	设备名称	规格	使用数量
1	A001			
2	A002			
3	A003			

2. 工具领料单

领料部门		发料仓库		
生产任务单号		领料人签名		
领料日期		发料人签名		
行号	物料代码	物料名称	规格	发料数量
1	G001			
2	G002			
3	G003			

3. 材料领料单

领料部门		发料仓库			
生产任务单号		领料人签名			
领料日期		发料人签名			
行号	物料代码	物料名称	用量/kg	单价/（元/kg）	总价/元
1	Q001				
2	Q002				
3	Q003				

（四）加工方案

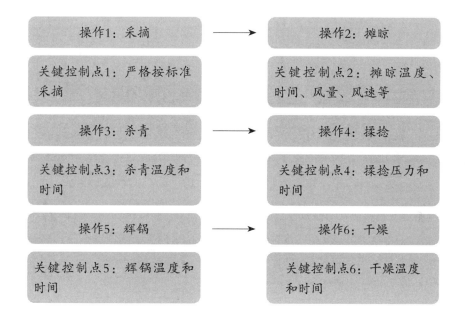

（五）产品质量检验

1. 产品感官要求（GB/T 14456.1-2008《绿茶 第1部分：基本要求》）

（1）产品品质正常，无异味、无异臭、无劣变。

（2）产品中不得含有非茶类夹杂物，不着色、无任何添加剂。

（3）感官品质（炒青茶、蒸青茶、烘青茶、晒青茶）（GB/T 14456.2-2008《绿茶 第2部分：大叶种绿茶》）

级别	要求							
	外形				内质			
	条索	整碎	净度	色泽	香气	滋味	汤色	叶底
特级	肥嫩紧结、显锋苗	匀整平伏	洁净	灰绿光润	清高持久	浓厚鲜爽	黄绿明亮	肥嫩匀、黄绿明亮
一级	肥壮紧结、有锋苗	匀整	稍有嫩梗	灰绿润	清高	浓厚	黄绿亮	肥厚、黄绿亮
二级	尚紧结	尚匀整	有嫩梗、卷片	黄绿	纯正	浓尚醇	黄绿尚亮	厚实尚匀、黄绿尚亮
三级	粗实	欠匀整	有梗片	黄绿稍杂	平正	浓带粗涩	绿黄	欠匀绿黄

2. 产品理化指标（GB/T 14456.1-2008《绿茶 第1部分：基本要求》）

项目		指标			
		炒青绿茶	烘青绿茶	蒸青绿茶	晒青绿茶
水分（质量分数）/%	≤	7.0			9.0
总灰分（质量分数）/%	≤	7.5			
碎末茶（质量分数）/%	≤	6.0			
水浸出物（质量分数）/%	≥	34.0			
粗纤维（质量分数）/%	≤	16.0			
酸不溶性灰分（质量分数）/%	≤	1.0			
水溶性灰分，占总灰分（质量分数）/%	≥	45.0			
水溶性灰分碱度（以KOH计）（质量分数）/%		1.0*~3.0*			

注：水浸出物、水溶性灰分、水溶性灰分碱度、酸不溶性灰分、粗纤维为参考指标。

* 当以每100g磨碎样品的毫克分子表示水溶性灰分碱度时，其限量为：最小值17.8，最大值53.6。

3. 卫生指标（GB/T 14456.1-2008《绿茶 第1部分：基本要求》）

项目	指标
污染物限量	符合GB 2762的规定
农药残留限量	符合GB 2763的规定

4. 检验流程

产品抽样 → 样品处理 → 产品指标检测 → 结果汇总 → 出具检验报告单

5. 检验项目与操作步骤

见本书"任务七　茶叶品质检验方法"。

6. 出具检验报告

检验报告			
		报告单号:	
产品名称		型号规格	
生产日期/批号		产品商标	
产品生产单位		委托人	
委托检验部门		委托人联系方式	
收样时间		收样地点	
收样人		样品数量	
样品状态		封样数量	
封样人员		封样贮存地点	
检验依据		检测日期	
检验项目			
检验各项目	合格指标	实测数据	是否合格
检验结论			

编制:　　　　批准:　　　　审核:

（六）任务评价

学业评价表				
序号	项目		学习任务的完成情况评价	
		自评（40%）	小组评（30%）	教师评（30%）
1	工作页的填写（15分）			
2	独立完成的任务（20分）			
3	小组合作完成的任务（20分）			
4	老师指导下完成的任务（15分）			
5	生产过程	原料的作用及性质（5分）			
6		生产工艺（10分）			
7		生产步骤（10分）			
8		设备操作（5分）			
9	分数合计（100分）			
10	存在的问题及建议			
11	综合评价分数			

说明：综合评价分数=自评分数×40%+小组评分数×30%+教师评分数×30%

任务 1-2

贵州绿宝石加工

　　贵州绿宝石是贵州十大名茶之一，产自贵州茶海之心"凤冈"，海拔800~1200m，这里土地肥沃，森林广布，雨量充沛，气候温和，富含锌、硒，形成了独具特色的"生态、河流、土壤"小区自然环境和"林中有茶、茶中有树、林茶相间、相得益彰"的生态系统。绿宝石以采摘内含物质比茶芽更为丰富的一芽二三叶成熟茶青为原料，再加上其独特的技术和工艺，因此成品茶不仅保持了鲜爽宜人的口感，更具有栗香浓郁、滋味厚重、持久耐泡、营养全面的特点。

任务目标

1. 掌握贵州绿宝石的起源、分类、品质特征；
2. 掌握贵州绿宝石的杀青、揉捻、干燥等加工技能；
3. 掌握炒青和烘青贵州绿宝石的工艺流程和加工工艺；
4. 掌握珠茶和蒸青贵州绿宝石的工艺流程和加工工艺；
5. 熟悉贵州绿宝石加工生产中的主要设备。

任务流程

　　鲜叶　→　杀青　→　揉捻　→　毛火　→　做形炒干

任务描述

　　根据生产任务，制订贵州绿宝石生产的详细工作计划：包括人员分工、物料衡算、领取原料；检查设备，保障设备的正常运转和安全；按工艺要求和操作规定进行生产；生产过程中严格控制工艺条件；产品检验；出料包装；设备清洗等。生产过程中要能随时解决出现的紧急问题。

一、加工流程

① **鲜叶**：原料是中小叶绿茶良种，一般于清明前后采摘，原料规格为一芽二三叶。

② **杀青**：杀青要做到杀匀，杀透，失水 35% 左右为宜，摊晾 30~60min。

③ **揉捻**：按照揉捻的原则和要求，用轻—重—轻的方法进行操作，要保持芽叶的完整，细胞破碎率 50% 以上。

④ **做形炒干**：揉捻叶含水量较高，下机后必须及时进行毛火滚炒，防止因水分含量高而黄变。毛火要掌握好温度，既要茶坯蒸发部分水分，防止做形时未圆先扁、碎末多，又要茶坯柔软，利于塑造外形，不至于干硬，不利于下一道工序。毛火叶含水量 40% 左右为合适。做形用双锅曲毫机，做形与炒干是连续进行的。锅温 40~45℃，根据原料嫩度适

当调节，嫩度好的、芽叶肥厚的锅温高一些。炒至颗粒外表色绿起霜，以手指捻搓成粉末，含水率 4%~6% 为止。

二、加工要点

1. 杀青

珠茶杀青基本与长炒青绿茶的杀青相同，其不同点在于：珠茶杀青采用多闷炒，促使叶片软化，便于成型；杀青程度稍轻，含水率为62%~64%。

2. 揉捻

珠茶的揉捻与长炒青绿茶的揉捻基本相同。不同点在于：珠茶的叶温稍高；嫩叶温揉，中低档叶热揉，以便叶片软化成形；揉捻时间稍短，仅需15~20min，比长炒青绿茶少5~10min；加压稍轻。最后，揉捻程度与长炒青绿茶一样。

3. 干燥

工艺流程为：揉捻叶→炒二青→炒小锅→炒对锅→炒大锅→圆炒青。

炒二青：通常采用110型滚筒炒干机炒二青。投叶控制在70kg/筒左右，筒温240℃，炒制时间为35~40min，含水量控制在40%~45%，条软不黏为适度。

炒小锅：常采用珠茶炒干机，投叶12~15kg/锅，叶温控制在40~45℃（锅温为120~160℃），掌握"嫩高老低"的原则，炒制时间控制在45min左右，含水量掌握在30%~35%，细小叶基本成圆时出锅。

炒对锅：投叶量为两小锅叶合并成一锅，20~22.5kg/锅。叶温控制在40~45℃，掌握"嫩高老低，先高后低"的原则，时间掌握在90~120min。炒到腰档及下脚都成圆率达80%以上，含水15%~20%时出锅。

炒大锅：使茶进一步炒紧、炒干、炒光。一般投叶量40kg，即两锅合并成一锅。叶温掌握在40~50℃，炒制时间控制在150~180min，无盖炒90min后，加盖炒15min左右，再无盖炒15~20min，交替2~3次。

干燥的技术特点：次数多，多达4次；时间长，炒制时间为5~7h；温度低，炒制温度控制在40~50℃；投叶量多，逐次增加1倍。在珠茶的炒制过程中，炒小锅、对锅、大锅的主要作用是做形和干燥，是塑造紧结颗粒壮外形的关键过程。俗称"小锅脚，对锅腰，大锅帽"。

三、任务实施

（一）领取生产任务

生产任务单						
产品名称	产品规格	生产车间	单位	数量	开工时间	完工时间
贵州绿宝石	100g/包	贵州绿宝石生产车间	包	5		

（二）任务分工

序号	操作内容		主要操作者	协助者
1		生产统筹		
2	绿茶包装	工具领用		
3		原料领用		
4		检查及清洗设备、工具		
5		称量材料		
6		原料选择		
7		修整		
8	产品检测			
9				

（三）领料

1. 车间设备单

行号	设备代码	设备名称	规格	使用数量
1	A001			
2	A002			
3	A003			

2. 工具领料单

领料部门			发料仓库		
生产任务单号			领料人签名		
领料日期			发料人签名		
行号	物料代码	物料名称		规格	发料数量
1	G001				
2	G002				
3	G003				

3. 材料领料单

领料部门		发料仓库			
生产任务单号		领料人签名			
领料日期		发料人签名			
行号	物料代码	物料名称	用量/kg	单价/（元/kg）	总价/元
1	Q001				
2	Q002				
3	Q003				

（四）加工方案

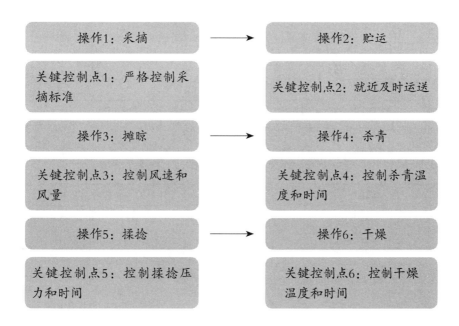

（五）产品质量检验

1. 产品感官要求（GB/T 14456.1-2008《绿茶 第1部分：基本要求》）

① 产品品质正常，无异味、无异臭、无劣变。
② 产品中不得含有非茶类夹杂物，不着色、无任何添加剂。
③ 感官品质（炒青茶、蒸青茶、烘青茶、晒青茶）（GB/T 14456.2-2008《绿茶 第2部分：大叶种绿茶》）

级别	要求							
	外形				内质			
	条索	整碎	净度	色泽	香气	滋味	汤色	叶底
特级	肥嫩紧结、显锋苗	匀整平伏	洁净	灰绿光润	清高持久	浓厚鲜爽	黄绿明亮	肥嫩匀、黄绿明亮
一级	肥壮紧结、有锋苗	匀整	稍有嫩梗	灰绿润	清高	浓厚	黄绿亮	肥厚、黄绿亮
二级	尚紧结	尚匀整	有嫩梗、卷片	黄绿	纯正	浓尚醇	黄绿尚亮	厚实尚匀、黄绿尚亮
三级	粗实	欠匀整	有梗片	黄绿稍杂	平正	浓带粗涩	绿黄	欠匀绿黄

2. 产品理化指标（GB/T 14456.1-2008《绿茶 第1部分：基本要求》）

项目		指标			
		炒青绿茶	烘青绿茶	蒸青绿茶	晒青绿茶
水分（质量分数）/%	≤	7.0			9.0
总灰分（质量分数）/%	≤	7.5			
碎末茶（质量分数）/%	≤	6.0			
水浸出物（质量分数）/%	≥	34.0			
粗纤维（质量分数）/%	≤	16.0			
酸不溶性灰分（质量分数）/%	≤	1.0			
水溶性灰分，占总灰分（质量分数）/%	≥	45.0			
水溶性灰分碱度（以KOH计）（质量分数）/%		1.0*~3.0*			

注：水浸出物、水溶性灰分、水溶性灰分碱度、酸不溶性灰分、粗纤维为参考指标。

* 当以每100g磨碎样品的毫克分子表示水溶性灰分碱度时，其限量为：最小值17.8，最大值53.6。

3. 卫生指标（GB/T 14456.1-2008《绿茶 第1部分：基本要求》）

项目	指标
污染物限量	符合GB 2762的规定
农药残留限量	符合GB 2763的规定

4. 检验流程

产品抽样 → 样品处理 → 产品指标检测 → 结果汇总 → 出具检验报告单

5. 检验项目与操作步骤

见本书"任务七 茶叶品质检验方法"。

6. 出具检验报告

检验报告			
			报告单号：
产品名称		型号规格	
生产日期/批号		产品商标	
产品生产单位		委托人	
委托检验部门		委托人联系方式	
收样时间		收样地点	
收样人		样品数量	
样品状态		封样数量	
封样人员		封样贮存地点	
检验依据		检测日期	
检验项目			
检验各项目	合 格 指 标	实 测 数 据	是 否 合 格
检验结论			

编制： 批准： 审核：

（六）任务评价

	学业评价表				
序号	项目		学习任务的完成情况评价		
			自评（40%）	小组评（30%）	教师评（30%）
1	工作页的填写（15分）				
2	独立完成的任务（20分）				
3	小组合作完成的任务（20分）				
4	老师指导下完成的任务（15分）				
5	生产过程	原料的作用及性质（5分）			
6		生产工艺（10分）			
7		生产步骤（10分）			
8		设备操作（5分）			
9	分数合计（100分）				
10	存在的问题及建议				
11	综合评价分数				

说明：综合评价分数＝自评分数×40%＋小组评分数×30%＋教师评分数×30%

相关知识

1. 初制原理

鲜叶加工为绿茶，外部有明显变化。由青绿色、水分饱满而有弹性的叶片，转变为褐绿色、干燥而紧结的叶条，判若两物。由于热的作用，使水分逐渐蒸发，内含物浓缩热化而千变万化。化学成分由已知的四十多种发展到一百多种。

（1）杀青

杀青是形成绿茶"清汤绿叶"、"香高味醇"品质特征的关键。杀青技术的好坏直接决定着绿茶品质的优劣，杀青过程所引起的物质变化，如不符合绿茶品质要求，不但影响后续工序技术的进行，而且所造成的损失也无法弥补。所以绿茶初制过程中，掌握好杀青技术是十分重要的。

杀青的方法很多，有炒杀、蒸杀、泡杀和烘杀（烤杀）等，但在炒青绿茶制造过程中现在都采用炒杀。炒杀又有锅式、滚筒杀青、槽式杀青等方法，锅式杀青又有手杀和机械杀青等。尽管杀青方法不同，炒青绿茶杀青的基本原理是相同的。即都是利用金属导热，鲜叶直接与导热体接触，通过金属导体的传导、辐射和对流使鲜叶处在高温状态下，鲜叶受热，达到杀青的目的。因此杀青过程中杀青技术和基本原则是相同的。

酶是一种生物催化剂，具有蛋白质性质，温度对酶具有两重性。即在低温下活力微弱，随温度逐渐升高，酶的活力逐渐增强，当温度升到45~55℃时，酶的催化作用最为激烈，继续升温，酶则表现出活力逐渐降低，达到80℃以上时酶几乎全部变性，丧失催化能力。杀青就是利用酶对温度的不稳定性，采取高温快速破坏酶的催化作用。

破坏酶的催化作用，据测定叶温要达到85℃以上。然而在杀青过程中，叶温的升高直接取决于供热体的温度，供热体的温度高，叶温上升快，叶温高；相反，叶温升得慢，叶温低。而且，叶温的升高需要一定的时间，从常温逐渐升高的过程，酶的活力是随叶温升高而加强，如果杀青不能快速提高叶温，叶子会因酶促氧化多酚类化合物而红变。所以在杀青过程中需要高温来满足迅速提高叶温的要求。另外在杀青过程中，蒸发水分需要消耗一部分热量以及杀青时热的无利用散失，都需供热体提供热量来保证。因此，杀青必须采取"高温杀青"。

"高温杀青"是为了破坏酶的活力，从这个意义上讲，杀青温度越高，酶破坏越快，也越充分；但杀青温度过高，叶子在杀青时易起暴点，同时还易产生焦叶、焦边、叶色枯黄、黏性差、不利于揉捻的正常进行，杀青温度过高，还会使叶子内含物转化不充分，造成茶叶品质香气低，涩味重等缺陷。总之，杀青温度过高，茶叶品质下降。因此，杀青温度应在保证迅速破坏酶活力的前提下，适当掌握低温。这样有利于茶叶品质。也就是"高温杀青、先高后低"。

"高温杀青、先高后低"是指刚开始杀青时温度要高，一般掌握在260~280℃达到迅速提高叶温到82~85℃，使酶的活力在较短的时间内破坏，随后温度降低，促进内含物的转化，保证杀青的理化变化程度都能达到绿茶品质的要求。对杀青温度的掌握，还应根据投叶量、杀青方法、鲜叶质量等因素来确定。若投叶量多、鲜叶嫩度好，鲜叶含水量高，都需提高杀青温度；相反，投叶量少，嫩度差，干叶，则可适当降低杀青温度。否则不是杀青不匀，就是杀青过度或产生焦叶，更严重的会出现红梗红叶。所以在杀青过程中，高温杀青在具体做法上还须掌握一定的灵活性，即"看茶杀青"。

杀青温度理论上虽然提出了要求，但在实际制茶过程中仍然凭生产经验，即凭感官判断杀青温度。如锅式杀青时，锅温掌握可视锅底的颜色的变化来确定，白天锅底灰白色、夜间锅底发红说明锅温达到要求；或用手离锅底约15cm高，感觉到烫手说明锅温已到；还可在鲜叶下锅时听杀青时的响声来判断，若刚下锅中听到急速的"炒芝麻"声，以后逐渐减低，直到消失，说明锅温适宜。如果"炒芝麻"声始终未减，则温度太高，必须尽快降温。如刚下锅听不到声音或声音稀疏，则温度低了，应提高温度。尽管杀青温度凭经验，但只要正确掌握，就能够达到"杀匀杀透"、"嫩而不生、老而不焦"的杀青要求。

杀青过程有闷杀和抛杀两种方法。所谓"抛杀"就是在高温杀青的条件下，叶子接触锅底的时间不能长，要用抛炒使蒸发出的水蒸气和青臭气迅速散发，有利于成茶品质香气高，叶色翠绿，但如掌握不当，易产生红梗红叶，焦边焦叶，杀青不匀等缺陷。"闷杀"则是鲜叶在热锅中不断翻滚，不扬高，水蒸气不易散发，这种杀青品质汤色清、叶色匀，但香气不及抛炒，往往因闷杀掌握不当，品质会带有水闷味、叶色黄。闷杀和抛杀各有利弊，所以杀青过程中常采用"抛闷结合，多抛少闷"的方法，进行扬长避短，这就是杀青技术必须掌握的第二条原则。

"抛闷结合"是在开始抛炒时，在叶温不太高的情况下，通过闷炒，利用水蒸气的穿透作用，迅速提高叶温、破坏酶的活力，但闷炒时间不宜太长，否则，在高温高湿条件下，茶叶香气、色泽均受影响，尤其是嫩叶，雨水叶闷炒时间更不能长。在闷炒提高叶温后，再抛炒，使水汽及时散发，并使叶子的内含物逐渐转化和相对固定，减少损失，发展茶香。这就是杀青过程采用"抛闷结合、多抛少闷"的关键所在。

杀青时还需掌握"老叶嫩杀、嫩叶老杀"的杀青技术措施。所谓"老杀"主要是失水多点，"嫩杀"指失水少一点。这是由于嫩叶、老叶的内含酶不同，一般嫩叶、顶芽中酶活力较强，含水量高，应采用老杀，否则嫩叶、顶芽中酶未被彻底破坏，易产生红梗红叶，同时嫩杀失水少，杀青叶水分含量高，揉捻易造成茶汁流失，品质滋味淡薄，芽叶在揉捻时也易断碎；对低级鲜叶则相反，故应嫩杀。正常杀青叶含水量一般要求为高级原料58%~60%，中级原料60%~62%，低级原料62%~64%，同时要求杀青"老而不焦、嫩而不生"。

（2）揉捻

揉捻过程中加压方式对炒青绿茶的保色、保鲜、保毫以及内质香高及味醇的形成关系很大。揉捻开始时，由于叶子多处平张状态，应采取不加压，使叶子初步卷曲。否则重压，叶子翻转困难，若一直重压，则可能造成条索扁、碎茶多，易结块，茶汁易流失，茶汤浑浊，滋味淡薄，尤其对嫩叶和雨水叶造成损失。随着揉捻的进行，茶叶已初步卷曲时，则应加压揉捻，才能使条索在重压下卷紧，同时挤出茶汁，使细胞组织破坏。特别是老叶才能使条索在重压下卷紧，同时挤出茶汁，使细胞组织破坏。特别是老叶和杀青叶含水少的叶子，重压对其成条尤为重要，总之，在揉捻过程中揉捻必须遵循"轻—重—轻"的加压原则。

揉捻分热揉和冷揉。热揉就是杀青叶不经摊凉趁热揉捻；冷揉就是杀青叶出锅后，经过一段时间的摊晾，使叶温下降到一定程度时揉捻。较老叶子含有较多的淀粉、糖，趁热揉捻有利淀粉继续糊化，有利于和其他物质充分混合，从而增加叶表物质的黏稠度，同时，在热的作用下，纤维素软化容易成条。但热揉的缺点往往是叶色易变黄，并有水闷气。因此，较嫩叶子，由于纤维素含量低，又有较多的果胶等，揉捻叶本身容易成条，为了保持良好的色泽和香气，采用冷揉。

（3）干燥

二青主要是使捻揉叶，迅速蒸发一部分水分，达到五成干，即35%~40%的含水量，使叶条互相不粘连，这样便于在三青处理中紧条做形。因此，二青时失水不能过多，否则三青做紧茶条困难。

三青除继续蒸发水分外，主要是做紧条形、最后达到八成干，即15%~20%的含水量。

辉干不仅要蒸发少量和紧缩外形，更重要的是发展香气，促进滋味醇和。同时要求茶叶条索表面产生调和的银灰色，增加茶叶外形的美观。

2. 绿茶品质特征

绿茶是指初加工过程中，鲜叶经摊青处理，然后用锅炒杀青或蒸汽杀青，揉捻（或做形）后，采用炒干、烘干、晒干、烘炒结合的干燥方式加工而成的茶叶。绿茶在初加工过程中，首先高温钝化酶的活力，阻止茶叶中多酚类物质的酶促氧化，保持了绿茶"清汤绿叶"的品质特征。然后在加工过程中，由于高温湿热的作用，部分多酚类氧化、热解、聚合和转化后，水浸出物的总含量有所减少，多酚类约减少15%。其含量的适当减少和转化，不但使绿茶茶汤呈嫩绿或黄绿色，还减少茶汤的苦涩味，使之变得爽口。

3. 绿茶种类

绿茶由于其加工工艺与原料嫩度的差异，品质特征差异明显。根据杀青与干燥方式的不同，分为炒青绿茶、烘青绿茶、烘炒结合型绿茶、晒青绿茶、蒸青绿茶等。

（1）炒青绿茶

炒青绿茶在干燥中，由于受到的作用力不同，形成长条形、圆珠形、扁平形、针形、螺形等不同的形状，故又分为长炒青、圆炒青、扁炒青、特种炒青等。

① 长炒青品质特征：由于鲜叶采摘老嫩不同和初制技术的差异，历史上的毛茶分六级十二等。长炒青品质一般要求外形条索紧结有锋苗，色泽绿润，内质香气高鲜，汤色绿明，滋味浓而爽口，富收敛性，叶底嫩匀、嫩绿明亮。长炒青精制后称为眉茶，成品的花色有珍眉、贡熙、雨茶、茶芯、针眉、秀眉、绿茶末等，各具不同的品质特征。

几种典型眉茶的品质特征如下：

屯绿：外形条索紧结，匀整壮实，色泽带灰发亮；内质香高鲜持久，带熟板栗香，汤色绿而明亮，滋味浓厚爽口，回甘，叶底嫩绿厚实，柔软。

舒绿：外形条索细紧，嫩梗较多，色泽带灰绿；内质香气高，偶有兰花香，汤色绿，滋味浓厚略涩，叶底柔软，带黄绿色。

杭绿：外形条索细紧，色泽绿润；内质香气清高，汤色绿明亮，滋味尚浓，叶底嫩匀绿明。

黔绿：外形条索直而带扁；细紧度不及杭绿，内质香气又甜枣香，汤色清澈明亮，滋味浓厚不涩。

② 圆炒青品质特征：因产地和采制方法不同，分为七级十四等，圆炒青外形是颗粒圆紧，身骨重实，香高味浓，具有耐冲泡的特点。常见的有平炒青、泉岗辉白和涌溪火青等。

平炒青：外形颗粒圆结重实，色泽墨绿油润，香醇味浓，汤色黄绿明亮，叶底嫩匀完整，黄绿明亮。

泉岗辉白：外形盘花卷曲成颗粒形，白毫隐露，色泽绿中带辉白，香高有栗香，滋味浓醇爽口，汤色嫩绿明亮。叶底嫩匀厚软完整绿亮。

涌溪火青：外形颗粒如腰圆形的绿豆，多白毫，身骨重，色泽墨绿光润；内质香气高纯，汤色浅黄透明，滋味醇厚回甜，叶底匀嫩，色泽绿微黄明亮。

③ 扁炒青品质特征：扁炒青形状扁平光滑挺直。因产地和制法不同，历史上分为龙井、旗枪、大方三种。旗枪产地自20世纪90年代初开始改制生产龙井茶，目前市场上已难见旗枪茶产品。

龙井茶：龙井茶产区根据地域分为西湖产区、钱塘产区和越州产区。龙井茶鲜叶采摘细嫩，特技茶要求一芽一叶初展，芽叶夹角度小，芽长于叶，芽叶匀齐肥壮，芽叶长度不超过2.5cm，芽叶均匀成朵。龙井茶加工前经适当摊放，高级龙井做工特别精细，外形嫩叶包芽，扁平挺直，匀齐光滑，芽毫隐藏稀见，色泽翠绿微带嫩黄光润，香气鲜嫩馥郁、清高持久，汤色绿清澈明亮，滋味甘鲜醇厚，有新鲜橄榄的回味，叶底嫩匀成朵。具有"色绿、香郁、味甘、形美"的品质特征。

龙井茶因产地不同，产品各显特色，西湖龙井茶色泽绿中呈黄，俗称"糙米色"，香郁味甘醇，品质最佳。其他产地的龙井茶由于区域与茶树品种的不同，品质有所差异，近年来产量较高，知名度较大的有大佛龙井茶、越乡龙井茶等品牌。

大方：产于安徽歙县和浙江临安、淳安毗邻地区。以歙县老竹大方最著名，多作为窨制花茶的茶坯，窨制后称为花大方。生产以黄山种和老竹大方等地方群体种鲜叶为主要原料，于谷雨前采制，要求一芽二叶初展新稍，经拣剔和薄摊，以手工杀青、做坯、做形、辉锅等工序制作而成。外形扁而平直，有较多棱角，色泽黄绿微褐光润，有熟栗子香，汤色淡杏绿，滋味浓爽，耐冲泡，叶底厚软黄绿。

④ 特种炒青绿茶品质特征：炒青绿茶中除了上述生产量大的长炒青、圆炒青、扁炒青外，还有各种各样造型的细嫩炒青绿茶，如卷曲形的洞庭碧螺春、都匀毛尖、蒙顶甘露等，扁平形的峨眉竹叶青、峡州碧峰、茅山青锋等，针形的南京雨花茶、安化松针，直条形的三杯香、信阳毛尖、采花毛尖、古丈毛尖、婺源茗眉等。

特种炒青绿茶的品质特征为造型丰富、形态紧结，色泽光润度好；香气浓郁，高爽；汤色较深；滋味醇厚甘爽，内含物丰富；叶底嫩尚匀尚完整。

洞庭碧螺春：洞庭碧螺春的鲜叶采摘时间在春分至谷雨，鲜叶采摘标准为一芽一叶初展，一芽一叶；一芽二叶初展，一芽二叶。每批采下的鲜叶嫩度、匀度、净度、新鲜度应基本一致。工艺流程：鲜叶拣剔→高温杀青→热揉成形→搓团显毫→文火干燥。其品质特征为外形条索纤细、匀整，卷曲呈螺，白毫特显，色泽银绿隐翠光润，内质清香持久带有花果香、汤色嫩绿清澈，滋味清鲜回甜，叶底幼嫩柔匀明亮。

南京雨花茶：产于南京中山陵园和雨花台一带。外形呈松针状，条索紧直浑圆，锋苗挺秀，白毫显露，色泽绿翠，内质香气清高幽雅，汤色绿、清澈明亮，滋味鲜爽，叶底细嫩匀净。

都匀毛尖：产于贵州都匀县。外形可与碧螺春媲美，鲜叶要求嫩绿匀齐，细小短薄，一芽一叶初展，形似雀舌，长2.0~2.5cm。外形条索紧细卷曲，毫毛显露，色泽绿润，内质香气清嫩鲜，滋味鲜浓回甜，汤色清澈，叶底嫩绿匀齐。

（2）烘青绿茶

烘青绿茶一般根据原料的嫩度分普通（大宗）烘青绿茶和特种（细嫩）烘青绿茶。普通（大宗）烘青绿茶毛茶经精制后大部分作窨制花茶的茶坯，很少直接进入市场销售。细嫩烘青绿茶是指干燥时烘干的名优绿茶，如黄山毛峰、太平猴魁、开化龙顶、峨眉毛峰等。

黄山毛峰：原产于安徽歙县黄山区，现扩展到黄山市行政区域内的屯溪区、黄山区、徽州区、歙县、休宁县、祁门县、黟县等。采制黄山毛峰的茶树品种主要为黄山大叶种。产品分特级、1~3级。外形细嫩，芽肥壮，匀齐，有锋毫，形似"雀舌"，鱼叶呈金黄色，俗称金黄片，色泽嫩绿金黄油润，俗称象牙色，香气清鲜高长，汤色清澈杏黄明亮，滋味甘醇厚，鲜爽，叶底嫩黄，肥厚成朵。

太平猴魁：产于安徽太平县猴坑一带，曾于1915年巴拿马万国博览会上荣获金质奖章。外形平展、整枝、挺直，叶质肥壮重实，含毫而不露，色泽苍绿匀润。目前市场上大多是一芽二叶原料加工成扁平状，长度有8~10cm，宽0.7~0.9cm。内质香气高爽持久，含花香，汤色清绿明净，滋味鲜醇回甜，叶底芽叶肥壮，嫩匀成朵，嫩绿明亮。

开化龙顶：产于浙江开化县。采肥嫩的单芽、一芽一叶或一芽二叶初展的鲜叶为原料，经过杀青、揉捻、初烘、理条、烘干等工序，形成了外形紧直挺秀，色泽绿翠，香高味浓醇，并伴有幽兰清香的优良品质。

峨眉毛峰：产于四川雅安县。外形条索细紧匀卷秀丽多毫，色泽嫩绿油润，内质香气高鲜悦鼻，汤色微黄而碧，滋味醇甘鲜爽，叶底匀整，绿明亮。

（3）烘炒结合型绿茶

烘炒结合型绿茶是指在初加工过程中，干燥工序有烘有炒，此类茶的加工设计一般是杀青（或揉捻）后炒干做形，然后烘干。品质特征表现为外形比全烘干的茶叶紧结，比炒干的茶叶完整，香味有浓度也有鲜爽度，是名优绿茶加工中设计比较合理的加工方法，目前大多数新创制的名优绿茶多采用烘炒结合的干燥形式。

烘炒结合型绿茶由于不同的产品在加工工艺设计时所采用的烘与炒的时间及方式不同，该类型的茶叶产品品质风格存在不一致的特点，有的会偏向烘青茶风格，有的会偏向炒青茶风格。几个烘炒结合型绿茶产品：

慧明茶：产于浙江省景宁畲族自治县赤木山慧明寺附近。慧明茶主要选用当地群体种茶树鲜叶为原料，于每年4月上旬开采，鲜叶采摘标准为一芽一叶至一芽二叶初展。加工工艺有杀青、揉捻、初烘、提毫整形、摊晾、烘干。品质风格为：条索紧结卷曲，色泽绿翠显毫，汤色嫩绿明亮，香郁味甘醇爽口，叶底嫩匀。

昭关翠须：产于安徽省含山县。以当地群体种茶树鲜叶为原料，在谷雨前采摘。极品茶要求采摘细嫩的单芽；一级茶要求采一芽一叶初展；二级茶要求采一芽一叶或一芽二叶初展。加工分杀青、吹风散热、理条、整形、烘干等工序。昭关翠须具有外形紧直挺秀、色泽翠绿油润、白毫显露，香气馥郁，滋味鲜醇回甘，汤色清澈明亮，叶底嫩绿匀整的品质特征。

午子仙毫：产于陕西省汉中市西乡县。鲜叶于清明前至谷雨后10天采摘，一芽二叶初展为标准。午子仙毫加工分：摊放、杀青、初干做形、烘焙、拣剔和复火焙香等工序。午子仙毫形似兰花，色泽翠绿鲜润，白毫慢批，栗香持久，汤色清澈明亮，滋味醇厚，爽口回甘，叶底芽匀整成朵。

碣滩茶：产于湖南省沅陵县。采摘标准为一芽一叶初展。经摊放、杀青、揉捻、理条搓条、初干整形，烘焙加工而成。外形条索紧细，挺秀多毫，色泽绿润。内质高香持久，有栗香。滋味鲜爽回甘，汤绿亮，叶底嫩匀鲜亮。

（4）晒青绿茶

晒青绿茶是指在初加工过程中，干燥以晒干为主（或全部晒干），形成的是香气较高，滋味浓厚，有日晒气味的晒青绿茶风格。与烘青炒青绿茶品质有很大的差异。

晒青绿茶以云南大叶种的品质最好，称为"滇青"。其他还有如川青、黔青、桂青、鄂青等。晒青绿茶大部分以毛茶原料的形式就地销售，部分再加工成压制茶后内销、边销或侨销。在再加工过程中，不堆积的如沱茶、饼茶等仍属绿茶，经过堆积的如紧茶、七子饼茶实质上属于黑茶类。

滇青毛茶：云南省生产的晒青绿茶，主要以云南大叶种为原料加工而成。外形条索粗壮，有白毫，色泽深绿尚油润；内质香气高，汤色黄绿明亮，滋味浓尚醇，收敛性强，叶底肥厚。

老青毛茶：产于湖北省咸宁地区，由生长成熟的新稍为原料加工而成。外形条索粗大，色泽乌绿，嫩梢乌尖，白梗，红脚，不带麻梗。湿毛茶晒青属绿茶，堆积后变成黑茶。

（5）蒸青绿茶

蒸汽杀青是我国古代杀青方法，唐代传至日本，相沿至今；而我国则自明代起即改为锅炒杀青。蒸青是利用蒸汽量来破坏鲜叶中酶活性，形成干茶色泽深绿，茶汤碧绿和叶底青绿的"三绿"品质特征，香气清高，滋味鲜爽。

日本是蒸青绿茶主要生产国，日本蒸青绿茶因鲜叶和加工方法不同，分为玉露茶、碾茶、煎茶、玉绿茶、深蒸煎茶、番茶等。

玉露茶：采用覆盖茶园鲜叶加工而成。外形条索细直紧圆稍扁，呈松针状，色泽深绿油润；内质香气具有一种特殊的香气，日本称"蒙香"，汤色浅绿明亮，滋味鲜爽，甘醇调和，叶底青绿匀称明亮。

碾茶：采用覆盖鲜叶经蒸汽杀青，不经揉捻，直接烘干而成。叶态完整松展呈片状，有些似我国的六安瓜片，色泽翠绿；内质香气鲜爽，汤色浅绿清澈明亮，滋味鲜和，叶底绿翠。泡饮时要碾碎成末，供"茶道"用的叫"抹茶"。

煎茶：采用一般的鲜叶加工而成。具有蒸青绿茶的干茶色翠绿、汤色碧绿、叶底青绿的"三绿"品质特征。高档煎茶外形紧细圆整，挺直呈针形（似松针），匀称而有尖锋，色泽翠绿油润；香气清高鲜爽，汤色嫩绿明亮，滋味鲜醇回甘，叶底青绿、碎。中低档煎茶外形紧结略扁，挺直，较长，欠匀整，茎梗较多，色绿或青绿；内质香气清纯，汤色绿明，滋味平和而略有青涩，叶底青绿。

玉绿茶：采用一般的鲜叶加工而成，与煎茶相比，因无精揉工序，其外形呈条形或圆形，内质香味高爽。

深蒸煎茶：采用的鲜叶成熟度较高，蒸青时间比一般煎茶长2~3倍，其他加工工序相同，外形似煎茶，色泽呈黄绿色，内质香味高爽，不及一般煎茶清鲜。

番茶：是由选用大而成熟的叶子制作的，有一种鲜明的绿色，香气带点青草的芳香。相对于更高级的煎茶，番茶是较为经济的选择，它的特色是味道较为收敛而浓厚。

恩施玉露是我国传统的蒸青绿茶。近年来，由于对外贸易的需要，我国近年来也生产少量蒸青绿茶，产品主要是煎茶。

恩施玉露：产于湖北省恩施市东南部，是中国历史名茶。恩施玉露选用一芽一叶或一芽二叶，大小均匀，节短叶密，芽长叶小，色泽浓绿的鲜叶为原料。加工工艺为蒸青、扇干水汽、铲头毛火、揉捻、铲二毛火、整形上光、烘焙、拣选等工序，其中整形上光是制成玉露茶光滑油润、挺直紧细、汤色清澈明亮、香高味醇的重要工序，分悬于搓和"搂、搓、端、扎"4个手法交替使用两个阶段进行。恩施玉露外形条索紧圆光滑，纤细挺直如针，色泽苍翠绿润，被称为"松针"，经沸水冲泡，芽叶复展如生，初时婷婷悬浮杯中，继而沉降杯底，平伏完整，汤色嫩绿明亮，如玉似露，香气清爽，滋味醇和。

中国煎茶：主产于浙江、福建和安徽三省，加工机械与设备从日本引进，加工工艺也是参照日本的加工技术，产品出口日本和欧洲。品质风格似日本煎茶。

4. 绿茶审评

我国绿茶品名较多，因制法不同有炒青、烘青、蒸青、晒青之分。以其形状不同，炒青又分长炒青、圆炒青和特种炒青，烘青又分普通烘青和特种烘青。我国生产的绿茶以炒青和烘青为主。

绿茶审评分干评外形和湿评内质（包含汤色、香气、滋味、叶底四项）。

外形审评：干茶的形态、嫩度、色泽、匀整度、净度等。

汤色审评：茶汤的颜色种类与色度、明暗度、清浊度等。

香气审评：香气的类型、浓度、纯异、持久性等。

滋味审评：茶汤的浓淡、厚薄、醇涩、纯异和鲜钝等。

叶底审评：叶底的嫩度、色泽、明暗度、匀整度等。

评外形先扦取代表性茶样约250g，放在茶样盘或评茶蔑匾中，经筛转后收拢，使样茶分出上、中、下三段，对照标准样评定优次和等级。评内质时称取样茶3g，倒入150mL容量审评茶杯中，注满沸水冲泡5min，茶汤倒入审茶碗，按看汤色、嗅香气、尝滋味、评叶底的顺序评定内质优次，最后综合外形和内质审评结果确定等级。

5. 绿茶功效

绿茶最大的特性是较多地保留了鲜叶内的天然物质，其中茶多酚、咖啡碱保留鲜叶的85%以上，叶绿素保留50%左右，维生素损失也较少，从而形成了绿茶"清汤绿叶，滋味收敛性强"的特点。经现代科学研究证实，绿茶含有机化合物450多种、无机矿物质15种以上，这些成分大部分都具有保健、防病的功效。绿茶中的这些天然物质成分，对防衰老、防癌、抗癌、杀菌、消炎等均有特殊效果，为其他茶类所不及。

（1）绿茶有延缓衰老的作用

茶多酚具有很强的抗氧化性和生理活性，是人体自由基的清除剂。据有关部门研究证明，1mg茶多酚清除对人肌体有害的过量自由基的效能相当于9mg超氧化物歧化酶（SOD），大大高于其他同类物质。茶多酚有阻断脂质过氧化反应，清除活性酶的作用。据日本相关研究证实，茶多酚的抗衰老效果要比维生素E强18倍。

（2）绿茶有抑制心血管疾病的功效

茶多酚对人体脂肪代谢有着重要作用。人体的胆固醇、三酸甘油酯等含量高，血管内壁脂肪沉积，血管平滑肌细胞增生后形成动脉粥样化斑块等心血管疾病。茶多酚，尤其是茶多酚中的儿茶素ECG和EGC及其氧化产物茶黄素等，有助于使这种斑状增生受到抑制，使形成血凝黏度增强的纤维蛋白原降低，凝血变清，从而抑制动脉粥样硬化。

（3）绿茶有预防和抗癌功效

茶多酚可以阻断亚硝酸铵等多种致癌物质在体内合成，并具有直接杀伤癌细胞和提高肌体免疫能力的功效。据有关资料显示，茶叶中的茶多酚（主要是儿茶素类化合物），对胃癌、肠癌等多种癌症的预防和辅助治疗，均有裨益。

（4）绿茶有预防和治疗辐射伤害的作用

茶多酚及其氧化产物具有吸收放射性物质锶90和钴60毒害的能力。据有关医疗部门临床试验证实，对肿瘤患者在放射治疗过程中引起的轻度放射病，用茶叶提取物进行治疗，有效率可达90%以上；对血细胞减少症，茶叶提取物治疗的有效率达81.7%；对因放射辐射而引起的白血球减少症治疗效果更好。

（5）绿茶有抑制和抵抗病毒菌的作用

茶多酚有较强的收敛作用，对病原菌、病毒有明显的抑制和杀灭作用，对消炎止泻有明显效果。我国有不少医疗单位应用茶叶制剂治疗急性和慢性痢疾、阿米巴痢疾、流感，治愈率达90%左右。

（6）绿茶有美容护肤的功效

茶多酚是水溶性物质，用它洗脸能清除面部的油腻，收敛毛孔，具有消毒、灭菌、抗皮肤老化，减少日光中的紫外线辐射对皮肤的损伤等功效。

（7）绿茶有醒脑提神的作用

茶叶中的咖啡碱能促使人体中枢神经兴奋，增强大脑皮层的兴奋过程，起到提神益思、清心的效果。

（8）绿茶有利尿解乏的作用

茶叶中的咖啡碱可刺激肾脏，促使尿液迅速排出体外，提高肾脏的滤出率，减少有害物质在肾脏中滞留时间。咖啡碱还可排除尿液中的过量乳酸，有助于使人体尽快消除疲劳。

（9）绿茶有降脂助消化的功效

唐代《本草拾遗》中对茶的功效有"久食令人瘦"的记载。我国边疆少数民族有"不可一日无茶"之说。因为茶叶有助消化和降低脂肪的重要功效，用当今时尚语言说，就是有助于"减肥"。这是由于茶叶中的咖啡碱能提高胃液的分泌量，可以帮助消化，增强分解脂肪的能力。所谓"久食令人瘦"的道理就在这里。

（10）绿茶有护齿明目的功效

茶叶中含氟量较高，每100g干茶中含氟量为10~15mg，且80%为水溶性成分。若每人每天饮茶叶10g，则可吸收水溶性氟1~1.5mg，而且茶叶是碱性饮料，可抑制人体钙质的减少，这对预防龋齿、护齿、坚齿，都是有益的。据有关资料显示，在小学生中进行"饮后茶疗漱口"试验，龋齿率可降低80%。另据有关医疗单位调查，在白内障患者中有饮茶习惯的占28.6%；无饮茶习惯的则占71.4%。这是因为茶叶中的维生素C等成分，能降低眼睛晶体浑浊度，经常饮茶，对减少眼疾、护眼明目均有积极的作用。

6. 绿茶术语

（1）干茶形状术语

① 细紧（wiry）：条索细长紧卷而完整，峰苗好。
② 紧秀（tight and slender）
③ 卷曲（curly）
④ 细圆（fine round）：颗粒细小圆紧，嫩度好，身骨重实。
⑤ 圆紧（round and tight）：颗粒圆而紧结。
⑥ 圆结（round and tightly）：颗粒圆而结实。
⑦ 圆整（round and normal）：颗粒圆而整齐。
⑧ 扁削（sharp and flat）：扁茶边缘如刀削状，不起皱折。
⑨ 尖削（sharp）：扁削而尖峰显露。
⑩ 扁平（flat）

⑪ 紧条（tightly）

⑫ 狭长条（narrow）：扁茶过长，过窄。

⑬ 宽条（broad）：扁茶不紧过宽。

⑭ 浑条（roundy leaf）：扁茶不扁呈浑圆状。

⑮ 细直（fine and straight）：细紧圆直，两端略尖，形似松针。

⑯ 肥直（fat and straight）：芽头肥壮挺直，满坡白毫，形状如针。此术语也适用于黄茶和白茶干茶形状。

⑰ 肥壮（fat and bold）

⑱ 壮实（sturdy）

⑲ 紧结（tightly）

⑳ 紧实（tight and heavy）

（2）干茶色泽术语

① 碧绿（green jade）

② 嫩绿（tender green）

③ 深绿（deep green）

④ 墨绿（black green）

⑤ 绿润（green bloom）

⑥ 起霜（silvery）：表面带银白色有光泽。

⑦ 银绿（silvery green）

⑧ 灰绿（grayish green）：绿中带灰，光泽不及银绿。

⑨ 青绿（blue green）

⑩ 黄绿（yellowish green）

⑪ 绿黄（greenish yellow）

⑫ 露黄（little yellow）

⑬ 灰黄（grayish yellow）

⑭ 枯黄（dry yellow）

⑮ 灰暗（grayish dull）

⑯ 灰褐（grayish auburn）

（3）汤色术语

① 绿艳（brilliant green）：绿中微黄，鲜艳透明。

② 清澈（clear）

③ 鲜艳（fresh brilliant）

④ 鲜明（fresh bright）

⑤ 浅黄（light yellow）

⑥ 黄暗（yellow dull）

⑦ 青暗（blue dull）

⑧ 浑浊（suspension）

（4）香气术语

① 嫩香（tender flavour）：清爽细腻，有毫香。此术语也适用于黄茶、白茶和红茶香气。

② 清鲜（clean and fresh）：清香鲜爽，细而持久。此术语也适用于黄茶和白茶香气。

③ 清纯（clean and pure）：清香纯和。此术语也适用于黄茶、乌龙茶和白茶香气。

④ 清高（clean and high）

⑤ 清香（clean aroma）

⑥ 花香（flowery flavor）

⑦ 板栗香（chestnut flavor）

⑧ 甜香（sweet aroma）

⑨ 高香（high aroma）

⑩ 纯正（pure and normal）

⑪ 平正（normal）

⑫ 闷气（sulky odor）

⑬ 高火香（high-fired）

⑭ 陈气，陈香（stale odor）

（5）滋味术语

① 爽口（brisk）

② 鲜浓（fresh and heavy）

③ 熟闷味（stewed taste）

④ 甜爽（sweet and brisk）：爽口而感有甜味。

⑤ 鲜醇（fresh and mellow）：清鲜醇爽，回甘。此术语也适用于黄茶、白茶、乌龙茶和条红茶滋味。

⑥ 回甘（sweet after taste）

⑦ 浓厚（heavy and thick）

⑧ 醇厚（mellow and thick）

⑨ 浓醇（heavy and mellow）

⑩ 醇正（mellow and normal）

⑪ 醇和（mellow）

⑫ 平和（neutral）

⑬ 淡薄（plain and thin）

⑭ 涩（astringency）

⑮ 苦（bitter）

（6）叶底术语

① 肥嫩（fat and tender）：芽头肥壮，叶质柔软厚实。此术语也适用于黄茶、白茶和红茶叶底。

② 细嫩（fine and tender）

③ 柔嫩（soft and tender）

④ 柔软（soft）

⑤ 匀嫩（tender and even）

⑥ 肥厚（fat and thick）：芽头肥壮，叶肉肥厚，叶脉不露

⑦ 青张（blue leaf）：夹杂青色叶片。

⑧ 靛青（blue）：蓝绿色。

考考你

1. 试述绿茶的分类和品质特征。
2. 简述炒青绿茶的初加工。
3. 在炒青绿茶初加工中需要注意的问题有哪些?
4. 简述烘青绿茶的初加工。

参考文献

[1] 安徽农学院. 制茶学（第二版）[M]. 北京：中国农业出版社，2010.

[2] 中华人民共和国国家质量监督检验检疫总局，中国国家标准化管理委员会. GB/T 14456.1-2008 绿茶 第1部分：基本要求[S]. 北京：中国标准出版社，2008.

[3] 中华人民共和国国家质量监督检验检疫总局，中国国家标准化管理委员会. GB/T 14456.2-2008 绿茶 第2部分：大叶种绿茶[S]. 北京：中国标准出版社，2008.

[4] 施兆鹏. 茶叶加工学[M]. 北京：中国农业出版社，1997.

[5] 施兆鹏. 茶叶审评与检验（第四版）[M]. 北京：中国农业出版社，2010.

[6] 龚自明，郑鹏程. 茶叶加工技术[M]. 湖北：湖北科学技术出版社，2010.

[7] 赵春颂，绿茶的营养保健功能[J]. 食品与药品，2003，（11）：17.

[8] 田丽丽，宋鲁彬，姚元涛. 绿茶的保健作用及保健品的开发[J]. 广东茶业，2009，（1）：52-55.

黄茶加工与品质检验

● **学习目标：**

完成本学习任务后，你应能：

1. 叙述黄茶的加工工艺、生产设备、茶叶中各组分的作用；
2. 在教师的指导下，根据生产任务制订工作计划，并能根据工作计划实施黄茶生产；
3. 知道每一操作步骤的作用及对产品质量可能造成的影响；
4. 正确使用干燥箱、分光光度计、超净工作台等仪器或工具对黄茶进行质量检验；
5. 在教师的指导下，规范检测及评价黄茶的质量；
6. 在学习过程中能够客观地评价自己或他人；
7. 掌握黄茶鲜叶的萎凋、黄茶的揉捻、闷黄、干燥等加工技能。

一、生产与检验流程

接受生产任务单 → 根据生产任务单形成领料单 → 领料后根据工艺流程进行生产 →

对产品进行检验 → 出具检验报告

二、学习任务描述

根据生产任务，制订黄茶生产的详细工作计划：包括人员分工、物料衡算、领取原料；检查设备，保障设备的正常运转和安全；按工艺要求和操作规定进行生产；生产过程中严格控制工艺条件；产品检验；出料包装；设备清洁等。生产过程中要能随时解决出现的紧急问题。

三、概况

霍山黄芽　　　　　　蒙顶黄芽

黄茶为我国特产。据史书记载，早在16世纪前我国劳动人民就发明了黄茶制法，它是由炒青绿茶制法演变而来的，所以在制法上近似于绿茶，但由于增加了闷黄过程，品质与绿茶有着明显的不同，黄茶的品质特点是"黄叶黄汤"，香气清纯，味厚爽正。

现在黄茶生产主要在安徽、湖北、四川、湖南、浙江、福建和广东等省，生产的花色品种有：大叶青、黄大茶、蒙顶黄芽、平阳黄汤、沩山毛尖、北港毛尖、君山银针、崇安莲芯、远安鹿苑等。黄大茶主要在安徽的霍山、金寨、六安、岳西和湖北的英山等县生产；大叶青为广东的韶关、肇庆、湛江等县市生产；蒙顶黄芽生产于四川的名山蒙顶；平阳黄汤为浙江的平阳所产；沩山毛尖、北港毛尖和君山银针均为湖南生产，远安鹿苑湖北远安县生产。除大叶青和黄大茶外，其他均为黄小茶，黄茶主要是内销，黄大茶主销山东和山西，尤其是很受山东省沂蒙山区人民欢迎，黄小茶主要销城市，如黄汤主销营口、北京、天津等市。远安鹿苑销武汉等市，君山银针销北京、天津、长沙等市。黄茶几乎没有外销。近几年来由于人民生活水平的提高以及花茶的冲击，黄茶的需求量在不断减少，特别是黄大茶受影响最大，所以，黄大茶产区生产黄大茶很少。黄小茶由于产量少，而且品质好，所以销路没有受到很大影响。

人们从炒青绿茶中发现，由于杀青、揉捻后干燥不足或不及时，叶色即变黄，于是产生了新的茶叶品类——黄茶。黄茶的品质特点是"黄叶黄汤"。这种黄色是制茶过程中进行闷堆渥黄的结果。黄茶分为黄芽茶、黄小茶和黄大茶三类。黄茶芽叶细嫩，显毫，香味鲜醇。比如，湖南省岳阳洞庭湖君山的"君山银针"茶，采用的全是肥壮的芽头，制茶工艺精细，分杀青、摊放、初烘、复摊、初包、复烘、再摊放、复包、干燥、分级十道工序。加工后的"君山银针"茶外表披毫，色泽金黄光亮。

任务 2-1
君山银针茶加工

任务目标

1. 了解君山银针的起源、分类、品质特征；
2. 掌握君山银针的杀青、揉捻、干燥等加工技能；
3. 掌握君山银针的工艺流程和加工工艺；
4. 熟悉君山银针加工生产中的主要设备。

任务流程

鲜叶 → 杀青 → 揉捻 → 闷黄 → 干燥

任务描述

根据生产任务，制订君山银针生产的详细工作计划：包括人员分工、物料衡算、领取原料；检查设备，保障设备的正常运转和安全；按工艺要求和操作规定进行生产；生产过程中严格控制工艺条件；产品检验；出料包装；设备清洗等。生产过程中要能随时解决出现的紧急问题。

（一）产地环境

君山又名洞庭山，为湖南岳阳市君山区洞庭湖中的岛屿。岛上土壤肥沃，多为砂质土壤，年平均温度16~17℃，年降雨量为1340mm左右，相对湿度较大，三月至九月间的相对湿度约为80%，气候非常湿润。春夏季湖水蒸发，云雾弥漫，岛上树木丛生，自然环境适宜茶树生长，山地遍布茶园，是生产名茶的好地方。自古以来君山出产名茶，清代纳入贡茶。君山银针是在继承和发展传统制茶技术的基础上，创造的一种极品黄茶。

（二）工艺流程

鲜叶选择收购 → 萎凋 → 杀青 → 摊放 → 初烘 → 摊放 →
初包 → 复烘 → 摊放 → 复包 → 干燥 → 分级 → 包装 → 成品

① **鲜叶**：按质分级验收，特级黄茶以一芽一叶及一芽二叶为主。

② **萎凋**：分为室内加温萎凋和室外日光萎凋两种。萎凋程度，要求鲜叶失去光泽，叶质柔软梗折不断，叶脉呈透明状态即可。

③ **杀青**：锅温较绿茶锅温低，一般在 120~150℃。

④ **闷黄**：是黄茶制造工艺的独特特点，是形成"黄叶黄汤"的关键工序。有的在杀青后闷黄，有的则在毛火后闷黄，有的闷炒交替进行，都是为了形成良好的"黄叶黄汤"品质特征。

⑤ **干燥**：黄茶干燥分两次进行。毛火采用低温烘炒，足火采用高温烘炒。干燥温度先低后高，是形成黄茶香味的重要因素。

（三）品质特点

君山银针与白毫银针不同，不是绿茶，它是黄茶中独具一格的名茶，黄芽茶之极品。其成品茶，外形茁壮挺直，重实匀齐，银毫披露，芽身金黄光亮，内质毫香鲜嫩，被誉为"金镶玉"。汤色杏黄明净，滋味甘醇鲜爽，香气清雅。若以玻璃杯冲泡，可见芽尖冲上水面，悬空竖立，下沉时如雪花下坠，沉入杯底，状似鲜笋出土，又如刀剑林立。再冲泡再竖起，能够三起三落，在国际和国内市场上都久负盛名。君山银针的特点：a.茶形紧实挺直；b.芽身金黄、色泽润亮；c.香气高；d.汤色杏黄清澈；e.茶味爽甜醇厚；f.叶底嫩黄明亮。

（四）鲜叶要求

君山银针全是芽头制成。一般在清明前3~4d开采，直接从茶树上拣采芽头。芽头要求肥壮重实，长25~30mm，宽3~4mm，芽柄长2~3mm。如采摘不及时，芽叶伸展，芽头裹叶片数减少，质量渐轻，不合高级银针品质规格的要求。君山茶场职工总结采摘经验提出"十不采"，即雨水芽、露水芽、细瘦芽、空心芽、紫色芽、风伤芽、虫伤芽、病害芽、开口芽、弯曲芽不采。采时用手轻轻将芽头折断，不用指甲掐采。采下的芽头，放入垫有皮纸或白布的盛茶篮内，防止擦伤芽头和茸毛。茶芽采回后，拣剔除杂，方可付制。

（五）加工技术

君山银针加工特别精细而又别具一格，分杀青、摊放、初烘与摊放、初包、复烘与摊放、复包、足火、分级八道工序。

1. 杀青

先将锅壁磨光擦净，保持锅壁光滑，便于翻炒和减少茶芽与锅壁摩擦，避免色泽发暗和茸毛脱落。开始锅温120~130℃，后期适当降低。锅温过高易使芽头灼焦弯曲；过低则会延长杀青时间，芽头茸毛磨损，色泽暗，香气低。每锅投芽量0.3kg左右，叶子下锅后，用手轻快翻炒，切忌重力摩擦，以免芽头弯曲、脱毫、色泽深暗。经4~5min，芽蒂萎软，青气消失，发出茶香，减重30%左右，即可出锅。

2. 摊放

杀青叶出锅后，放在小篾盘中，轻轻簸扬数次，散发热气，清除碎片，摊放2~3min，使茶内水分分布均匀即可初烘。

初烘与摊放：摊放后的茶芽摊于竹制小盘中（竹盘直径46cm，内糊两层皮纸），放在焙灶（焙灶高83cm，灶口直径40cm）上，用炭火进行初烘。温度控制在50~60℃。每隔2~3min翻一次，烘至五六成干，即可下烘。初烘程度要掌握适当，过干，初包闷黄时转色困难，叶色仍青绿，达不到香高色黄的要求；过湿，香气低闷，色泽发暗。下烘后摊放2~3min，以利在初包过程中，使内含物进行正常转化。

3. 初包

初包是形成君山银针品质特点的一个重要工序，是使芽坯在湿热作用下，叶绿素破坏，多酚类化合物和其他内含物进行转化。摊放后的芽坯，每1.0~1.5kg，用双层皮纸包成一包，置于无异味的木制或铁制箱内，放置48h左右，待芽色呈现橙黄时为适度。初包每包茶叶不可过多或过少。过多化学变化剧烈，芽易发暗；太少色变缓慢，难以达到初包的要求。由于包闷时氧化放热，包内温度上升24℃，达30℃左右时，应及时翻包，以使转色均匀。初包时间长短，与气温密切相关。当气温20℃左右，约40h。气温低应当延长初包闷黄时间。

4. 复烘与摊放

复烘的目的在于进一步蒸发水分，固定已形成的有效物质，减缓在复包过程中某些物质的转化。烘量比初烘多1倍，温度掌握在45℃左右，烘至七八成干下烘摊放，摊放的目的与初烘后相同。

5. 复包

方法与初包相同。作用以弥补初包时芽坯内含物转化之不足，继续形成有效物质。历时24h左右。待茶芽色泽金黄，香气浓郁即为适度。

6. 足火

经过上述工序，君山银针品质特征基本形成。再通过足火干燥固定已形成的品质，并进一步发展色、香、味，散发水分至足干。足火温度50℃左右，烘量每次约0.5kg，焙至足干为止。

7. 分级

加工完毕，按芽头肥瘦、曲直和色泽的黄亮程度进行分级。以茶芽壮实、挺直、黄亮者为上；瘦弱、弯曲、暗黄者次之。盛放干茶的茶盘必须垫纸，以免损坏茸毛和折断芽头。分组后的茶叶用皮纸分别包成小包，置于垫有熟石膏的枫木箱中，密封贮藏。

任务 2-2
霍山黄芽茶加工

任务目标

1. 了解霍山黄芽的起源、分类、品质特征；
2. 掌握霍山黄芽的杀青、揉捻、干燥等加工技能；
3. 掌握霍山黄芽的工艺流程和加工工艺；
4. 熟悉霍山黄芽加工生产中的主要设备。

任务流程

鲜叶 → 杀青 → 揉捻 → 闷黄 → 干燥

任务描述

根据生产任务，制订霍山黄芽茶生产的详细工作计划：包括人员分工、物料衡算、领取原料；检查设备，保障设备的正常运转和安全；按工艺要求和操作规定进行生产；生产过程中严格控制工艺条件；产品检验；出料包装；设备清洗等。生产过程中要能随时解决出现的紧急问题。

（一）产地环境

"霍山弧"沿霍山县西北、西、南、东南部边境构成了山岭相连的一道屏障，形成外围比中部腹地高，仅佛子岭水库大坝一带为狭长的峡谷水口。"霍山弧"内海拔800m以上，山高、坡陡、谷深，冬季寒冷，茶树稀少。海拔400~800m的山区支脉、山肩，生态环境宜种茶，高档霍山黄芽多出产于这一带。霍山县属北亚热带湿润季风性气候，四季分明，冷热适中，区域差异和垂直变化大。

气温：年均气温15.1℃，7月份平均气温27.87℃，1月份平均气温2℃，酷暑和严寒较少，持续时间也不长。不低于0℃的持续天数为336d，年积温4700℃。最高气温随海拔升高递减率更大，尤其是夏季可达0.7~0.8℃/100m，山地800m以下常有显著逆温，500m以上山地几乎没有高温天气出现。

光照：年辐射总量平均488.18kJ/cm^2，年日照时数2000~2200h，年均日照率47%（历史上最多53%，最少40%）。

降水：年降水量1100~1600mm，一般海拔升高100m，平均降水量增加60~70mm。山里降水比山外多，春夏季降水约占全年的70%，秋冬季较少。

湿度：常年相对湿度80%，全年相对湿度不小于80%的日数200d左右，低湿干燥天气较少。

雾日：全年累计24~33d，海拔500m的大化坪镇百家山（正宗黄芽产地）年降水量1818mm，年平均雾日达181d。

土壤：广泛分布在中、低山区和高丘陵地带的是黄棕壤，多呈酸性、弱酸性（pH5~6.5），粗骨性黄棕壤占96.84%。成土母质为多种岩石风化的残积、坡积物，土壤处于幼年发育阶段，具有"粗骨"和"薄层"性特点（属砾质土大类型，土层大多小于30cm），通透性良好，适种性广。据土壤普查测定，各种养分平均含量：有机质2.5%，全氮0.12%，速效磷11mg/kg，速效钾86mg/kg。

霍山黄芽主产于霍县海拔600m以上山区金竹坪、金鸡山、火烧岭、金家湾、乌米尖、磨子潭等地，这里山高云雾大、雨水充沛、空气相对湿度大、漫射光多、昼夜温差大、土壤疏松、土质肥沃、pH5.5左右，林茶并茂，生态条件良好，极适茶树生长。

（二）工艺流程

鲜叶选择收购 → 萎凋 → 杀青 → 揉捻 → 闷黄 → 干燥 → 包装 → 成品

① 霍山黄芽原料要适时分批按标准进行采摘，采摘手法采用折采，总体要求幼嫩匀净。幼嫩即偏嫩采摘，匀净即匀齐一致，不带其他杂质，使外形整齐美观，达到形状、大小、色泽一致。采摘时严格进行拣剔，并做到"四不采"，即无芽不采、虫芽不采、霜冻芽不采、紫芽不采。

② 采回经拣剔后薄摊，厚 3~5cm，晴天露水叶摊放 2~3h，阴雨天摊放 4~5h，散发青草气和表面水分，待芽叶发出清香，叶色由鲜绿转为暗绿即可付制，一般上午采，下午制，鲜叶不过夜。

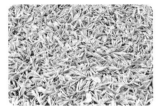

③ 杀青要求高温、快炒，锅温掌握 120~130℃，以鲜叶下锅后有炒芝麻声为度，叶片无焦边爆点。毛火温度 110~120℃，投叶量 3~4 锅杀青叶，采取高温、勤翻、快烘，2 人左右翻烘，约 5min 至茶稍有刺手感，香气溢出为宜。

④ 毛火下烘及时摊放，焖黄 24~48h 至叶软微黄后上烘干燥。

⑤ 烘干机温度 90℃，投叶量 0.5~0.75kg，翻烘动作要轻要慢。初烘至六成干，摊放 1~2d，叶片变黄，拣去红梗老叶等杂物；再上烘至八九成干，任其回软 1~2d，

最后进行一次烘焙，手握有刺手感，茶叶捻之即断碎，九成干时下烘摊晾即成黄芽毛茶。

（三）品质特点

产于安徽省大别山区的霍山县。霍山古属寿州，自唐至明，其所产黄芽即为名茶极品，清代更被列为贡茶，对此《唐国史补》《群芳谱》等均有记载，旧时霍山隶属寿州，称"寿州霍山黄芽"或称"寿州黄芽"。霍山黄芽明清时列为贡茶。然而经过历代演变，以后失传。建国前后，仅闻其名，未见其茶，1971年来，为挖掘和恢复名茶生产，进行研究炒制，形成现在的霍山黄芽，成为黄茶类中的名茶之一。

霍山黄芽要求鲜叶细嫩新鲜，一般当天采芽当天制作，分杀青→初烘→摊放→复烘→足烘五道工序，在摊放和复烘后，使其回潮变黄。

霍山黄芽的特点：a. 茶形细嫩多亮、形如雀尖；b. 茶色嫩黄；c. 香气栗香；d. 汤色黄绿清明；e. 茶味醇厚有后甘；f. 叶底黄亮嫩匀厚实。

（四）鲜叶要求

霍山黄芽鲜叶细嫩，因山高地寒，开采期一般在谷雨前3~5d，采摘标准一芽一叶或一芽二叶初展。芽叶要保持新鲜，采回鲜叶应薄摊，散失表面水分，一般上午采下午制，下午采当晚制完。

（五）加工技术

霍山黄芽加工分炒茶（杀青和做形）、初烘、摊放、复烘、摊放、足烘等过程。

1. 炒茶

分生锅和熟锅。生锅（头锅）主要起杀青作用，温度稍高，鲜叶下锅能立即听到有炒芝麻的响声为度。每锅投叶量50g左右。炒茶用芒花扫帚，炒时扫帚要在锅中旋转并轻巧地跳动叶子，兼用手辅助抖散，以散发水分，使之受热均匀，杀青匀透。炒至叶质柔软时，转入熟锅（第二锅）。熟锅继续杀青同时起做形作用，温度稍低。

炒时要炒中带轻揉。使叶子皱缩成条，叶色转暗，发出清香，即可出锅，进行初烘。熟锅要与生锅配合得当，防止"上锅催下锅"。

2. 初烘和摊放

初烘用炭火烘笼烘焙，火温100℃左右，每烘篮摊叶量1kg左右，烘时勤翻轻翻匀摊，烘至六成干时，两烘并一烘，再烘至七成干时为适度。下烘摊放1~2d，使其回潮，黄变。拣去黄片、杂物，以及不符合规格的茶条，然后复烘。

3. 复烘和摊放

将摊放黄变后的茶叶继续烘焙，以蒸发水分。烘焙温度视黄变程度而定。黄变程度不足，温度宜低；黄变适度时温度则要高。一般温度控制在85~90℃，烘至八九成干为止。然后再任其回潮1~2d，以促使进一步黄变。

4. 足烘

最后一次烘焙。温度100~120℃，以增进茶香。翻烘要勤、轻、匀，烘至足干，趁热装筒封盖。

相关知识

（一）黄茶品质与制法特点

1. 鲜叶要求

黄茶之所以分为黄小茶和黄大茶，主要是鲜叶原料不同。黄大茶要求一芽四五叶新梢，而黄小茶要求一芽二叶以上的嫩度，特别是霍山黄芽要求更高，鲜叶全为芽头，并对采摘时间、芽头肥瘦、大小、长短都有严格的要求。

2. 品质特点

黄茶的品质特点是"黄叶黄汤"。这种黄色是制茶过程中进行闷堆渥黄的结果。黄茶芽叶细嫩、显毫、香味鲜醇。由于品种的不同，在鲜叶选择、加工工艺上有相当大的差别。比如，湖南省岳阳洞庭湖君山的"君山银针"茶，采用的全是肥壮的芽头，制茶工艺精细，分杀青、摊放、初烘、复摊、初包、复烘、再摊放、复包、干燥、分级十道工序。加工后的"君山银针"茶外表披毫，色泽金黄光亮。

黄茶之所以具有"黄汤黄叶"的品质特征，是因为黄茶制造过程中都有"闷黄"，闷黄是在杀青破坏酶促作用的前提下，利用湿热作用使多酚类化合物发生非酶促的自动氧化，同时，使叶绿素大量减少，而产生黄变。此外，由于茶树品种的芽叶自然发黄，在制造过程中并未闷黄，如霍山黄芽就是这样。霍山有关单位力求要证实霍山黄芽为绿茶，因为霍山黄芽不存在黄变过程。

黄茶有多种花色品种，品质也各不相同。

品种	外形			内质		
	形状	色泽	汤色	香气	滋味	叶底
君山银针	芽头壮实笔直、茸毛披盖	金黄光亮	杏黄明澈	香气高纯	滋味爽甜	嫩黄匀亮
北港毛尖	条索紧结重实带卷曲白毫显露	金黄	杏黄明净	香气清高	滋味醇厚	嫩黄匀亮
沩山毛尖	叶边微卷成块状白毫显露	黄亮润泽	橙黄明亮	松烟香香气浓厚	甜醇爽口	黄亮嫩匀
黄大茶	梗壮叶肥、叶片成条、梗叶相连	金黄色润泽	深黄	高爽、焦糖香	叶浓厚	黄色
大叶青	条索肥壮紧结重实，显毫	青润带黄	橙黄明亮	纯正	浓醇回甜	淡黄

3. 制法特点

品质之所以不同，除了鲜叶原料要求不同外，制法也不完全相同。

君山银针：杀青→摊放→初烘→摊放→初包→复烘→摊放→复包→干燥→分级十个过程，三摊三包三烘。

北港毛尖：杀青→锅揉→闷黄→复炒→复揉→烘干六个过程。

沩山毛尖：杀青→闷黄→轻揉→烘焙→拣剔→熏烟六个过程。

远安鹿苑：杀青→炒二道→闷堆→炒三道四个过程。

蒙顶黄顶：杀青→初包→复锅→复边→三炒→摊放→四炒→烘焙八个处理。

黄大茶：炒茶（生锅、二锅、熟锅）→初烘→堆积→烘焙四个处理。

大叶青：萎凋（摊放）→炒青→揉捻→闷堆→干燥五个处理。

从以上各种黄茶制法，可以看出黄茶制法与绿茶制法很相近，只是增加了"闷黄"过程，闷黄正是黄茶制法的特点，黄茶品质也正是"闷黄"作用的结果。我们也看到在绿茶制造过程中，如杀青叶没有及时摊晾，堆积过厚，叶质也会出现黄变。有时茶叶因为含水量高或放置在潮湿地方储藏，叶质也会变黄等。这些都是湿热作用的结果，然而是绿茶应避免的。

4. 黄变的实质

黄茶的黄变是"闷黄"过程，实质是湿热作用使多酚类化合物产生非酶的氧化和叶绿素因破坏减少的结果，同时促进了叶中内含物的转化，从而形成了黄茶所特有的品质。

叶绿素的破坏：叶绿素是不稳定的化合物，由于闷黄过程中，热的作用，产生裂解、置换以及氧化等受到破坏，使绿色减少，黄色物质显露出来，这是黄茶呈现黄色的主要原因之一。根据安农测定，黄大茶在堆闷时叶绿素破坏达1.30mg/g，比新烘叶减少20%。

多酚类化合物的氧化：多酚类化合物是极易氧化的物质，在闷黄过程中，在热的作用下进行非酶性氧化，特别是黄烷醇类氧化养活最为显著。闷黄过程中总量减少达40.77mg/g，比新烘减少36%，同时产生大量的茶红素，只是不像红茶那样酶性氧化而呈现红色，而是与其他色素一起呈现黄色，并使色泽加深。另外热作用使黄烷醇物质发生异构化，改变了滋味苦涩的特性。从而黄茶滋味醇而不苦。

其他物质的变化：糖类和氨基酸都是品质有利物质，由于热的作用，多糖降解，易转化为单糖，单糖的增加，对滋味有良好的作用。氨基酸也存在不断增加，促使了滋味的鲜爽。同时糖与氨基酸的热结合产生焦糖香，对黄大茶的香气形成起重要作用。另外一些芳香物质的转化、挥发，对香气也极为有利。

总之，黄茶品质的形成直接取决于闷黄过程的各种物质的转化、结合，当然也必须有其他相应的工序配合作用。然而这些物质的转化，是制茶技术作用的结果。制茶技术好，物质转化有利于品质的发展，品质则好；制茶技术粗放、物质转化少，或不利品质形成，品质则不好。所以茶叶品质好是制茶技术措施好的体现。

（二）黄茶起源

黄茶自古至今有之，但不同的历史时期，人们不同的观察方法却赋予黄茶不同的含义。历史上最早记载的黄茶，不同现今所指的黄茶，是依茶树品种原有特征，茶树生长的芽叶自然显露黄色而言。如在唐朝享有盛名的安徽寿州黄茶和四川蒙顶黄芽，都因芽叶自然发黄而得名。

在历史上，未产生系统的茶叶分类理论之前和在众多消费者中，大都凭直观感觉辨别黄茶。这种识别黄茶的方法，混淆了加工方法和茶叶品质极不相同的茶类，涉及很多种品质各异的茶叶。如上面所说的因鲜叶具嫩黄色芽叶而得名的黄茶，其实为绿茶类。还有采制粗老的绿茶、晒青绿茶和陈绿茶；青茶的连心、包种等都是黄叶黄汤，很易被误认为是黄茶。

（三）黄茶种类

黄茶的杀青、揉捻、干燥等工序均与绿茶制法相似，其最重要的工序在于闷黄，这是形成黄茶品质特点的关键，主要做法是将杀青和揉捻后的茶叶用纸包好，或堆积后以湿布盖之，时间以几十分钟或几十个小时不等，促使茶坯在湿热作用下进行非酶自动氧化，形成黄色。

黄茶的制作与绿茶有相似之处，不同点是多一道闷堆工序。这个闷堆过程，是黄茶制法的主要特点，也是它同绿茶的基本区别。绿茶是不发酵的，而黄茶是属于半发酵茶类。

黄茶是我国特产，其按鲜叶老嫩又分为黄芽茶、黄小茶和黄大茶。

1. 黄芽茶

原料细嫩、采摘单芽或一芽一叶加工而成，主要包括湖南岳阳洞庭湖君山的"君山银针"、四川雅安名山县的"蒙顶黄芽"和安徽霍山的"霍山黄芽"。

蒙顶黄芽产于四川省名山县蒙顶茶场，是蒙顶名茶传统产品的一种。蒙顶茶产地四川省名山县蒙山，地跨名山、雅安两县，为邛崃山脉尾脊，山势巍峨，峰峦挺秀。蒙山产茶历史悠久，距今已有2000多年。

蒙顶茶自唐开始，直到明、清皆为贡品，为我国历史上最有名的贡茶之一。蒙顶茶是蒙山所产名茶的总称。唐宋以来，川茶因蒙顶贡茶而闻名天下。当时进贡到长安的名茶，大都为细嫩散茶，品名有雷鸣、雾钟、雀舌、鸟嘴、白毫等。以后又有凤饼、龙团等紧压茶。解放后把一些传统品类的名茶保留下来，并加以改进提高。品名有甘露、石花、黄芽、米芽、万春银叶、玉叶长春等。50年代初期以生产黄芽为主，称"蒙顶黄芽"。近来以甘露等为多，但蒙顶黄芽仍有生产，为黄茶类名优茶中之珍品。现在仍有不少茶馆、茶庄悬挂"扬子江中水，蒙山顶上茶"的对联，可见蒙顶茶影响之深远。每年春分时节开始采制蒙顶黄茶，选择肥壮的芽头一芽一叶初展，经杀青、处包、复炒等八道工序制成。

蒙顶山区气候温和，年平均温度14~15℃，年平均降雨量2000mm左右，阴雨天较多，年日照仅1000h左右，一年中雾日多达280~300d。多雨、雾多、云多，是蒙山的一大特点。蒙山冬无严寒，夏无酷暑，雨量充沛，湿热同季。茶园土层深厚，pH4.5~5.6，适宜茶树生长。所以人们说，蒙山上有云雾覆盖，下有精气（沃壤）滋养，是茶树生长的好地方。

品质特点：形状扁直，芽匀整齐，色泽金黄，芽毫显露，甜香浓郁，滋味鲜醇回甘，汤色黄亮，叶底嫩黄匀齐。

鲜叶要求：蒙顶黄芽对鲜叶要求十分严格。每年春分时节，当茶园内有10%左右的芽头鳞片展开，即开园采摘肥壮芽头制特级黄芽。随时间推延，芽叶长大，采一芽一叶初展（俗称鸦雀嘴）的芽叶，炒制一级黄芽。采摘到清明后10d左右结束。要求芽头肥壮，长短大小匀齐，并做到不采紫色芽，不采瘦弱芽，不采病虫芽，不采空心芽。采下的芽头放在小竹篮里，要轻采轻放，防止机械损伤。采回后及时摊放，顺序炒制。

加工技术：蒙顶黄芽由于芽叶特嫩，加工技术要求特别精细。分杀青、初包、复炒、复包、三炒、堆积摊放、四炒、烘焙八道工序。

杀青：当锅温升到100℃左右时，涂少量白蜡擦匀，使锅壁光滑。待锅温升到130~140℃时，蜡烟散失后即可投叶杀青。每锅投叶量125~150g。叶子下锅后，两手手指分开，手心相对，把叶捧起，再撒入锅中，反复数次，1min左右，叶温升高，水分汽化加快，即用棕刷辅助翻炒，同时降低锅温至100℃左右。待大量水汽散失后，改为单手翻炒，手掌平伸，大拇指与四指分开，将芽叶在锅中连抓几把，起闷炒作用，再将芽叶捞起，撒入锅中，抖炒闷炒交替进行。历时4~5min，至叶色变暗茶香显露，芽叶含水率减少到55%~60%，即为杀青适度，出锅初包。

初包：纸包闷黄是形成蒙顶黄芽品质特点的关键工序。使杀青叶受湿热作用，多酚类化合物产生非酶性自动氧化，叶绿素破坏，形成黄叶黄汤，滋味甜醇的品质风格。初包是将出锅后的杀青叶迅速用草纸包好，保持叶温在55℃左右，放置60~80min，中途开包翻拌1次，使黄变均匀一致。待叶温下降到35℃左右，叶色由暗绿转变微黄时，进行复锅二炒。

复炒：散失部分水分和"初包"中产生的水闷气，发展甜醇的滋味。锅温70~80℃，翻炒仍需抖闷结合，并借助手力，把芽叶拉直，压扁时间3~4min，到芽叶含水率为45%左右时，即可出锅。出锅叶温50~55℃有利于复包变黄。

复包：复炒以后，为使叶色进一步黄变，形成黄色黄汤，可按初包方法，将50℃左右的复炒叶进行包置，经50~60min，叶色变为黄绿色，进行三炒。

三炒：目的是继续蒸发水分，促进理化变化和进一步整形。操作方法与复炒相同，锅温70℃左右，投叶量约100g左右，炒制时间3~4min，含水量降至30%~35%时为适度。

堆积摊放：目的是促进叶内水分重新均匀分布和多酚类化合物等成分在较长时间的热化学作用下缓慢氧化，达到黄叶黄汤的要求。将三炒叶趁热撒在细蔑簸箕上，摊放厚度5~7cm，盖上草纸，摊放24~36h，即可四炒。

四炒：进一步整理形状，使茶条扁直、光滑，并散发水分和闷气，增进香味。锅温60~70℃，叶量不可过多过少，以在制品100g左右为好。操作技术主要是拉直，压扁茶条，当炒至七八成干，水分20%左右时改变手法，用单手握住叶子，在锅中轻轻翻滚，使叶温逐步上升，促进香气的提高，并使叶色润泽，金毫显露。当叶形基本固定，出锅摊放。若芽叶色泽黄变程度不足，可再继续堆积摊放，直到色变适度，即可烘焙。

烘焙：采用焙笼烘焙，每笼摊叶量250g，掌握40~50℃的低温，慢烘细焙，以进一步发展色香味，散发水分，使茶叶足干。每隔3~5min翻焙1次，待水分含量下降到5%左右，下焙摊放，包装入库。

2. 黄小茶

由细嫩芽叶加工而成，主要包括湖南岳阳的"北港毛尖"、湖南宁乡的"沩山毛尖"、湖北远安的"远安鹿苑"和浙江温州、平阳一带的"平阳黄汤"、皖西黄小茶等。

（1）平阳黄汤

平阳黄汤产于浙江省平阳、泰顺、瑞安、永嘉等县，也称温州黄汤，品质以泰顺东溪与平阳北港（南雁荡山区）所产为最好。黄汤始于清代，距今已200余年。

品质特点：条形细紧纤秀，色泽黄绿多毫，香气清芬高锐，滋味鲜醇爽口，汤色橙黄鲜明，叶底芽叶成朵匀齐。

鲜叶要求：平阳黄汤清明前开采，采摘标准为细嫩多毫的一芽一叶或一芽二叶初展，鲜叶要长大小匀齐一致，新鲜。

加工技术：平阳黄汤加工分杀青、揉捻、闷堆、初烘和闷烘五道工序。

杀青：锅温160℃左右，投叶量1.00~1.25kg，要求杀透杀匀。待叶质柔软，叶色暗绿，即可滚炒揉捻。

揉捻：继续在杀青锅内进行，降低锅温，滚炒到茶叶基本成条，减重50%~55%时即可出锅。

闷堆：将揉捻叶一层一层地摊在竹匾上，厚约20cm，上盖白布，静置48~72h，待叶色转黄即可初烘。

初烘：用烘笼烘焙，每笼投闷堆叶1.25kg，约烘15min，七成干时下烘。

闷烘：初烘叶稍加摊晾，放在布袋内，每袋1~1.5kg，连袋放在烘笼上闷焙，掌握叶温30℃左右，烘3~4h达九成干，再筛去片末后复火到足干，即可包装。

（2）北港毛尖

岳阳自古以来为游览胜地。其产北港茶在唐代就很有名气。北港发源于梅溪，全长2km，因位于南港之北而得名。岳阳市康王乡北港湖一带，是现今的北港毛尖产地。北港毛尖一般在清明后5~6d开采，鲜叶标准为一芽二三叶，晴天采摘，不采虫伤叶、紫色叶、鱼叶，不带蒂。嫩度分特号、1—4号五个档次。

品质特点：外形条索紧结重实带卷曲状，白毫显露，叶色金黄，内质汤色杏黄明净，香气清高，滋味醇厚，耐冲泡。

鲜叶要求：一般在4月上旬开始采摘，采摘标准为一芽二叶。选晴天采摘。要求芽叶肥壮，柔嫩多毫。不采虫伤叶、紫色叶、鱼叶，不带蒂把。严格做到随采随制，当天采的芽叶，当天制完。

加工技术：北港毛尖加工分杀青、锅揉、闷黄、复炒、复揉、烘干等工序。

杀青：锅温170~180℃，每锅投叶量1~1.5kg。先抖炒2min左右，随后锅温降至100℃以下，再炒12~13min，至叶于发出清香，无青草气，杀青叶达三四成干时转入锅揉。

锅揉：杀青后把锅温降低到40℃左右，在锅内进行炒揉解块，反复操作直至叶片卷成条索状，达六成干时出锅。

闷黄：出锅叶放在簸箕内拍紧，上面盖布，时间约30min，使茶条回潮，叶色变黄，再投入锅内复炒复揉。

复炒复揉：锅温保持在60~70℃，炒至条索紧卷，白毫显露，达八成干时出锅摊放。

烘干：摊放后，用炭火烘焙，温度控制在80~90℃，烘至足干，趁热装入箱内密封，促使叶色进一步黄变，形成北港毛尖特有品质。

（3）沩山白毛尖

沩山白毛尖产于湖南省宁乡县西部的大沩山，商品销甘肃、新疆等省。沩山白毛尖制造分杀青、闷黄、轻揉、烘焙、拣剔、熏烟六道工序，烟气为一般茶叶所忌，更不必说是名优茶。而悦鼻的烟香，却是沩山白毛尖品质的特点。沩山白毛尖的品质特点是，外形叶缘微卷成块状，色泽黄亮油润，白毫显露，汤色橙黄明亮，松烟香芬芳浓厚，滋味醇甜爽口，叶底黄亮嫩匀。沩山白毛尖颇受边疆人民喜爱，被视为礼茶之珍品。

沩山毛尖产于湖南宁乡县沩山乡。产区山高林密，整日云雾弥漫，故有"千山万山朝沩山，人到沩山不见山"之称。沩山年平均温度15℃左右，年降雨量1800~1900mm，相对湿度80%以上，全年日照为2400h。高山茶园土壤为黑色沙质壤土，土层深厚，腐殖质丰富。茶树饱受云雾滋润，不受寒风和烈日侵袭，生长旺盛，芽叶肥厚，茸毛多，持嫩性强。

品质特点：外形叶缘微卷，略呈块状，叶色黄亮油润，白毫显露；内质松烟香气浓厚，滋味甜醇爽口，汤色橙黄明亮，叶底黄亮嫩匀。

鲜叶要求：一般在谷雨前6~7d开采，采摘标准为一芽一二叶初展，俗称"鸦雀嘴"。采摘时严格要求做到不采紫芽、虫伤叶、鱼叶和蒂把。当天采当天制，保持芽叶的新鲜度。

加工技术：沩山毛尖加工分杀青、闷黄、揉捻、烘焙、拣剔、熏烟等工序。

杀青：采用平锅杀青，锅温150℃左右。每锅投叶量2kg左右。炒时要抖得高、扬得开，使水分迅速散发，后期锅温适当降低。炒至叶色暗绿，叶子黏手时即可出锅。

闷黄：杀青叶出锅后趁热堆积10~16cm厚，上盖湿布，进行6~8h的闷黄。中间翻堆一次，使黄变均匀一致。到茶叶全部均匀变黄为止。闷黄后的茶叶先散堆，然后再轻揉。

揉捻：在蔑盘内轻揉。要求叶缘微卷，保持芽叶匀整，切忌揉出茶汁，以免成茶色泽变黑。

烘焙：在特制的烘灶上进行，燃料用枫木或松柴，火温不能太高，以70~80℃为宜。每焙可烘茶三层，厚约7cm。待第一层烘至七成干时，再加第二层，第二层七成干时，再加第三层。层次不可再多，否则上面还未烘干，下面就易烧焦。在烘焙中不需翻烘，避免茶条卷曲不直。直到茶叶烘至足干下烘。如果气温低，闷黄不足，可在烘至七成干时提前下烘，再堆闷以

2h，促黄变。

拣剔：下烘后要剔除单片、梗子、杂物，使品质匀齐划一。

熏烟：是沩山毛尖特有的工序。先在干茶上均匀地喷洒清水或茶汁水，茶水比例为10∶1.5，使茶叶回潮湿润，然后再上焙熏烟。燃料用新鲜的枫球或黄藤，暗火缓慢烘焙熏烟，以提高烟气浓度，以便茶叶能充分吸附烟气中的芳香物质。熏烟时间16~20h，烘至足干即为成茶。

（4）鹿苑毛尖茶

远安县古属峡州，唐代陆羽《茶经》中就有远安产茶的记载。据县志远载，鹿苑茶起初（公元1225年）为鹿苑增寺侧载值，产量甚微，当地村民见茶香味浓，便争于相引种，遂扩大到山前屋后种植，从而得以发展。现已在鹿苑一带创制出一种黄茶类的鹿苑毛尖。

鹿苑茶又称鹿苑毛尖，产于湖北远安县鹿苑一带，位于龙泉河中下游，河道逶迤，两岸傍山，茶园分布在山脚山腰一带，满山峡谷中的兰草、山花和四季常青的百年楠树，伴随茶树生长。这里气候温和，雨量充沛，土堆疏松肥沃，良好的生态环境，对茶树生长十分有利，茶叶品质优良。鹿苑茶被誉为湖北茶中之佳品。据古碑记载，清代曾有一位高僧写诗赞扬鹿苑茶，"山精玉液品超群，满碗清香桌上熏，不但清心明目好，参掸能伏睡魔军。"

品质特点：条索紧结弯曲呈环状，色泽金黄，白毫显露，香气清香持久，滋味醇厚回甘，汤色杏黄明亮，叶底嫩黄匀整。

鲜叶要求：鲜叶采摘一般是从清明开始至谷雨这段时间。习惯是上午采摘，下午折短（将大的芽叶折短），晚上炒制。采摘标准为一芽一二叶，要求鲜叶细嫩、新鲜，不带鱼叶、老叶、茶果，保证鲜叶的净度。断折的标准是以一芽一叶初展为宜，折下的单片、茶梗，另行炒制。经断折好的芽叶要进行摊放2~3h，散发部分水分，便于炒制。

加工技术：鹿苑茶加工分杀青、二炒、闷堆、三炒四道工序。没有独立的揉捻工序，而是在二炒和三炒中，在锅内用手搓条做形。

杀青：锅温要求160℃左右，并掌握先高后低。每锅投叶量1~1.5kg。炒时要快抖多闷，抖闷结合。约炒6min，到芽叶萎软如绵，折梗不断时，锅温下降到90℃左右，炒至五六成干起锅。趁热闷堆15min左右，然后散开摊放。

二炒：锅温100℃左右，炒锅要求光滑。每锅投入湿坯叶1~1.5kg。适当抖炒散气，并开始整形搓条，但要轻揉、少搓，以免茶汁挤出，茶条变黑。约炒15min，茶坯达七八成干时出锅。

闷堆：是鹿苑茶品质特点形成的重要工序。茶坯堆积在竹盘内，上盖湿布，闷堆5~6h，促使茶坯在湿热作用下进行非酶性自动氧化，形成黄色。闷堆后拣剔去除不合格的茶条、碎杂后进行炒干。

炒干：锅温80℃左右，投闷堆茶坯2kg。炒到茶条受热回软后，继续搓条整形，并采用旋转手法闷炒为主，促使茶条环子脚的形成和色泽油润。约炒30min，即可达到充分干燥，起锅摊凉后，包装贮藏。

3. 黄大茶

黄大茶是采摘叶大梗长，具有一定成熟度的一芽四五叶的鲜叶加工而成。包括霍山黄大茶和广东大叶青。

黄大茶以大枝大杆，黄色黄汤和高爽的焦香为主要特点。鲜叶原料粗大，为一芽四、五叶，杆粗叶大，按当地茶农的习惯每年只采一次。在制法上主要有：炒茶→初烘→堆积→烘焙四个处理过程。

炒茶：炒茶分生锅、二青锅、熟锅三锅连续操作。生锅主要起杀青作用，破坏酶的活性；二青锅主要起初步揉条和继续杀青的作用；熟锅主要是进一步做条。炒茶锅都采用普通饭锅，按倾斜25°~30°砌成相连的三口锅炒茶灶。炒茶都使用竹丝扎成的炒茶扫把，长约1m，竹丝一端分散约直径为10cm。所不同的是炒法，当地茶农总结为"生锅要旋，二锅带劲，熟锅要钻"，另外锅温也有所不同。

生锅：锅温180~200℃，投叶量0.25~0.5kg。同时温度不同炒茶技术不同、叶量也应不同。具体炒法是：两手技炒茶扫把在锅中旋转炒拌，使叶子随着扫把旋转翻动，即"满锅旋"，受热均匀。同时注意旋转要快、用力要匀，并不断翻转抖扬，散发水蒸气。炒3~5min，叶质柔软、叶色暗绿，可扫入二青锅内继续炒制。

二青锅：锅温略低于生锅。具体炒法是：生锅进入二青锅后，及时用炒茶扫把将叶子困住在锅中旋转、转圈要大，用力也较生锅大，即"带把劲"，使叶子顺着炒把转，而不能赶着叶子转，否则满锅飞，起不到揉捻作用。然后再加上炒揉、用力逐渐加大，做紧条形，通过多次炒揉，当叶片皱缩成条，茶叶黏着叶面，有黏手感时，可扫入熟锅继续做形。

熟锅：温度更低约130~150℃，炒茶方法基本用于二青锅。所不同的是增加了旋转搓揉，使叶子吞吐竹丝扫把间，即"钻把子"，如此炒揉、搓揉连续不断进行，待炒到条索紧细，发出茶香，达三四成干时，便可出锅，进行初烘。

初烘：炒后立即高温快速烘焙，温度120℃左右，投叶量每烘笼2~2.5kg，每2~3min翻烘1次，烘约30min，达七八成干，有利于感茶梗折之能断，即为适度。这样就可下烘堆积或者直接交售给茶站，由茶站统一堆积。

堆积：下烘后叶趁热装篓或堆积于圈席内，稍加压紧，高约1m，放置在高燥的烘房内，利用烘房的热促进蒸变。堆积时间长短可视鲜叶老嫩，茶坯含水量及其变程度而定，一般要求5~7d。收购茶站统一堆积，对收来的茶叶，先进行拉小火，烘到九成干，而后堆积，堆积时间相对长一点。堆积到叶色黄变，香气透露，即为适度，可开堆进行烘焙。

烘焙：利用高温进一步促进黄变和内质的转化，以形成黄大茶特有的焦香味。烘焙是采用栎炭明火，温度130~150℃，每烘笼投叶约12.5kg，两人抬笼，仅几秒钟就翻动1次，翻叶要轻快而匀，防止断碎和茶末落入火中产生烟味。火功要高，烘得足，色香味才能得到充分发展，时间40~60min，待茶梗折之即断，梗心呈菊状，茶梗显露金色光泽，芽叶上霜，焦香明显，即可下烘，趁热踩篓包装。

（1）广东大叶青

广东大叶青主要产地在韶关、肇庆、湛江等县市。广东地处南方，温热多雨，年平均温度大都在22℃以上，年降雨量1500mm，甚至更多。茶园多分布山地和低山丘陵，土质多为红壤，透水性好，非常适宜茶树生长。

品质特点：外形条索肥壮、紧结、重实、老嫩均匀，叶张完整、显毫、色泽青润带黄；内质香气纯正，滋味浓醇回甘，汤色橙黄明亮，叶底淡黄。具有黄茶品质特征，所以也归属黄茶类。

鲜叶要求：大叶青是由大叶种茶树上采摘的鲜叶制成。采摘标准为一芽二三叶。鲜叶要求匀净、新鲜。进厂鲜叶应及时摊放，严防鲜叶损伤和发热红变。

加工技术：大叶青加工分萎凋、杀青、揉捻、闷堆、干燥五道工序。除了具有黄茶加工特有的闷黄工序外，还增加了萎凋工序，这与其他黄茶制法不同。杀青前的萎凋和揉捻后闷黄的主要目的是消除青气涩味，促进香味醇和纯正。

萎凋：可用日光萎凋，室内自然萎凋和萎凋槽萎凋。不论采用哪种萎凋方法，鲜叶应均匀摊放在萎凋竹帘上，自然萎凋每平方米摊叶1~1.25kg，萎凋槽摊叶厚度15~20cm，嫩叶要适当薄摊，老叶可适当厚摊。为使萎凋均匀，萎凋过程中要翻叶1~2次，动作要轻，避免机械损伤而引起红变。萎凋时间：自然萎凋在正常情况下，4~8h；日光萎凋20~40min；萎凋槽萎凋春茶通常为6~7h，夏秋茶为3~4h，大叶青的萎凋程度较轻，春茶季节萎凋叶含水率要求控制在65%~68%，夏秋茶68%~70%。如果鲜叶进厂时已呈萎凋状态，则不必要进行正式萎凋，只要稍经摊放即可杀青。

杀青：是制好大叶青的重要工序，对提高大叶青的品质起决定性作用。杀青方法可用手工或机械。一般采用84型双锅杀青机，锅温220~240℃，先高后低。每锅投入萎凋叶7~8kg。透闷结合，适当多闷。杀青时间一般8~12min。当叶色转暗绿，有黏性，手握能成团，嫩茎折而不断，青草气消失，略有熟香时即起锅。

揉捻：一般用中、小型揉捻机。要求条索紧实又保持锋苗、显毫。揉捻程度不宜太重。加压采取轻—中—轻方式，多次轻压，不能一压到底，更不宜重压，以免影响成茶的外形和内质，增加断碎和茶汤苦涩味。揉捻时间视叶子老嫩和机型而定。一般使用小型揉捻机，揉时30~40min。使用中型揉捻机，揉时40~50min。趁热揉或温揉较好。揉至条索紧卷而不碎，茶汁揉出黏附于叶子表面，细胞损伤率60%左右即为适度。

闷堆：是形成大叶青品质特征的主要工序。将解块后的揉捻叶盛于竹筐中，厚度视气温高低而定，掌握在30~40cm，放在避风而湿度大的地方，干燥季节可用湿布盖于筐上面，以保持叶子湿度。叶温控制在35~40℃较好。闷堆时间随气温变化而不同，室温在20~25℃时，需闷堆4~5h；室温在28℃以上时，约需3h。闷堆适度时，叶色转为黄绿，青气消失，发出浓郁的香气。

干燥：采用烘干，分两次进行。烘干机烘干，毛火温度110~120℃，时间10~15min，烘至七八成干，摊放1h左右。足火采用低温慢烘，温度90℃左右，烘到足干，水分含量约6%。下烘稍摊晾，及时装袋。对于粗老的茶叶，毛火可用太阳硒到七成干，再行足火。

（2）霍山黄大茶

其中又以霍山大化坪金鸡山的金刚台所产的黄大茶最为名贵，干茶色泽自然，呈金黄，香高、味浓、耐泡。

（3）海马宫茶

海马宫茶产于贵州省大方县的老鹰岩脚下的海马宫乡。海马宫茶采于当地中、小品种，具有茸毛多、持嫩性强的特性，谷雨前后开采。采摘标准：一级茶为一芽一叶初展；二级茶为一芽二叶；三级茶为一芽三叶。具有条索紧结卷曲、茸毫显露、香高味醇、回味甘甜、汤色黄绿明亮、叶底嫩黄匀整明亮的特点。

（4）安徽皖西黄大茶

皖西黄大茶为安徽霍山、金寨、大安、岳西所产。品质最佳者当数霍山县大化坪、漫水河，金寨县燕子河一带所产，干茶色泽自然，呈金黄，香高、味浓、耐泡。

（四）黄茶初制原理

绿叶变黄对绿茶来说是品质上的错误，而对黄茶来说，则要创造条件促进黄变，这就是黄茶制造的特点。研究黄变的实质，不仅有利于掌握好黄茶闷黄技术，同时对其他茶类制造技术也有一定的启示作用。

形成黄茶品质的主导因素是热化作用。热化作用有两种：一是在水分较多的情况下以一定温度作用，称为湿热作用；二是在水分较少的情况下以一定温度作用，称为干热作用。在黄茶制造过程中，这两种热化作用交替进行，从而形成黄茶独特品质。研究黄茶堆积闷黄的实质：湿热作用引起叶内成分一系列氧化、水解，这是形成黄叶黄汤、滋味醇浓的主导方面；而干热作用则以发展黄茶的香味为主。

1. 杀青对黄茶品质的影响

黄茶杀青原理、目的与绿茶基本相同，但黄茶品质要求黄叶黄汤，因此杀青的温度与技术就有其特殊之处。

杀青锅温较绿茶锅温低，一般在120~150℃。杀青采用多闷少抖，造成高温湿热条件，使叶绿素受到较多破坏，多酚氧化酶、过氧化物酶失去活性，多酚类化合物在湿热条件下发生自动氧化和异构化，淀粉水解为单糖，蛋白质分解为氨基酸，都为形成黄茶醇厚滋味及黄色创造条件。

2. 闷黄对黄茶品质的作用

闷黄是形成黄茶品质的关键工序。依各种黄茶闷黄先后不同，分为湿坯闷黄和干坯闷黄。

湿坯闷黄在杀青后或热揉后堆闷使之变黄，由于叶子含水量高，变化快。例如：消山毛尖杀青后热堆，经6~8h，即可变黄。平阳黄汤杀青后，趁热快揉重揉堆闷1~2h就变黄。北港毛尖，炒揉后覆盖棉衣0.5h，俗称"拍汗"促其变黄。

干坯闷黄由于水分少，变化较慢，黄变时间较长。如君山银针，初烘至六七成干，初包40~48h后，复烘至八成干，复包24h，达到黄变要求。黄大茶初烘七八成干，趁热装篮闷堆，置于烘房5~7d，促其黄变。霍山黄芽烘至七成干，堆积1~2d才能变黄。

总之，尽管各类黄茶堆积变黄有先有后，方式方法各有不同，时间长短不一，但都是闷黄过程，这就是黄茶制法的特殊性。

黄茶的闷黄是在杀青基础上进行的，虽然杀青温度不是太高，但要求达到破坏酶的活性，制止酚类化合物的酶促氧化。在杀青初期和杀青后残余酶的作用，只是短暂的、极其有限的，起主导作用的则是湿热作用促进叶内化学变化。

在闷黄过程中，由于湿热作用，多酚类化合物总量减少很多，特别是C-EGCG和L-EGC大量减少，由于这些酯型儿茶素自动氧化和异构化，改变了多酚类化合物的苦涩味，形成黄茶特有的金黄色泽和较绿茶醇和的滋味。

闷黄过程中，酚类总量减少很多，但水溶性部分减少较少，这说明多酚类化合物在热作用下的氧化与酶促氧化不同。经过杀青后，叶内蛋白质凝固变性与多酚类化合物的氧化产物——茶红素的结合力减弱，从而保留较多的可溶性多酚类化合物。

此外，叶绿素由于杀青、闷黄大量破坏和分解而减少，叶黄素显露，这是形成黄茶黄叶的一个重要变化。

3. 干燥对黄茶品质的作用

黄茶干燥分两次进行。毛火采用低温烘炒，足火采用高温烘炒。干燥温度先低后高，是形成黄茶香味的重要因素。

堆积变黄的叶子，在较低温度下烘炒，水分蒸发得慢，干燥速度缓慢，多酚类化合物的自动氧化和叶绿素等其他成分在湿热作用下进行缓慢转化，促进黄叶黄汤的进一步形成。

然后用较高的温度烘炒，固定已形成的黄茶品质，同时在干热作用，使酯型儿茶素裂解为简单儿茶素和没食子酸，增加了黄茶的醇和味感。糖转化为焦糖，氨基酸受热转化为挥发性的醛类物质，组成黄茶香气的重要组分。低沸点芳香物质在较高温度下部分挥发，部分青叶醇发生异构化，转为清香，高沸点芳香物质由于高温作用显露出来。这些变化综合构成黄茶的香味。

（五）黄茶生产基本工艺

1. 杀青

在20°的斜锅中进行，杀青锅在鲜叶杀青前磨光打蜡，火温掌握"先高（100~120℃）后低（80℃）"，每锅投叶量300g左右。茶叶下锅后，两手轻轻捞起，由怀内向前推去，再上抛抖散，让茶芽沿锅下滑。动作要灵活、轻巧，切忌重力摩擦，防止芽头弯曲、脱毫、茶色深暗。经4~5min，芽蒂萎软清气消失，发出茶香，减重率达30%左右，即可出锅。

2. 摊晾

杀青叶出锅后，盛于簸箕中，轻轻扬簸数次，散发热气，清除细末杂片。摊晾4~5min，即可初烘。

3. 初烘

温度掌握在50~60℃，烘20~30min，至五成干左右。初烘程度要掌握适当，过干，初包闷黄时转色困难，叶色仍青绿，达不到香高色黄的要求；过湿，香气低闷，色泽发暗。

4. 初包

初烘叶稍经摊晾，即用牛皮纸包好，每包1.5kg左右，放置40~48h，以促使黄茶特有色香味的形成，是黄茶制造的重要工序。每包茶叶不可过多或过少。太多，温度过高茶芽易发暗；太少，温度太低色变缓慢，难以达到初包的要求。由于包闷时氧化放热，包内温度渐升，24h后，可能达30℃左右，应及时翻包，以使转色均匀。初包时间长短，与气温密切相关。当气温20℃左右，约40h，气温低时间应当延长。当茶芽出现黄色即可松包复烘。

5. 复烘

复烘的目的在于进一步蒸发水分，固定已形成的有效物质，减缓在复包过程中某些物质的转化。温度50℃左右，时间约1h，烘至八成干即可。若初包变色不足，则烘至七成干为宜。下烘后进行摊晾，摊晾的目的与初烘后摊晾相同。

6. 复包

方法与初包相同，历时20h左右，待茶芽色泽金黄，香气浓郁即为适度。

7. 足火

足火温度50~55℃，每次约0.5kg，焙至足干为止。加工完毕，按芽头肥瘦、曲直、色泽亮暗进行分级。以壮实、挺直、亮黄者为上；瘦弱、弯曲、暗黄者为次。

8. 贮藏

将石膏烧热捣碎，铺于箱底，上垫两层牛皮纸，将茶叶用牛皮纸分装成小包，放在牛皮纸上面，封好箱盖。只要注意适时更换石膏，黄茶品质经久不变。

（六）黄茶审评

黄茶因品种和加工技术不同，形状有明显差别。如君山银针以形似针、芽头肥壮、满披毛的为好，芽瘦扁、毫少为差。蒙顶黄芽以条扁直、芽壮多毫为上，条弯曲、芽瘦少为差。鹿苑茶以条索紧结卷曲呈环形、显毫为佳，条松直、不显毫的为差。黄大茶以叶肥厚成条、梗长壮、梗叶相连为好，叶片状、梗细短、梗叶分离或梗断叶破为差。

评色泽比较黄色的枯润、暗鲜等，以金黄色鲜润为优，色枯暗为差。评净度比梗、片、末及非茶类夹杂物含量。黄大茶干嗅香气以火功足有锅巴香为好，火功不足为次，有青闷气或粗青气为差。评内质汤色以黄汤明亮为优，黄暗或黄浊为次。评香气以清悦为优，有闷浊气为差。评滋味以醇和鲜爽、回甘、收敛性弱为好；苦、涩、淡、闷为次。评叶底以芽叶肥壮、匀整、黄色鲜亮的为好，芽叶瘦薄黄暗的为次。

（七）黄茶茶艺

1. 泡茶茶具

用玻璃杯或盖碗，尤以玻璃杯泡君山银针为最佳，可欣赏茶叶似群笋破土，缓缓升降，堆绿叠翠，有"三起三落"的妙趣奇观。

2. 投茶量

按泡茶具容量置入1/4茶叶。

3. 水温

85℃。

4. 冲泡时间

第一泡：30s；
第二泡：60s；
第三泡：2min。

（八）黄茶功效

提神醒脑，消除疲劳，消食化滞等。对脾胃最有好处，消化不良、食欲不振、懒动肥胖者，都可饮而化之。

① 黄茶是半发酵茶，在发酵的过程中，会产生大量的消化酶，对脾胃最有好处，消化不良、食欲不振、懒动肥胖者都可饮而化之。

② 纳米黄茶能更好发挥黄茶原茶的功能，纳米黄茶更能穿入脂肪细胞，使脂肪细胞在消化酶的作用下恢复代谢功能，将脂肪化除。

③ 黄茶中富含茶多酚、氨基酸、可溶糖、维生素等丰富营养物质，对防治食道癌有明显功效。

④ 此外，黄茶鲜叶中天然物质保留有85%以上，而这些物质对防癌、抗癌、杀菌、消炎均有特殊效果，为其他茶叶所不及。

（九）黄茶术语

1. 干茶形状术语

① 扁直（flat and straight）：扁平挺直。

② 肥直（fat and straight）：芽头肥壮挺直，满披白毫，形状如针。此术语也适用于黄绿茶

和黄茶干茶形状。

③ 梗叶连枝（whole flush）：叶大梗长而相连。

④ 鱼子泡（scorched points）：干茶有如鱼子大的凸起泡点。

2. 干茶色泽术语

① 金黄光亮（golden bright）：芽头肥壮，芽色金黄，油润光亮。

② 嫩黄光亮（tender yellow bright）：色浅黄，光泽好。

③ 褐黄（auburnish yellow）：黄中带褐，光泽稍差。

④ 青褐（bluish auburn）：褐中带青。

⑤ 黄褐（yellowish auburn）：褐中带黄。

⑥ 黄青（yellowish blue）：青中带黄。

3. 汤色术语

① 黄亮（yellow bright）：黄而明亮，有深浅之分。此术语也适用于黄茶叶底色泽和黄茶汤色。

② 橙黄（orange yellow）：黄中微泛红，似橘黄色，有深浅之分。

4. 香气术语

① 嫩香（tender flavor）：清爽细腻，有毫香。

② 清鲜（clean and fresh）：清香鲜爽，细而持久。

③ 清纯（clean and pure）：清香纯和。

④ 焦香（scorch aroma）：炒麦香强烈持久。

⑤ 松烟香（pine smoky flavor）：带有松木烟香。

5. 滋味术语

① 甜爽（sweet and brisk）：爽口而感有甜味。

② 甘醇（sweet and mellow）：味醇而带甜，同义词甜醇。

③ 鲜醇（fresh and mellow）：清鲜醇爽，回甘。

6. 叶底术语

① 肥嫩（fat and tender）：芽头肥壮，叶质柔软厚实。

② 嫩黄（tender yellow）：黄里泛白，叶质嫩度好，明亮度好。此术语也适用于黄茶汤色和绿茶汤色、叶底色泽。

（十）包装标准及要求

① 所有包装材料必须不受杀菌剂、防腐剂、熏蒸剂、杀虫剂等物品的污染，防止引入二次污染。

② 避免使用非必要的包装材料，避免过度包装。

③ 有机茶产品的包装（含大小包装）材料必须是食品级包装材料，主要有：纸板、聚乙烯（PE）、铝箔复合膜、马口铁茶听、白板纸、内衬纸及捆扎材料等。

④ 接触茶叶产品的包装材料应具有保鲜性能（如防潮、阻氧等）；无异味，并不得含有荧光染料等污染物。

⑤ 包装材料的生产及包装物的存放必须遵循不污染环境的原则。因此，不准用聚氯乙烯（PVC）、混有氯氟碳化合物（CFC）的膨化聚苯乙烯等作包装材料。对包装废弃物应及时清理、分类及进行无害化处理。

⑥ 各种包装材料均应坚固、干燥、清洁、无异味、无机械损伤等。各种包装材料的卫生、规格应符合GH/T 1070—2011《茶叶包装通则》的要求。

⑦ 推荐使用无菌包装真空包装、充氮包装来包装有机茶叶。

⑧ 在产品包装上的印刷油墨或标签、封签中使用的黏着剂、印油、墨水等都必须是无毒的。

四、任务实施

（一）领取生产任务

产品名称	产品规格	生产车间	单位	数量	开工时间	完工时间	客户订单号	客户名称
黄茶	10包×3g/盒；20盒/箱	黄茶生产车间	箱	1				

（二）任务分工

序号	操作内容		主要操作者	协助者
1	生产统筹			
2	黄茶包装	工具领用		
3		原料领用		
4		检查及清洗设备、工具		
5		原料拼配		
6		称量		
7		封口		
8		包装		
9		生产场地、工具的清洁		
10	产品检测	包装检测		
11		称量检测		
12		水分检测		
13		外观审评		
14		内质审评		

（三）领料

1. 车间设备单

行号	设备代码	设备名称	规格	使用数量
1	A001	冰箱	台	
2	A002	操作台	张	
3	A003	水分活度仪	台	
4	A004	真空包装机	台	
5	A005	揉捻机	台	
6	A006	烘干机	台	

2. 工具领料单

领料部门		发料仓库		
生产任务单号		领料人签名		
领料日期		发料人签名		
行号	物料代码	物料名称	规格	发料数量
1	G001	电子秤	台	
2	G002	审评杯	个	
3	G003	热水器	个	

3. 材料领料单

领料部门		发料仓库			
生产任务单号		领料人签名			
领料日期		发料人签名			
行号	物料代码	物料名称	用量	单价	总价/元
1	Q001	鲜叶	__kg	__元/kg	
2	Q002	干茶	__kg	__元/kg	
3	Q003	内包装	__个	__元/个	
4	Q004	外包装	__个	__元/个	

（四）加工方案

操作1：鲜叶收购	→	操作2：摊晾
关键控制点1：一芽一、二叶初展		关键控制点2：温度低于35℃
操作3：干燥	→	操作4：检测
关键控制点3：温度低于250℃		关键控制点4：水分低于8%
操作5：包装	→	操作6：贮藏
关键控制点5：避光、无异味、防潮		关键控制点6：密闭低温

五、产品检验标准

（一）基本要求

具有正常的色、香、味，不含有非茶类物质，无异味，无异臭，无劣变。

（二）感官品质

应符合表1的规定。

表1　　　　　　　　　　黄茶感官品质要求（GB/T 21726—2008《黄茶》）

种类	要求							
	外形				内质			
	形状	整碎	净度	色泽	香气	滋味	汤色	叶底
芽型	针型或雀舌型	匀齐	净	杏黄	清鲜	甘甜醇和	嫩黄明亮	肥嫩黄亮
芽叶型	自然型或条形、扁形	较匀齐	净	浅黄	清高	醇厚回甘	黄明亮	柔嫩黄亮
大叶型	叶大多梗、卷曲略松	尚匀	有梗片	褐黄	纯正	浓厚醇和	深黄明亮	尚软、黄尚亮

（三）理化指标

应符合表2的规定。

表2　　　　　　　　　　黄茶理化指标（GB/T 21726—2008《黄茶》）

项目	指标		
	芽型	芽叶型	大叶型
水分（质量分数）/% ≤	7.0		
总灰分（质量分数）/% ≤	7.0		
碎末茶（质量分数）/% ≤	2.0	3.0	6.0
水浸出物（质量分数）/% ≥	32		
水溶性灰分（质量分数）/% ≥	45		
水溶性灰分碱度（以KOH计）（质量分数）/%	1.0*~3.0*		
酸不溶性灰分（质量分数）/% ≤	1.0		
粗纤维（质量分数）/% ≤	16.5		

注：水浸出物、水溶性灰分、水溶性灰分碱度、酸不溶性灰分、粗纤维为参考指标。

* 当以每100g磨碎样品的毫克分子表示水溶性灰分碱度时，其限量为：最小值17.8，最大值53.6。

（四）卫生指标

① 污染物限量应符合GB 2762的规定。

② 农药残留限量应符合GB 2763的规定。

（五）净含量

应符合《定量包装商品计量监督管理办法》的规定。

（六）试验方法

① 取样方法按GB/T 8302的规定执行。

② 感官品质检验按SB/T 10157的规定执行。

③ 试样的制备按GB/T 8303的规定执行。

④ 水分检验按GB/T 8304的规定执行。

⑤ 总灰分检验按GB/T 8306的规定执行。

⑥ 碎末茶检验按GB/T 8311的规定执行。

⑦ 水浸出物检验按GB/T 8305的规定执行。

⑧ 水溶性灰分检验按GB/T 8307的规定执行。

⑨ 水溶性灰分碱度检验按GB/T 8309的规定执行。

⑩ 酸不溶性灰分检验按GB/T 8308的规定执行。

⑪ 粗纤维检验按GB/T 8310的规定执行。

⑫ 卫生指标检验按GB 2762和GB 2763的规定执行。

（七）检验规则

1. 取样

① 取样以"批"为单位，同一批投料生产、同一班次加工过程中形成的独立数量的产品为一个批次，同批产品的品质和规格一致。

② 取样按GB/T 8302的规定执行。

2. 检验

（1）出厂检验

每批产品均应做出厂检验，经检验合格签发合格证后，方可出厂。出厂检验项目为感官品质、水分和净含量。

（2）型式检验

型式检验项目为上述各表中要求的全部项目，检验周期每年1次。有下列情况之一时，也应进行型式检验：

① 原料有较大改变，可能影响产品质量时；

② 出厂检验结果与上一次型式检验结果有较大出入时；

③ 国家法定质量监督机构提出型式检验要求时。

（3）型式检验时，应按上述表中要求全部进行检验。

3. 判定规则

① 凡有劣变、异味严重的或添加任何化学物质的产品，均判为不合格产品。

② 按上述表中要求的项目，任一项不符合规定的产品均判为不合格产品。

4. 复验

对检验结果有争议时，应对留存样或在同批产品中重新按GB/T 8302规定加倍取样进行不合格项目的复验，以复验结果为准。

（八）标志标签、包装、运输和贮存

1. 标志标签

产品的标志应符合GB/T 191的规定，标签应符合GB 7718的规定。

2. 包装

包装应符合SB/T 10035的规定。

3. 运输

运输工具应清洁、干燥、无异味、无污染。运输时应有防雨、防潮、防暴晒措施。严禁与有毒、有害、有异味、易污染的物品混装、混运。

4. 贮存

产品应在包装状态下贮存于清洁、干燥、无异味的专用仓库中。严禁与有毒、有害、有异味、易污染的物品混放，仓库周围应无异气污染。

六、产品质量检验

（一）产品质量检验流程

见"任务七 茶叶品质检验方法"，水分、脂肪、蛋白质、总糖、茶多酚、叶绿素、纤维素、菌落总数、大肠菌群的测定方法。

（二）检验报告

			报告单号：
产品名称		型号规格	
生产日期/批号		产品商标	
产品生产单位		委托人	
委托检验部门		委托人联系方式	
收样时间		收样地点	
收样人		样品数量	
样品状态		封样数量	
封样人员		封样贮存地点	
检验依据		检测日期	
检验项目	水分、脂肪、蛋白质、总糖、茶多酚、纤维素、菌落总数、大肠菌群		
检验各项目	合格指标	实测数据	是否合格
检验结论			

编制：　　　　批准：　　　　审核：

七、学业评价

序号	项目		学习任务的完成情况评价		
			自评（40%）	小组评（30%）	教师评（30%）
1	工作页的填写（15分）				
2	独立完成的任务（20分）				
3	小组合作完成的任务（20分）				
4	老师指导下完成的任务（15分）				
5	生产过程	鲜叶的质量标准（5分）			
6		生产工艺（10分）			
7		生产参数（10分）			
8		设备操作（5分）			
9	分数合计				
10	存在的问题及建议				
11	综合评价分数				

说明：综合评价分数=自评分数×40%+小组评分数×30%+教师评分数×30%

考考你

1. 简述黄茶的基本制作工艺。

2. 干制的方法有哪些？

3. 结合生产实训，谈谈黄茶萎凋加工的注意事项。

4. 黄茶加工中的关键技术是什么？

参考文献

[1] 红玉. 中华茶文化[J]. 现代养生，2013，7（4）50.

[2] 吴岩. 祁门红茶的前世今生[J]. 农村工作通讯，2013，（14）：62-63.

[3] 王强虎. 茶[M]. 人民军医出版社，2012.

[4] 康尤. 我国茶叶种类知多少[J]. 新农村，2012，（8）：20.

[5] 陈斌. 黄茶加工工艺[J]. 农村新技术，2011，（12）：68-69.

[6] 杨崇仁，陈町可，张颖君. 茶叶的分类与普洱茶的定义[J]. 茶叶科学技术，2013，6（2）：37-38.

[7] 侯冬岩，回瑞华，李铁纯，等. 黑茶挥发性化学成分的研究[J]. 食品科学，2012，29（08）：550-552.

[8] 杜敏，陈杏琴，韩秀兰，等. 不同浓度的茶水对大鼠血脂和体重的影响[J]. 中国卫生检验杂志，2011，10（1）：162-165.

[9] 黄梅丽，江小梅. 食品化学[M]. 北京：中国人民入学出版社，1991.

[10] 刘绍俊，牛英，刘冰浩，等. 钼蓝比色法测定沙田柚果肉中还原型维生素C含量的研究[J]. 北方园艺，2011，（01）：8-12.

[11] 曾翔云. 维生素C的生理功能与膳食保障[J]. 中国食物与营养，2010（4）：52-54.

[12] 田兴彩. 橙汁饮料中维生素C的测定[J]. 青海大学学报，2009，23（5）：70–71.

[13] 贾君. 5种水果中维生素C含量的测定研究[J]. 冷饮与速冻食品工业，2008，10（2）：33–34.

[14] 龙淑珍，何永群. 荔枝可滴定酸与维生素C的测定及其相关性[J]. 2007，（4）：188–189.

[15] 张水华. 食品分析实验[M]. 北京：化学工业出版社，2006：49–55.

[16] 王学奎. 植物生理生化实验原理和技术[M]. 2版. 北京：高等教育出版社，2006：267–268.

[17] 郝建军，康宗利，于洋. 植物生理学实验技术[M]. 北京：化学工业出版. 2006：182–183.

[18] 李玉红. 钼蓝比色法测定水果中还原型维生素C[J]. 天津化工，2002，（1）：31–32.

[19] 徐茂军，马卫兴，华士川. 钼蓝比色法测定食品中的还原型维生素C[J]. 食品与发酵工业，1993，（5）：38–41.

[20] 张立科，田水泉，谢太平，等. 紫外可见索 C[J]. 河北化工，2009，32（1）：50–52.

[21] 朱兆富，沈喜梅，邹丽君. 紫外分光光素[D]. 分析试验室，2002，21（6）：100–102.

[22] 涂常青，昊馥萍，温欣荣. 分光光度法测定沙田柚果肉中的总抗坏血酸[J]. 广东化工，2005，（3）：47–48.

[23] 林媚，冯先桔. 杨梅果肉维生素C含量测定法评价[J]. 中国果菜，2006，（3）：47.

[24] 徐琅，宋晓峰，钱志余. HPLC法测定野生蔬菜中维生素C的含量[J]. 安徽农业科学，2010，38（34）：19277–19278.

[25] 回瑞华，侯冬岩，关崇新. HPLC 法测定苹果原汁中Vc含量[R]. 第十四次全国色谱学术报告会，2003.

[26] 侯冬岩，回瑞华，李学成，等. 保鲜前后苹果中Vc含量的HPLC分析[J]. 分析试验室，2005，10：95.

[27] Chung Fung–Lung, et al.The prevention of lung cancer induced by a tobacco– specific carcinogen in rodents by green and black tea[J].Proc Soc Exp Biol Med , 2013, 220（4）：244–248.

[28] Nakagama, et al.Tea catechin supplementation increase antioxidant capacity and prevents phospholipid hydroperoxidation in plssma of humans[J].J Agric Food Chem, 2012, 47（10）：3967–3973.

[29] 罗晓明，蒋雪薇. 高效液相色谱快速测定茶叶中儿茶素的含量[J]. 湖北化工2011，20（1）：46–48.

[30] Kondo K, et al.Scavenging mechanisms of（–）– epigallocatechin gallate and（–）– epicatechin gallate on peroxyl radicaIs and formation of superoxide during the inhibitory action[J].Free RadicaI BioI Med, 2010, 27（7/8）：855–863.

黑茶加工与品质检验

● **学习目标：**

完成本学习任务后，你应能：

1. 叙述黑茶的加工工艺、生产设备、茶叶中各组分的作用；
2. 在教师的指导下，根据生产任务制订工作计划，并能根据工作计划实施黑茶生产；
3. 知道每一操作步骤的作用及对产品质量可能造成的影响；
4. 正确使用干燥箱、分光光度计、超净工作台等仪器或工具对黑茶进行质量检验；
5. 在教师的指导下，规范检测及评价黑茶的质量；
6. 在学习过程中能够客观地评价自己或他人；
7. 掌握黑茶鲜叶的萎凋、杀青、黑茶的揉捻、干燥等加工技能。

一、生产与检验流程

接受生产任务单 → 根据生产任务单形成领料单 → 领料后根据工艺流程进行生产 →

对产品进行检验 → 出具检验报告

二、学习任务描述

根据生产任务，制订黑茶生产的详细工作计划：包括人员分工、物料衡算、领取原料；检查设备，保障设备的正常运转和安全；按工艺要求和操作规定进行生产；生产过程中严格控制工艺条件；产品检验；出料包装；设备清洁等。生产过程中要能随时解决出现的紧急问题。

三、概况

黑茶是依据成品茶的外观呈黑色，故名黑茶，是六大茶类之一，也是中国特有的一大类茶。成品茶现有湖南的天尖、贡尖、黑砖茶、特质茯砖茶，湖北青砖茶，广西六堡茶，四川的南路边茶和西路边茶，云南紧茶等。产量占全国总产量的1/4左右，以边销为主，部分内销，少量侨销。因而习惯上称黑茶为"边茶"。基本工艺包括萎凋、揉捻、渥堆、干燥等工序，渥堆是形成黑茶色、香、味最关键的工序。黑茶是中国西北广大地区藏、蒙、维吾尔等兄弟民族日常生活必不可少的饮品。黑茶滋味清醇回甘，温润绵柔，既无绿茶之苦涩，又无红茶之浓烈。

任务 3-1

湖南安化黑茶加工

安化县域属亚热带季风气候区，四季分明，雨量充沛，云雾缭绕，严寒期短。年平均气温为16.2℃，无霜期平均长达300天，冬暖夏凉。独特的自然环境酝酿出安化黑茶特有的滋味和香气。

任务目标

1. 叙述湖南安化黑茶的加工工艺、生产设备、茶叶中各组分的作用；
2. 在教师的指导下，根据生产任务制订工作计划，并能根据工作计划实施湖南安化黑茶生产；
3. 知道每一操作步骤的作用及对产品质量可能造成的影响；
4. 正确使用干燥箱、分光光度计、超净工作台等仪器或工具对湖南安化黑茶进行质量检验；
5. 在教师的指导下，规范检测及评价湖南安化黑茶的质量；

6. 在学习过程中能够客观地评价自己或他人；

7. 掌握湖南安化黑茶鲜叶的萎凋、揉捻、渥堆、干燥等加工技能。

任务流程

鲜叶选择 → 杀青 → 初揉 → 渥堆 → 复揉 → 干燥 → 包装 → 成品

任务描述

根据生产任务，制订湖南安化黑茶生产的详细工作计划：包括人员分工、物料衡算、领取原料；检查设备，保障设备的正常运转和安全；按工艺要求和操作规定进行生产；生产过程中严格控制工艺条件；产品检验；出料包装；设备清洗等。生产过程中要能随时解决出现的紧急问题。

一、加工流程

① 黑茶采摘的鲜叶要有一定的成熟度，二是要新鲜，一般以一芽四五叶为主。采摘下来的鲜叶要尽快送往加工厂，摊于洁净的场所，不宜堆积过厚，并须及时加工。

② 因制作黑茶的鲜叶较粗老，为避免水分不足而杀不匀透，除雨水叶、露水叶外，都要进行"洒水灌浆"。一般按每100kg鲜叶洒水10kg的比例，边洒水边翻动鲜叶，使之均匀，便于杀匀杀透。

③ 杀青后趁热揉捻，将茶叶初步揉捻成条，茶汁溢出附于表面，为渥堆做准备。揉捻宜轻压、短时、慢揉。

④ 渥堆工序最为关键，也是黑茶色香味形成的重要环节。此时选择较暗、洁净的地面，渥堆高度一般不超过 1m，表面覆盖湿布或蓑衣等物。温湿度都很讲究，过干则需洒水，过湿则翻拌。

炒青适度，气味清纯，叶色青绿转为暗绿，叶张皱卷，手捏柔软。

⑤ 渥堆后茶条容易回松，需复揉使之紧卷，时间一般为 6~8min。

⑥ 采用七星灶烘焙，采取松柴明火烘焙，不忌烟味，分层屡次加湿坯和长时间的一次干燥，通过烘培形成黑茶特有的油黑色和松香烟味，是黑茶干燥的特点。

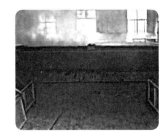

二、加工要点

1. 鲜叶选择

黑茶采摘的鲜叶要有一定的成熟度，一般以一芽四五叶为主，多是新梢形成驻芽时才进行采割，鲜叶都要求不带老梗和鸡爪枝，更不得掺用落地老叶或病虫腐烂枝。采割的时间，因各地传统的采茶方式不同和土壤气候的差异，采割的时间不一，概括起来有三种方式。一是一年采割两道面茶；二是一年只割一道隔冬鲜叶和一道面茶；三是一年只割一道里茶或面茶。采摘下来的鲜叶要及时摊放，不宜堆积，并及时加工。若因加工设备条件有限，采摘鲜叶数量又多，来不及将鲜叶全部加工完毕，则须掌握先采先制和嫩叶先制的原则，将剩余鲜叶薄摊散热，待次日加工。

2. 杀青

用于加工黑茶的鲜叶一般较粗老，通常含水量不足，杀青时会杀不匀透，除雨水叶、露水叶外，一般情况都要进行"洒水灌浆"。一般按每100kg鲜叶洒水10kg的比例，边洒水边翻动鲜叶，使之均匀，便于杀匀杀透。杀青适度的判断标准：当嫩叶缠叉，叶软带黏性，茶梗不易折断，叶色由青绿转为暗绿，并发出一定的清香。若叶色青绿，茶梗易断，则为杀青不足；若叶色发黄或焦灼，清香消失，则为杀青过度。

3. 初揉

由于鲜叶粗老，叶梗木质化程度高，杀青叶出锅后，要迅速趁热进行揉捻，有利于促进叶片卷折成条。为了保持一定的叶温，以利于成条和渥堆，揉捻采用中型揉捻机比小型揉捻机的效果要好，揉捻时应采取轻压、短时、慢揉。揉捻适度判断标准：初揉要求大部分粗老叶成皱折条，减重3%左右，达到一定的细胞破碎率；复揉减重1.5%左右。

4. 渥堆

渥堆是形成黑茶色、香、味的关键工序。渥堆高度一般70~100cm，表面覆盖湿布或蓑衣等物，避免阳光直射，室温在25℃以上，相对湿度保持在85%左右，过干则需洒水，过湿则翻拌。初揉后的茶叶，不经解块立即堆积起来，与红茶的堆积"发酵"不同，而是堆大、堆紧、渥堆时间长，并先通过杀青，在抑制酶促作用的基础上进行渥堆。渥堆的实质，主要是在湿热作用下，多酚类化合物自动氧化的结果，在一定保温保湿的前体下，随着渥堆温度的增高，多酚类化合物氧化渐盛，叶绿素破坏加剧，叶色由暗绿变成黄褐。

5. 复揉

渥堆后，茶条容易回松，则需复揉使之紧卷，渥堆后应立即解块，充分抖散茶条，时间一般为6~8min。通过复揉，不论是叶片还是茎梗的细胞破损率都明显增加，对增进成品茶的色、香、味均有重要作用。如果揉捻过程中加重压、时间长、转速快，则叶肉叶脉分离形成"丝瓜瓢"，茎梗表皮剥脱形成"脱皮梗"，而且大部分叶片并不因重压而折叠成条，对品质带来不利。

6. 干燥

采用七星灶烘焙，采取松柴明火烘焙，不忌烟味，分层屡次加湿坯和长时间的一次干燥，通过烘焙形成黑茶特有的油黑色和松香烟味，是黑茶干燥的特点。每层茶坯烘至六七成干时，叶温均到100℃左右，撒上湿坯后，则叶温迅速下降10~20℃，并在撒叶后往往焙帘中间位置叶温突升，甚至超过焙头的叶温，这种累加湿坯前后温度的几升几降，对形成黑茶品质有一定的作用。判断干燥适度标准：当烘焙至叶色油黑纯一，梗易折断，捏叶成粉末，干嗅有锐鼻松香。一般在干燥过程中，减重率为62%~64%。

7. 保存

干茶含水率控制在5%以内，放入干燥仓库。为了避免茶叶吸收异味，切记将茶叶与有严重异味的物质混放在一起。如果茶叶含水量较高或已受潮，可以经80℃温度烘干摊凉后再储藏。

三、任务实施

（一）领取生产任务

生产任务单						
产品名称	产品规格	生产车间	单位	数量	开工时间	完工时间
湖南安化黑茶	100g/包	湖南安化黑茶加工车间	包	5		

（二）任务分工

序号	操作内容		主要操作者	协助者
1	生产统筹			
2	黑茶包装	工具领用		
3		原料领用		
4		检查及清洗设备、工具		
5		称量材料		
6		原料选择		
7		修整		
8	产品检测			
9				

（三）领料

1. 车间设备单

行号	设备代码	设备名称	规格	使用数量
1	A001			
2	A002			
3	A003			

2. 工具领料单

领料部门		发料仓库		
生产任务单号		领料人签名		
领料日期		发料人签名		
行号	物料代码	物料名称	规格	发料数量
1	G001			
2	G002			
3	G003			

3. 材料领料单

领料部门		发料仓库		
生产任务单号		领料人签名		
领料日期		发料人签名		
行号	物料代码	物料名称	用量/kg	单价/（元/kg）	总价/元
1	Q001				
2	Q002				
3	Q003				

（四）加工方案

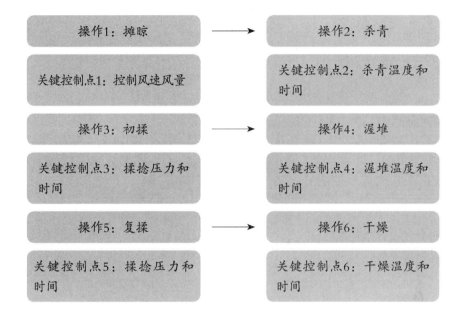

（五）产品质量检验

1. 黑砖茶感官品质要求（GB/T 9833.2-2013《紧压茶 第2部分：黑砖茶》）

项目	要求
外形	砖面平整，花纹图案清晰，棱角分明，厚薄一致
色泽	色泽黑褐，无黑霉、白霉、青霉等霉菌
香气	香气纯正或带松烟香
汤色	汤色橙黄
滋味	滋味醇和微涩

2. 黑砖茶的理化指标（GB/T 9833.2-2013《紧压茶 第2部分：黑砖茶》）

项目		指标
水分（质量分数）/%	≤	14.0（计重水分为12.0%）
总灰分（质量分数）/%	≤	8.5
茶梗（质量分数）/%	≤	18.0（其中长于30mm的茶梗不得超过1.0%）
非茶类夹杂物（质量分数）/%	≤	0.2
水浸出物（质量分数）/%	≥	21.0

注：采用计重水分换算茶砖的净含量。

3. 卫生指标（GB/T 9833.2-2013《紧压茶 第2部分：黑砖茶》）

项目	指标
污染物限量	按符合GB 2762的规定执行
农药残留限量	按GB 2763和GB 26130的规定执行

4. 检验流程

产品抽样 → 样品处理 → 产品指标检测 → 结果汇总 → 出具检验报告单

5. 检验项目与操作步骤

见本书"任务七 茶叶品质检验方法"。

6. 出具检验报告

检验报告			报告单号：
产品名称		型号规格	
生产日期/批号		产品商标	
产品生产单位		委托人	
委托检验部门		委托人联系方式	
收样时间		收样地点	
收样人		样品数量	
样品状态		封样数量	
封样人员		封样贮存地点	
检验依据		检测日期	
检验项目			
检验各项目	合格指标	实测数据	是否合格
检验结论			

编制：　　　　批准：　　　　审核：

（六）任务评价

学业评价表				
序号	项目	学习任务的完成情况评价		
		自评（40%）	小组评（30%）	教师评（30%）
1	工作页的填写（15分）			
2	独立完成的任务（20分）			
3	小组合作完成的任务（20分）			
4	老师指导下完成的任务（15分）			
5	生产过程　原料的作用及性质（5分）			
6	生产过程　生产工艺（10分）			
7	生产过程　生产步骤（10分）			
8	生产过程　设备操作（5分）			
9	分数合计（100分）			
10	存在的问题及建议			
11	综合评价分数			

说明：综合评价分数=自评分数×40%+小组评分数×30%+教师评分数×30%

任务 3-2
广西六堡茶加工

　　六堡茶是广西所特有的名茶，属黑茶类。产于浔江、贺江、桂江、郁江、柳江以及红水河两岸的山区，而以梧州苍梧县六堡乡所产的最为著名。六堡镇位于北回归线北侧，年平均气温21.2℃，年降雨1500mm，无霜期33天，海拔1000~1500m，坡度较大。茶叶多种植在山腰或峡谷，距村庄远达3~10km。那里是个林区，溪流纵横，山清水秀，日照短，终年云雾缭绕。历史上，六堡茶产区有恭州村茶、黑石村茶、罗笛村茶、蚕村茶等，以恭州村茶及黑石村茶品质最佳。品质特点：色泽黑润光泽，汤色红浓，香气醇陈，滋味甘醇爽口，叶底呈铜褐色，并带有松烟味和槟榔香。

任务目标

1. 叙述广西六堡茶的加工工艺、生产设备、茶叶中各组分的作用；
2. 在教师的指导下，根据生产任务制订工作计划，并能根据工作计划实施广西六堡茶生产；
3. 知道每一操作步骤的作用及对产品质量可能造成的影响；
4. 正确使用干燥箱、分光光度计、超净工作台等仪器或工具对广西六堡茶进行质量检验；
5. 在教师的指导下，规范检测及评价广西六堡茶的质量；
6. 在学习过程中能够客观地评价自己或他人；
7. 掌握广西六堡茶鲜叶的萎凋、揉捻、渥堆、干燥等加工技能。

任务流程

> 鲜叶采摘 → 杀青 → 揉捻 → 渥堆 → 复揉 → 干燥

任务描述

　　根据生产任务，制订广西六堡茶生产的详细工作计划：包括人员分工、物料衡算、领取原料；检查设备，保障设备的正常运转和安全；按工艺要求和操作规定进行生产；生产过程中严格控制工艺条件；产品检验；出料包装；设备清洗等。生产过程中要能随时解决出现的紧急问题。

一、加工流程

① 采摘标准：一芽二三叶至一芽四五叶，采后保持新鲜，最好当天采摘当天加工。

② **杀青**：投叶量 5kg 左右，锅温 160℃左右，时间 5~6min。茶青下锅后，先闷炒后抖炒，然后抖闷结合，嫩叶多抖少闷，老叶多闷少抖。粗老叶含水量比较低，可喷洒少量清水，拌匀后杀青，可防止杀青产生焦边。

③ **揉捻**：采用揉捻机 45r/min 左右，压力掌握轻—重—轻原则，中间进行 1~2 次解块，投叶量为揉桶的 2/3 为宜。一二级原料全程揉捻时间 40min 左右，三级以下原料揉捻时间 45~50min。

④ **渥堆**：渥堆叶堆积厚度视气温、湿度、叶质老嫩而定。一般堆高 33~50cm，掌握气温高薄堆，气温低厚堆；嫩叶薄堆，老叶厚堆并稍加压紧。中途翻堆 1~2 次，并将边上的茶翻入堆中，使其渥堆均匀，渥堆温度控制在 50℃左右为宜。

⑤ **复揉**：经过渥堆后的茶叶，由于部分水分散失或回复到茶条内部，使得揉捻好的条索又松散，复揉可以使其茶条索紧。复揉方法掌握轻压慢揉，时间 5~6min，达到条索紧细为止。

⑥ **干燥**：毛火烘焙温度 80~90℃，摊叶厚度 3~4cm，每隔 5~6min 翻一次，使茶叶受热均匀，烘到六七成干后进行摊晾，摊放时间 30~60min，再打足火，掌握低温慢烘，温度 60~70℃，直到茶梗一折即断，叶片一捏就碎。

二、加工要点

1. 杀青

杀青程度以叶质柔软，叶色转为暗绿色，青草气味基本消失，发出茶香，茶梗折而不断，便可出锅。六堡茶杀青的锅温相对绿茶要低20℃左右，其目的是有意保留部分残余酶的活性，为下一步渥堆发酵转变叶色提供条件。

2. 揉捻

出锅后的杀青叶稍经摊放，便可趁温揉捻，其目的是使茶叶紧卷成条，同时使叶细胞组织受挤压而破坏，茶汁流出附着于叶面，为渥堆过程发生物理化学变化创造物质条件。初揉叶细胞破损率要求达60%左右。

3. 渥堆

渥堆是六堡茶初制中特殊的工序，俗称"后发酵"。其原理是利用湿热作用和微生物的作用，促进茶叶多酚类化合物的氧化和其他物质的转化，破坏叶绿素，使叶底转色，降解含碳和含氮类的化合物，让汤色红变加深，减轻苦涩味，使滋味醇和，发展香气，从而为形成六堡茶的独特色、香、味等奠定良好基础。渥堆时间一般为12~20h。若夏天气温高，湿度大时，可适当短些，反之则长。

渥堆适度的鉴别方法：一是看颜色；二是闻香味；三是凭手感。当叶色由原先的暗绿转为黄铜色，青气消失，可闻到类似甜酒糟的醇香气味，而附着于叶外表的茶汁已全部嵌入体内，手感黏性不大，即为适度。若叶色青暗驳杂，青草气味重，说明渥堆不足；若叶色乌暗，叶质混泞，有强烈酸馊味，说明渥堆过度。

4. 干燥

干燥分为毛火和足火两次进行。其目的有：蒸发多余水分，缩小体积，固定品质；用低温长时慢烘，使多酚类化合物的氧化和其他物质的相互作用或转化更充分；用明火在七星灶上直接烘焙，因以松柴为燃料，可使茶叶吸附松烟香气，形成特殊的槟榔香味。

毛火的温度为80~90℃，摊叶厚度3~4cm。中间要翻拌几次，力求茶叶上下层的干度均匀一致。烘至六七成干时下焙，摊晾30~60min，便于水分重新分布，然后再足火干燥。足火采取低温长时慢烘的方法，火温以60~70℃为宜，烘至足干为止。即叶片干脆，梗子一折即断，手触硬刺，手捻茶叶成片末，即为足干适度。进库。

三、任务实施

（一）领取生产任务

生产任务单						
产品名称	产品规格	生产车间	单位	数量	开工时间	完工时间
广西六堡茶	100g/包	广西六堡茶生产车间	包	5		

（二）任务分工

序号	操作内容		主要操作者	协助者
1	生产统筹			
2	黑茶包装	工具领用		
3		原料领用		
4		检查及清洗设备、工具		
5		称量材料		
6		原料选择		
7		修整		
8	产品检测			
9				
10				

（三）领料

1. 车间设备单

行号	设备代码	设备名称	规格	使用数量
1	A001			
2	A002			
3	A003			

2. 工具领料单

领料部门		发料仓库		
生产任务单号		领料人签名		
领料日期		发料人签名		
行号	物料代码	物料名称	规格	发料数量
1	G001			
2	G002			
3	G003			

3. 材料领料单

领料部门		发料仓库		
生产任务单号		领料人签名		
领料日期		发料人签名		
行号	物料代码	物料名称	用量/kg	单价/（元/kg）	总价/元
1	Q001				
2	Q002				
3	Q003				

（四）加工方案

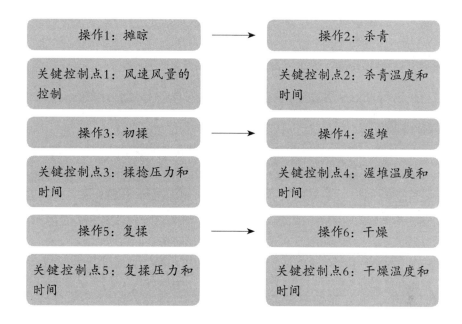

操作1：摊晾 → 操作2：杀青

关键控制点1：风速风量的控制 | 关键控制点2：杀青温度和时间

操作3：初揉 → 操作4：渥堆

关键控制点3：揉捻压力和时间 | 关键控制点4：渥堆温度和时间

操作5：复揉 → 操作6：干燥

关键控制点5：复揉压力和时间 | 关键控制点6：干燥温度和时间

（五）产品质量检验

1. 黑砖茶感官品质要求（GB/T 9833.2-2013《紧压茶 第2部分：黑砖茶》）

项目	要求
外形	砖面平整，花纹图案清晰，棱角分明，厚薄一致
色泽	色泽黑褐，无黑霉、白霉、青霉等霉菌
香气	香气纯正或带松烟香
汤色	汤色橙黄
滋味	滋味醇和微涩

2. 黑砖茶的理化指标（GB/T 9833.2-2013《紧压茶 第2部分：黑砖茶》）

项目		指标
水分（质量分数）/%	≤	14.0（计重水分为12.0%）
总灰分（质量分数）/%	≤	8.5
茶梗（质量分数）/%	≤	18.0（其中长于30mm的茶梗不得超过1.0%）
非茶类夹杂物（质量分数）/%	≤	0.2
水浸出物（质量分数）/%	≥	21.0

注：采用计重水分换算茶砖的净含量。

3. 卫生指标（GB/T 9833.2-2013《紧压茶 第2部分：黑砖茶》）

项目	指标
污染物限量	按GB 2762的规定执行
农药残留限量	按GB 2763和GB 26130的规定执行

4. 检验流程

产品抽样 → 样品处理 → 产品指标检测 → 结果汇总 → 出具检验报告单

5. 检验项目与操作步骤

见本书"任务七 茶叶品质检验方法"。

6. 出具检验报告

检验报告			
			报告单号：
产品名称		型号规格	
生产日期/批号		产品商标	
产品生产单位		委托人	
委托检验部门		委托人联系方式	
收样时间		收样地点	
收样人		样品数量	
样品状态		封样数量	
封样人员		封样贮存地点	
检验依据		检测日期	
检验项目			
检验各项目	合格指标	实测数据	是否合格
检验结论			

编制：　　　　批准：　　　　审核：

（六）任务评价

学业评价表				
序号	项目	学习任务的完成情况评价		
		自评（40%）	小组评（30%）	教师评（30%）
1	工作页的填写（15分）			
2	独立完成的任务（20分）			
3	小组合作完成的任务（20分）			
4	老师指导下完成的任务（15分）			
5	生产过程 原料的作用及性质（5分）			
6	生产工艺（10分）			
7	生产步骤（10分）			
8	设备操作（5分）			

续表

学业评价表			
序号	项目	学习任务的完成情况评价		
		自评（40%）	小组评（30%）	教师评（30%）
9	分数合计（100分）			
10	存在的问题及建议			
11	综合评价分数			

说明：综合评价分数=自评分数×40%+小组评分数×30%+教师评分数×30%

相关知识

1. 黑茶

我国六大茶类之一，黑茶的基本工艺流程是杀青、揉捻、渥堆、干燥。其加工原料较粗老，加之制造过程中往往堆积发酵时间较长，因叶色呈油黑或黑褐，故称黑茶。最早的黑茶是由四川生产的，由绿毛茶经蒸压而成的边销茶。由于四川的茶叶要运输到西北地区，当时交通不便，运输困难，必须减少体积，蒸压成团块。在加工成团块的过程中，要经过二十多天的湿坯堆积，所以毛茶的色泽逐渐由绿变黑。成品团块茶叶的色泽为黑褐色，并形成了茶品的独特风味，这就是黑茶的由来。黑茶是利用微生物发酵的方式制成的一种茶叶，它的出现距今已有四百多年的历史。由于黑茶的原料比较粗老，制造过程中往往要堆积发酵较长时间，所以叶片大多呈现暗褐色，因此被人们称为"黑茶"。黑茶按照产区的不同和工艺上的差别，可以分为湖南黑茶、湖北老青茶、四川边茶和滇桂黑茶。

对于喝惯了清淡绿茶的人来说，初尝黑茶往往难以入口，但是只要坚持长时间的饮用，人们就会喜欢上它独特的浓醇风味。黑茶流行于云南、四川、广西等地，同时也受到藏族、蒙古族和维吾尔族的喜爱，现在黑茶已经成为他们日常生活中的必需品。因他们一般以牧业为主，或农牧结合的生产方式，生活上多食乳肉，为解油去腻，帮助消化，需大量饮茶；其次，高寒地区气候干燥，人体需大量水分供应，喝茶能帮助消化，生津止渴，是理想的饮料；第三，高原草地，新鲜水果和蔬菜较少，而茶叶含有多种维生素，喝茶能适当补充维生素的不足。

黑茶属于后发酵茶，是我国特有的茶类，生产历史悠久，以制成紧压茶，边销为主，主要产于湖南、湖北、四川、云南、广西等地。主要品种有湖南黑茶、湖北老青茶、四川边茶、广西六堡散茶、云南普洱茶等。其中云南普洱茶古今中外久负盛名。

2. 黑茶起源

最初进入茶马互市的是较为粗老的绿茶，由于交通不便，尤其是四川茶必须经过蜀道翻高山过秦岭千辛万苦，全靠马驮人运，在途中运输时间很长，加之包装简陋，防潮功用差，日晒雨淋，茶叶受潮加速了陈化，到目的地后形成全不像原茶的茶品质，叶底黄褐，汤黄，味醇而不涩。销区适应这种风味，这种现象反馈产区，后来就有洪武六年（公元1373年）太祖诏令："天全六番司民，免其徭役，专令乌茶易马。"

这里的乌茶，即是现在称的黑茶，15年后公元1388年（洪武二十一年）命四川岩洲黑茶易番马。《续文献通考》中有了较明确的注释：是年正月，礼部主事高惟宁上书提出"土瘠人繁，每贩碉门乌茶等博易，羌货以赡其生，乞许天全六番招讨司八乡之民，悉免徭役，专蒸乌茶运至岩洲置贮仓收贮以易番马，比之雅洲易马，其利倍之。"这是黑茶不同于绿茶的关键工序，其明确的提出"蒸"与"贮"，经过"蒸"、"贮"的黑茶较原来粗绿茶利润翻倍。

"黑茶"二字，最早见于明嘉靖三年（公元1524年）御史陈讲奏疏："以商茶低伪，征悉黑茶。地产有限，仍第为上中二品，印烙篦上，书商名而考之。每十斤蒸晒一篦，运至茶司，官商对分，官茶易马，商茶给卖。"（《甘肃通志》）

四川是把绿茶经蒸渥使用热湿原理来除去绿茶粗涩味，而湖南则是在初制工艺上改革，即杀青、热揉、渥堆、明火分层干燥方法，除巧妙地利用湿热原理之外，还利用了微生物胞外酶的生物化学作用，真正创建了初制黑茶，这是黑茶史上的一大进步。

3. 黑茶种类

黑茶因茶树品种、加工工艺的标准不同，主要的品种有：湖南安化黑茶、四川边茶、云南普洱茶、湖北老青砖等。

（1）湖南安化黑茶

湖南黑茶条索卷折成泥鳅状，色泽油黑，汤色橙黄，叶底黄褐，香味醇厚，具有松烟香。安化黑茶最初以"千两茶"的形式出现，此茶一般为长1.51~1.65m、直径约0.2m的筒状。外包装一般以竹黄、粽叶、蓼叶捆扎，重量约36.25kg，合旧秤1000两，故而得名，也因此被誉为"世界茶王"。

安化黑茶在长期的发展过程中逐渐形成了众多的品类，主要概括为"三尖"，即天尖、贡尖和生尖；"四砖"即茯砖、花砖、黑砖、青砖；"一花卷"即新标准的安化千两茶系列，包括以重量命名的千两茶、百两茶和十两茶。

（2）四川边茶

四川边茶分南路边茶和西路边茶两类。西路边茶的毛茶色泽枯黄，是压制"茯砖"和"方包茶"的原料；南路边茶是压制砖茶和金尖茶的原料。

南路边茶品质优良，经熬耐泡，制成的"做庄茶"分为4级8等。做庄茶的特征为茶叶质感粗老，且含有部分茶梗，叶张卷折成条，色泽棕褐有如猪肝色，内质香气纯正，有老茶的香气，冲泡后汤色橙红明亮，叶底棕褐粗老，滋味平和。杀青后未经蒸揉而直接干燥的，称"毛庄茶"或叫金玉茶，其叶质粗老，不成条，均为摊片，色泽枯黄，无论是外形、香气还是滋味都不及"做庄茶"。南路边茶最适合以清茶、奶茶、酥油茶等方式饮用，深受藏族人民的喜爱。

西路边茶外形篦包方正，四角稍紧；色泽黄褐；内质稍带烟焦气，滋味醇正；汤色红黄；叶底黄褐。西路边茶是深度发酵紧压茶。优质西路边茶色泽褐黑、油亮；质地均匀；表面平整，紧压密实，厚重；边缘整齐，手持沉重；手感温润，爽滑。而色泽黑而无光，质地不均匀，表面粗糙，边界开裂，脱层，表面出现青霉、灰霉、黄霉等霉点的为劣质茶叶。

（3）云南普洱茶

普洱茶因产地旧属云南普洱，故得名。是以公认普洱茶区的云南大叶种晒青毛茶为原料，经过后发酵加工成的散茶和紧压。外形色泽褐红，内质汤色红浓明亮，香气独特陈香，滋味醇厚回甘，叶底褐红。有生茶和熟茶之分，生茶自然发酵，熟茶人工催熟。"越陈越香"被公认为是普洱茶区别其他茶类的最大特点，"香陈九畹芳兰气，品尽千年普洱情"。

（4）湖北老青砖

湖北老青砖又称"川字茶"，产于湖北赤壁、咸宁，不过在湖南省的临湘县也有老青茶的种植和生产。老青茶分为三级：一级茶（洒面茶）以白梗为主，稍带红梗，即嫩茎基部呈红色；二级茶（二面茶）以红梗为主，顶部稍带白梗；三级茶（里茶）为当年生红梗，不带麻梗。老青茶采割的茶叶较老，含有较多的茶梗，经杀青、揉捻、初晒、复炒、复揉、渥堆、晒干而制成。以老青茶为原料，蒸压成砖形的成品称"老青砖"。

4. 黑茶功效

（1）降脂减肥

黑茶具有良好的降解脂肪、抗血凝、促纤维蛋白原溶解作用，显著抑制血小板聚集，还能使血管壁松弛，增加血管有效直径，从而抑制主动脉及冠状动脉内壁粥样硬化斑块的形成，达到降压、软化血管、防治心血管疾病的目的。中国人民解放军总医院于1990年5月至1991年5月对某干休所155名老干部中的55名高血脂患者，连续服用黑茶180天（每日3g）的情况进行了观察，其中50例饮用黑茶的，血脂含量和血中过氧化物活性明显下降。

（2）降血糖

黑茶中的茶多糖复合物是降血糖的主要成分。茶多糖复合物通常称为茶多糖，是一类组成成分复杂且变化较大的混合物。对几种茶类的茶多糖含量测定的结果表明，黑茶的茶多糖含量最高，且其组分活性也比其他茶类要强，这是因为在发酵茶中，由于糖苷酶、蛋白酶、水解酶的作用，形成了相对长度较短的糖链和肽链的缘故，短肽链较长肽链更易被吸收，且生物活性更强。

（3）利尿解毒

黑茶中咖啡碱的利尿功能是通过肾促进尿液中水的滤出率来实现的。同时，咖啡碱对膀胱的刺激作用既能协助利尿，又有助于醒酒，解除酒毒。同时，黑茶中的茶多酚不但能使烟草的尼古丁发生沉淀，并随小便排出体外，而且还能清除烟气中的自由基，降低烟气对人体的毒害作用。对于重金属毒物，茶多酚有很强的吸附作用，因而多饮黑茶还可缓解重金属的毒害作用。

（4）抗氧化

黑茶中不仅含有丰富的抗氧化物质如儿茶素类、茶色素、黄酮类、维生素C、维生素E、D–胡萝卜素等，而且含有大量的具抗氧化作用的微量元素如锌、锰、铜（SOD的构成元素）和硒（GSHPX的构成元素）等。黑茶中的儿茶素、茶黄素、茶氨酸和茶多糖，尤其是含量较多的复杂类黄酮等，都具有清除自由基的功能，因而具有抗氧化、延缓细胞衰老的作用。

（5）助消化解油

黑茶中的咖啡碱、维生素、氨基酸、磷脂等有助于人体消化，调节脂肪代谢。咖啡碱的刺激作用更能提高胃液的分泌量，从而增进食欲，帮助消化。日本学者通过科学检验已证明，黑茶具有很强的解油腻、消食等功能，这也是肉食民族特别喜欢这种茶的原因。

我国西北少数民族人民的食物结构是牛、羊肉和奶酪，故有"宁可三日无食，不可一日无茶"之说，这与茶叶能"去肥腻"、"解荤腥"的功效有很大关系。

5. 黑茶饮用

黑茶用量，一般每人每天只要5g就足够，老年人更不宜太多。其他茶也是如此，饮多了就会"物极必反"，反而起不到保健的作用。尤其是肾虚体弱者、心动过快的心脏病人、严重高血压患者、严重便秘者、严重神经衰弱者、缺铁性贫血者都不宜喝浓茶，也不宜空腹喝茶。否则可能引起"茶醉"现象。

黑茶宜常饮，不宜间断。黑茶的保健作用属细水长流，不可间断，否则，难以起到功效。古代名医华佗在《食论》中提出了"苦茗久食，益思意"的论点。茶还要择时而饮，不宜盲目饮用。俗话说："饭后茶消食，午茶长精神。"饭前与临睡前这段时间，就不宜饮茶。

6. 黑茶审评

黑茶属全发酵茶，六大茶类之一，主产区为四川、云南、湖北、湖南、陕西等地。黑茶的香味变得更为醇和，汤色黄红，干茶和叶底的色泽都较暗。因原料和产地的不同，可分为：湖南安化黑茶、四川边茶（南路边茶和西路边茶）、云南普洱、湖北老青砖。其中湖南安化黑茶分为："三尖"即天尖、贡尖和生尖；"四砖"即茯砖、花砖、黑砖、青砖；四川边茶分为：康砖、金尖；湖北老青砖分为：一、二、三级。

（1）外形审评

① 湖南安化黑茶：湖南黑茶条索卷折成泥鳅状，色泽油黑，汤色橙黄，叶底黄褐，外形平整，厚薄大小匀整，四角边缘分明。

② 四川边茶：南路边茶，外形曲折成条，如"辣椒形"，色泽棕褐油润，如"猪肝色"。西路边茶，砖形完整，松紧适度，黄褐显金花。

③ 云南普洱：采用优良品质的云南大叶种为原料，外形紧接圆整，色泽油润，身骨重实，白毫密布。有3个规格：春尖、二水、谷花，其中以春尖和谷花品质最佳。

④ 湖北老青砖：一级茶（洒面茶）以白梗为主，稍带红梗，即嫩茎基部呈红色（俗称乌巅白梗红脚）；二级茶（二面茶）以红梗为主，顶部稍带白梗；三级茶（里茶）为当年生红梗，不带麻梗。

（2）审评内质

主要审评茶汤的色泽、香气、滋味和叶底。审评方法为：将3g茶叶用150mL沸水冲泡，浸泡5min后对各审评项目进行审评。

① 汤色：黑茶汤色以橙黄或橙红为佳。普洱茶呈橙红色，琥珀汤色；普洱沱茶、七子饼茶等呈深红色。普洱紧茶呈红浓色；普洱散茶高级茶呈橙红色，中低级茶要求红亮。湖南"三尖"汤色橙黄，"三砖"、茯砖要求橙红，花砖、黑砖要求橙黄带红为主。六堡茶要求汤色红浓。康砖要求红黄色，青砖要求黄红色。汤色要求明亮，忌浊；汤浊者香味不纯正或馊或酸，多视为劣变。

② 香气：因黑茶经过渥堆发酵堆积没有绿茶清香；又因原料较粗老，工艺特殊，没有红茶、青茶的甜香花香。黑茶的陈香不应有陈霉气味，六堡茶、方包茶应具松烟香。

③ 滋味：黑茶滋味主要是醇而不涩。普洱茶滋味醇浓，康砖茶醇厚，其他茶醇和、纯正，六堡茶具槟榔香味，湖南天尖醇厚，贡尖醇和，黑砖醇和微涩。

④ 叶底：黑茶除篓装茶叶底黄褐及普洱茶叶底红褐亮匀较软外，其他砖茶的叶底一般黑褐较粗。这主要是长时间在微生物活动或高温高湿的环境下酿成的。黑毛茶叶底还要察看有无

"丝瓜瓤"。"丝瓜瓤"的表现是叶肉与叶脉分离，很像留种丝瓜的瓤子，这是渥堆过度的结果。嫩茶叶底泥滑是渥堆过度所致。

（3）黑茶审评术语

黑茶（散茶）品质评语与各品质因子评分表

因子	档次	品质特征	评分	评分系数
外形	一级	肥硕或壮结、显毫、形态美，色泽油润，匀整，净度好	90~99	
	二级	尚壮结或较紧结、有毫，色泽尚匀润，较匀整，净度较好	80~89	20%
	三级	壮实或紧实或粗实，尚匀整，净度尚好	70~79	
汤色	一级	根据发酵程度有红浓、橙红、橙黄，明亮	90~99	
	二级	根据发酵程度有红浓、橙红、橙黄，尚明亮	80~89	15%
	三级	红浓暗或深黄或黄绿欠亮或浑浊	70~79	
香气	一级	香气纯正、无杂气味，香高爽	90~99	
	二级	香气较高尚纯正、无杂气味	80~89	25%
	三级	尚纯	70~79	
滋味	一级	醇厚，回味甘爽	90~99	
	二级	较醇厚	80~89	30%
	三级	尚醇	70~79	
叶底	一级	嫩软多芽，明亮、匀齐	90~99	
	二级	尚嫩匀略有芽，明亮、尚匀齐	80~89	10%
	三级	尚柔软、尚明、欠匀齐	70~79	

压制茶品质评语与各品质因子评分表

因子	档次	品质特征	评分	评分系数
外形	一级	形状完全符合规格要求，松紧度适中，肥硕或壮结、显毫，匀、整、净，不分里、面茶，润泽度好	90~99	
	二级	形状符合规格要求，松紧度适中，尚壮结、有毫，尚匀整、润泽度较好	80~89	20%
	三级	形状基本符合规格要求，松紧度较适合，壮实或粗实，尚匀，尚润泽	70~79	
汤色	一级	根据发酵程度有红浓、橙红、橙黄，明亮	90~99	
	二级	根据发酵程度有红浓、橙红、橙黄，尚明亮	80~89	15%
	三级	红浓暗或深黄或黄绿欠亮或浑浊	70~79	
香气	一级	香气纯正、高爽，无杂异气味	90~99	
	二级	香气较高尚纯正、无异杂气味	80~89	25%
	三级	尚纯、有烟气、微粗等	70~79	
滋味	一级	醇厚，回味甘爽	90~99	
	二级	较醇厚	80~89	30%
	三级	尚醇	70~79	
叶底	一级	嫩软多芽，明亮、匀齐	90~99	
	二级	尚嫩匀略有芽，明亮、尚匀齐	80~89	10%
	三级	尚软、尚明、欠匀齐	70~79	

7. 黑茶储存

第一种：黑茶放罐子里储存

茶叶放在茶叶罐里保存，以防压碎，茶叶罐的选择，以锡罐为上，铁罐、纸罐次之，要求密封性要好。

第二种：木炭储藏法

取适量的木炭装入小布袋内，放入存放茶叶罐的底部，然后将包装好的茶叶分层排列在罐里，在密封坛口，木炭应每个月换1次。

第三种：冷藏储藏法

将茶叶用袋子或者茶叶罐密封好，将其放在冰箱内储藏，温度最好为5℃。

第四种：暖水瓶储藏法

将黑茶茶叶装进新买的暖水瓶中，密封好即可。

第五种：黑茶要低温、避光贮藏

因为，在高温条件下，茶叶内含成分的化学变化加快，从而使品质陈化加速，光照使茶叶内含成分发生光化学反应，从而使品质失去原有风格。

第六种：生石灰储藏法

将生石灰用布袋包装好，同时茶叶也密封包装好，茶叶要密封包装并远离有异味的物品，需要注意的是生石灰袋最好每隔2个月换1次。

8. 黑茶典故

（1）七子饼典故

七子在中国是一个吉利的数字，七子作为多子多福象征，在南洋已深入人心。其实七子的规制是起自清代，《大清会典事例》载："雍正十三年（公元1735年），云南商贩茶，系每七圆为一筒，重四十九两（合今3.6市斤），征税银一分，每百斤给一引，应以茶三十二筒为一引，每引收税银三钱二分。于十三年为始，颁给茶引三千。"这里，清末规定了云南藏销茶为七子茶，但当时还没有这个提法。

清末，由于茶叶的形制变多，如宝森茶庄出现了小五子圆茶，为了区别，人们将每七个为一筒的圆茶包装形式称为"七子圆茶"，但它并不是商品或商标名称。民国初期，面对茶饼重量的混乱，竞争的压力，一些地区成立茶叶商会，试图统一。如思茅茶叶商会在民国十年左右商定：每圆茶底料不得超过6两，但财大气粗又有政界背景的"雷永丰"号却生产每圆6两五钱每筒8圆的"八子圆"茶，不公平的竞争下，市场份额一时大增。

解放后，茶叶国营，云南茶叶公司所属各茶厂用中茶公司的商标生产"中茶牌"圆茶。其商标使用年限为1952年3月1日起至1972年2月28日止。因此20世纪70年代初，云南茶叶进出口公司希望找到更有号召力、更利于宣传和推广的名称，他们改"圆"为"饼"，形成了这个吉祥的名称"七子饼茶"。从此，中茶牌淡出，圆茶的称谓也退出舞台，成就了七子饼的紧压茶霸主地位。

七圆一筒原是清末为了规范计量，规范生产和运输所制定的一个标准，只有在清代前期和中期，以及解放后的计划经济时代才具有规范作用。一旦进入自由化市场，除了品牌价值，它所代表的质量和重量的意义也就模糊了。不同产地、厂家所产七子饼也会相应地在茶的口味等方面有所差异。

（2）普洱茶的由来

唐朝咸丰三年（公元862年）樊绰出使云南。在他所著的《蛮书》卷七中有记载："茶出银生城界诸山，散收无采造法。蒙舍蛮以菽姜桂和烹而饮之。"这就证明了唐代时期已经生产茶叶。据考证，银生城的茶应该是云南大叶茶种，也就是普洱茶种。所以银生城产的茶叶应该是普洱茶的祖宗。所以，清朝阮福在《普洱茶记》中说："普洱古属银生府。则西蕃之用普洱，已自唐时。"宋朝李石在他的《续博物志》一书也记载了："茶出银生诸山，采无时，杂菽姜烹而饮之。"从茶文化历史的认知，茶兴于唐朝而盛于宋朝。中国茶叶的兴盛，除了中华民族以饮茶为风尚外，更重要的因为"茶马市场"以茶叶易换西蕃之马，对西藏的商业交易，开拓了对西域商业往来的容景。元朝在整体中国茶文化传承的起伏转折过程中，是个平淡的朝代。可是对普洱茶文化来说，元朝是一段非常重要的光景。因为云南的普洱茶是大叶种茶，也是最原始茶种的茶箐制成的。所以中国茶的历史，就等于是普洱茶的历史。元朝有一地名叫"步日部"，由于后来写成汉字，就成了"普耳"（当时"耳"无三点水）。

普洱一词首见于此，从此得以正名写入历史。没有固定名称的云南茶叶，也被叫做"普茶"逐渐成为西藏、新疆等地区市场买卖的必需商品。普茶一词也从此名震国内外，直到明朝末年，才改叫普洱茶。明朝万历年间（公元1620年），谢肇在他的《滇略》中有记载："士蔗用，皆普茶也。蒸而成团。"这是"普茶"一词首次见诸文字。明朝，茶马市场在云南兴起，来往穿梭云南与西藏之间的马帮如织。在茶道的沿途上，聚集而形成许多城市。以普洱府为中心点，透过了古茶道和茶马大道极频繁的东西交通往来，进行着庞大的茶马交易。

（3）安化黑茶

传说在古代的"丝绸之路"上，运茶的马帮经常由于遇到下雨天而淋湿了茶，茶商痛心而又不甘心丢弃。在途径一个痢疾横行的村子时，发现村里病了很多人，村民们普遍没吃没喝，茶商想自己带的茶反正也长霉了，值不了多少钱，就送给这些可怜的家庭吧，结果奇迹发生，村子里的人们痢疾全好了。而事实上，安化黑茶的产生，比传说中的要早得多。

据《明史·食货志》记载："神宗万历十三年（公元1585年）中茶易马，惟汉中保宁，而湖南产茶，其直贱，商人率越境私贩私茶。"安化黑茶是20世纪50年代绝产的传统工艺商品，主要由于海外市场的征购，这一原产地在安化山区的奇珍才得以在21世纪之初璧现，并风靡广东及东南亚市场。其声誉之盛，已不亚于当今大行其道的普洱，被权威的台湾茶书誉为"茶文化的经典，茶叶历史的浓缩，茶中的极品"。

当时，西藏喇嘛常至京师礼佛朝贡，邀请赏赐。回藏时，明朝廷赏给许多礼物，其中茶叶是大宗，指定由四川官仓拨给，但喇嘛们却绕道湖广收卖私茶。湖广黑茶最合他们的口味，而黑茶主产于安化一带，后统称安化黑茶。

（4）茶马古道

茶马古道起源于唐宋时期的"茶马互市"。茶马古道的线路主要有两条：一条从四川雅安出发，经泸定、康定、巴塘、昌都到西藏拉萨，再到尼泊尔、印度，国内路线全长3100多km；另一条路线从云南普洱茶原产地（今西双版纳、思茅等地）出发，经大理、丽江、中甸、德钦，到西藏邦达、察隅或昌都、洛隆、工布江达、拉萨，然后再经江孜、亚东，分别到缅甸、尼泊尔、印度，国内路线全长3800多km。在两条主线的沿途，密布着无数大大小小的支线，将滇、藏、川"大三角"地区紧密联结在一起，形成了世界上地势最高、山路最险、距离最遥远的茶马文明古道。

茶马古道带动了藏区社会经济的发展。沿着这条道路，伴随茶马贸易，不仅大量内地的工农业产品被传入藏区丰富了藏区的物资生活，而且内地的先进工艺、科技和能工巧匠也由此进入藏区，推动了藏区经济的发展，促进了西藏与祖国的统一和藏汉人民唇齿相依、不可分离的亲密关系。通过这条古道，使藏区人民获得了生活中不可或缺的茶和其他内地出产的物品，弥补了藏区所缺，满足了藏区人民所需。

（5）关帝爷、建文帝与益阳黑茶之缘

明代年轻的建文帝继承爷爷朱元璋的皇位后，还是被四叔朱棣攻入南京火烧皇宫夺去了皇位。建文帝削发为僧，沿江而上，来到了汉传佛教第一寺庙的益阳宝泉寺。他把南京城里第一寺庙栖霞寺的名字，取代了宝泉寺名字。有年三月初三，建文帝到无量寿佛道场地——桃江浮邱寺参加佛事活动时，喝到浮邱寺里的银杏烟熏茶——散黑茶（民间手工发酵类黑茶），感到通体清爽，于是留在浮邱寺，做了种茶制茶的和尚。浮邱寺周围现在还有3棵2600年的银杏树。银杏树是地球上的活化石，当年，和尚用银杏叶和银杏壳烤茶，茶叶味道很特别。

后来，每年三月三，南岳大庙的和尚来浮邱寺谒拜无量寿佛，都要带一石建文帝做的散黑茶回去。从此，南岳大庙里"关帝爷爷赐茶"治病的香火特别旺。其中诀窍就是因为烟熏茶（黑茶）的保健功能在起作用。

明清以来，整个湖广地区庙宇中，"关帝爷爷赐茶除病"的习俗特浓，都是从南岳大佛关帝赐茶除病而来。而湖广地区各大寺庙，关帝赐茶，都是用枫球松柴烤出来的民间手工散黑茶——烟熏茶。

（6）成吉思汗大军里的神秘之物

有学者提出，成吉思汗转战欧亚大陆，靠三大硬件：一是骑兵威力，二是领导者超凡，三是有克服水土不服的法宝。第三大硬件，就是来自长江南面，雪峰山的一种神秘食物。在当时是军事机密。后来，在元朝有关民间书籍里解密了，人们才恍然大悟，轻轻一笑：不过是茶叶而已——来自益阳的"阳团茶"，这个在唐朝就闻名于世的南方嘉树之叶。

有茶叶专家一直不解元朝不重视产茶，不重视茶贸易的原因。其实就两个：一是元朝不需要找西北民族要马。（宋朝为了征茶换马，有过军队进安化收茶的记载。）二是不想茶叶被西北民族利用。在元代，茶叶的记载很少。公元1278年，元朝仿宋朝的茶马司，设立茶提举司，加强茶叶管理，主要是提高茶税，生产与贸易受到中央政府严格控制。其中的原因，就是元朝怕茶叶成为外族的征战军用物质。因此，元代官方书籍里，有茶叶记载的，只有医书。像太医忽思慧的《饮膳正要》等，对苦味的黑茶保健肠胃极大推崇。当时黑茶有两大来源，四川乌茶、湖南安化黑茶（团茶）。

考考你

1．简述黑茶的制作工艺。

2．我国主要黑茶产地有哪些？

3．为什么说黑茶是我国西北广大地区藏、蒙、维吾尔等兄弟民族日常生活必不可少的饮料？

4．黑茶品质的共同特点有哪些？

参考文献

[1] 安徽农学院主编. 制茶学（第二版）[M]. 北京：中国农业出版社，2010.

[2] 中华人民共和国国家质量监督检验检疫总局，中国国家标准化管理委员会. GB/T 9833. 1–2013 紧压茶 第1部分：花砖茶[S]. 北京：中国标准出版社，2013.

[3] 中华人民共和国国家质量监督检验检疫总局，中国国家标准化管理委员会. GB/T 9833. 2–2013 紧压茶 第2部分：黑砖茶[S]. 北京：中国标准出版社，2013.

[4] 中华人民共和国国家质量监督检验检疫总局，中国国家标准化管理委员会. GB/T 9833. 3–2013 紧压茶 第3部分：茯砖茶[S]. 北京：中国标准出版社，2013.

[5] 中华人民共和国国家质量监督检验检疫总局，中国国家标准化管理委员会. GB/T 9833. 4–2013 紧压茶 第4部分：康砖茶[S]. 北京：中国标准出版社，2013.

[6] 中华人民共和国国家质量监督检验检疫总局，中国国家标准化管理委员会. GB/T 9833. 7–2013 紧压茶 第7部分：金尖茶[S]. 北京：中国标准出版社，2013.

[7] 中华人民共和国国家质量监督检验检疫总局，中国国家标准化管理委员会. GB/T 9833. 9–2013 紧压茶 第9部分：青砖茶[S]. 北京：中国标准出版社，2013.

[8] 中华人民共和国国家质量监督检验检疫总局，中国国家标准化管理委员会. GB/T 9833. 6–2013 紧压茶 第6部分：紧茶[S]. 北京：中国标准出版社，2013.

[9] 刘勤晋，司辉清，钟颜麟. 黑茶营养保健作用的研究[J]. 中国茶叶，1994，（6）：36–37.

[10] 刘艳，廖成勇. 安化黑茶的保健功能研究[J]. 产业与科技论坛，2012，（15）：116–117.

[11] 何煜，姜爱丽，胡文忠，等. 黑茶加工工艺与保健功能研究[J]. 安徽农业科学，2012，（27）：13595–13597，13600.

[12] 廖庆梅. 谈谈六堡茶的加工技术及工艺[J]. 茶业通报，2000，22（3）：30–32.

[13] 潘玉华. 茶叶加工与审评技术[M]. 厦门：厦门大学出版社，2011.

[14] 施兆鹏主编. 茶叶加工学[M]. 北京：中国农业出版社，1997.

[15] 施兆鹏主编. 茶叶审评与检验（第四版）. 北京：中国农业出版社，2010.

白茶加工与品质检验

● **学习目标:**

完成本学习任务后, 你应能:

1. 叙述白茶加工工艺、生产设备、茶叶中各组分的变化;
2. 在教师指导下, 根据生产任务制订工作计划, 并能根据工作计划实施白茶生产;
3. 知道每一操作步骤的作用及其对产品质量可能造成的影响;
4. 正确使用干燥箱、分光光度计、超净工作台等仪器或工具对白茶进行质量检验;
5. 在教师指导下, 能够规范地检测及评价白茶质量;
6. 学习过程中能够客观地评价自己或他人;
7. 掌握白茶鲜叶萎凋、白茶干燥等加工技能。

一、生产检验流程

接受生产任务单 → 根据生产任务单形成领料单 → 领料后根据工艺流程生产 →

产品检验 → 出具检验报告

二、学习任务描述

根据生产任务，制订白茶生产的详细工作计划：包括人员分工、物料衡算、领取原料；检查设备，保障设备的正常运转和安全；按工艺要求和操作规定进行生产；生产过程严格控制工艺条件；产品检验、包装、设备清洗等过程要能做到随时解决出现的紧急问题。

三、概况

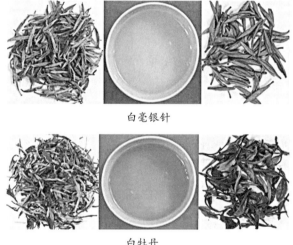

白毫银针

白牡丹

依据中国茶叶制法创始人陈橼先生对茶叶生产工艺的分类，经过鲜叶采摘、捡杂分级、萎凋、烘干（或阴干）、复火等工序制成的茶叶称为白茶，属于传统六大茶类之一。白茶主要产于我国福建省的福鼎、政和、松溪、建阳等地，其有芽毫完整、满身披毫的外形；毫香鲜明的香气；黄绿清澈的汤色；清淡回甘的滋味等内外在品质特点，是我国茶叶中的特殊珍品。

白茶为我国特产，主要在福建省生产，台湾也有少量生产，1983年江西上饶县也开始创仙台大白。白茶由于性清凉，迟热降，有治病效果，所以深受海外侨胞的欢迎。白茶也主要为侨销。以港、澳为主，其他如新加坡、马来西亚、前西德等国家亦有少量销售，出口的白茶以中国白茶和白牡丹出口。

白茶的创制约在1796年前后，距今有两百多年的历史了。白茶的制法是萎凋、干燥、不炒、不揉、保持了自然的叶态，成茶外表满披白毫，呈白色，故称"白茶"，这是其他茶类所不及的。

白茶对鲜叶要求极高，不仅要求芽头肥壮，而且对茶树品种要求也极高。尤其是白毫银针，要求茶树品种为大白或水仙品种，其他品种茶树难以达到鲜叶的要求。白茶按品种可分为：大白、水仙白和小白三种；按采摘标准又可分为：银针、白牡丹、贡眉和寿眉四种。其鲜叶加工方法都很相似，都是萎凋（日晒后在室内萎凋），然后文火烘干。白茶的品质不同主要是鲜叶原料不同所造成的。

任务 4-1

白毫银针茶加工

任务目标

1. 掌握白毫银针的起源、分类、品质特征；
2. 掌握白毫银针的杀青、揉捻、干燥等加工技能；
3. 掌握炒青白毫银针和烘青白毫银针的工艺流程和加工工艺；
4. 掌握珠茶和蒸青白毫银针的工艺流程和加工工艺；
5. 熟悉白毫银针加工生产中的主要设备。

任务流程

鲜叶 → 杀青 → 揉捻 → 做形（搓团提毫）→ 干燥

任务描述

根据生产任务，制订白毫银针茶生产的详细工作计划：包括人员分工、物料衡算、领取原料；检查设备，保障设备的正常运转和安全；按工艺要求和操作规定进行生产；生产过程中严格控制工艺条件；产品检验；出料包装；设备清洗等。生产过程中要能随时解决出现的紧急问题。

（一）产地环境

白毫银针主要产地是福建省福鼎市和南平市政和县，产地属于亚热带季风气候，雨量充沛，其山丘地约占陆地总面积的91%，盆谷平原面积约占9%。海拔900m以上，环境优美，非常适合茶树生长。因此，福鼎市也有"中国白茶之乡"的美称。

（二）工艺流程

鲜叶选择收购 → 萎凋 → 干燥 → 复烘 → 包装 → 成品

① **白茶鲜叶采摘要求：**

采摘一芽一叶初展白茶茶树品种叶片，尽量做到早采、嫩采、勤采、采净不漏。芽叶成朵，大小均匀，留柄要短。轻采轻放，竹篓盛装贮运。

鲜叶要求是纯的肥壮茶芽，并规定"十不采"：雨天、露水、细瘦芽、紫色芽、损伤芽、出伤芽、开心芽、空心芽、有病弯曲芽、长一芽三四叶的芽不采。采下的肥壮芽头忌紧压，并及时运至茶厂加工，保持新鲜。

② **采后鲜叶要求**：采摘的鲜叶用各种用具及时摊放，厚度均匀，不可翻动。摊青后，根据环境温度条件和鲜叶等级，灵活选用室内自然萎凋、复式萎凋或加温萎凋。当茶叶达七八成干时，室内自然萎凋和复式萎凋都需进行并筛。

③ **初烘**：烘干机温度 100~120℃，时间：10min；摊晾：15min。复烘：温度 80~90℃；70℃左右烘至完全干燥。

（三）品质特点

银针外形芽针肥壮，满披白毫，色泽银亮；内质香气清鲜，毫味鲜浓，滋味鲜爽微甜，汤色清澈晶亮，呈浅杏黄色。

（四）加工技术要点

加工技术根据天气情况而采用不同的方法。在晴天，日照强、气温较高（20~30℃），相对湿度低（75%）的情况下，采用室内自然萎凋、干燥制法；在阴雨、闷势、雷阵雨，尤其是低温高湿的情况下，采用加温萎凋、焙烘干燥法。

1. 鲜叶要求

白毫银针鲜叶标准要求严格，凡雨露水叶、风伤、虫蛀芽、开心芽、空心芽、病、弱、紫色芽均不宜采用。

北路银针采自福鼎大白品种，于每年3月底至4月初，茶树新芽抽出时，留下鱼叶，摘下肥壮单芽付制，也有极少数采一芽一叶置室内剥针。

西路银针选用政和大白茶，于每年4月上、中旬新梢抽出一芽一叶至一芽二叶初展时，将嫩梢采下，置室内阴凉处剥针。

剥针：左手捏住嫩梗，右手将叶片轻轻剥下，所余肥芽（带梗）称鲜针，可付制银针。叶片付制寿眉或改制绿茶。一芽一叶可剥鲜针62.5%，制毛针14%；一芽二叶可剥针50%，制毛针12%。白毫银针每年于春季采制一次，其他季节不制银针。

2. 室内自然萎凋、干燥制法

鲜叶进厂后，立即摊放在水筛上。每筛摊叶量：春茶为0.4kg左右，夏秋茶为0.5kg左右。摊叶后，两手持水筛边缘转动，使叶子均匀散开，俗称开青或开筛。

摊叶要均匀，不宜重叠，以免重叠部分叶色变红变黑。

开青后，将水筛静置萎凋架上，让其自然萎凋，不要翻动。萎凋时间为35~45h。萎凋至七八成干，叶片不贴筛，芽叶毫色发白，叶色由浅绿转入深绿或灰绿，芽尖与嫩梗显翘尾，叶缘略带垂卷，叶色有波纹状，嗅之无青气时，即可进行并筛。

一般小白茶八成干时，两筛并一筛。大白茶七成干时，两筛并一筛，到八成干时，再二筛并一筛。在筛中堆厚10~15cm，中间成凹状，放在萎凋架上继续萎凋阴干约2h。干度达九成半时，就可下筛进行拣剔。

拣剔时动作要轻，防止芽叶折断。拣去黄片、老叶、茶梗、茶籽及其他杂物等。拣剔后，进行烘焙、定色，即可出售。

3. 复式萎凋、自然干燥制法

与室内自然萎凋干燥法基本相同。所不同的是，在萎凋开始阶段采用日光萎凋和室内萎凋交替进行，加速水分蒸发。

具体操作：将开青后鲜叶先放置在微弱的（早、晚）阳光下晒3~5min。待手触水筛的边框有温感时，立即移入室内，使其散热降温。然后又放在日光下晒3~5min，这样重复2~4次。总的日晒时间10~20min（视日光强弱灵活掌握），待叶片略失光泽，稍呈软萎状态时，转入室内进行自然萎凋。

据试验，复式萎凋制法比较合理，可以提高茶汤的醇度，对白茶品质起着良好的作用。但手续烦琐，稍不小心，成茶的色泽多花红，品质下降。在春茶前期，阳光较弱时采用，品质尚好。但夏茶气温高，日照强，则不宜采用。

白毫银针的制法是将茶芽摊放在水筛上让阳光曝晒至八九成干，再用文火烘至干即可。若阴雨天可采用先摊晾、后烘焙的方法。

4. 加温萎凋，烘焙干燥法

（1）加温萎凋

连续阴雨天可采用管道加温或萎凋槽加温萎凋。萎凋槽萎凋方法与红茶相同，但温度低些（30℃），摊叶厚度薄些。采用管道加温萎凋，室内温度控制在28~30℃，相对湿度65%~70%，萎凋室不宜密闭。加温萎凋总的时间不得少于30h，以34~38h为好。

加温萎凋和自然萎凋可以交替进行。如先加温萎凋8h，自然萎凋6h，再加温萎凋8h，自然萎凋6h，最后加温萎凋8h，全程历时36h。

也可以采用连续加温或先加温萎凋24h后自然萎凋12h。但如果程序相反，先自然萎凋12h，后加温萎凋24h，品质就会显著下降，色泽光杂红张多，味涩。

（2）烘焙干燥

白牡丹的烘焙，以天气及萎凋程序灵活掌握。晴天一般不进行烘焙。阴雨天进行纯自然萎凋有困难时，可先进行室内自然萎凋，萎凋至叶片不贴筛，叶色变暗，毫心尖端向上翘起，约六到八成干时，下筛烘焙。

烘焙方法有干燥机烘焙和烘笼烘焙两种：

① 干燥机烘焙：萎凋程度达七八成干时，分两次烘焙。初烘采用快烘，温度100~110℃，历时10min左右。复烘采用慢盘，温度80~90℃，历时约20min，摊叶厚度4cm，烘至足干。

② 烘笼烘焙：萎凋程度八成干的，一次烘干。每烘笼摊叶1~1.25kg，温度90℃左右，烘时20min左右。萎凋程度六七成干的，分两次焙干。每一烘笼摊放萎凋叶0.75~1kg。初焙温度100℃左右，焙10~15min，复焙温度80℃，焙10~20min。中间摊晾0.5~1.0h。在烘焙中可翻拌三四次。翻拌动作要轻，以免外形卷曲和芽叶断碎。要求烘至七成半干以上干度。

（3）福鼎制法

北路银针制法，将茶芽薄摊于水筛或萎凋帘内，置阳光下爆晒1天，可达八九成干，剔除展开的青色芽叶，再用文火烘焙至足干，即可贮藏。

烘焙时，烘心盘上垫衬一层白纸，以防火温灼伤茶芽，使成茶毫色银亮。每笼摊茶芽0.25kg，烘温40~45℃，约30min可达足干。烘焙时必须严格控制烘温，如温度过高，又摊得过厚，茶芽红变，香气不正。温度过低，毫色转黑，品质劣变。若火候过度，也有损品质。

（4）政和制法

西路银针制法，将鲜针摊在水筛上，置于通风处萎凋，或在微弱阳光下摊晒，至七八成干时，移至烈日下晒干。一般需2~3天才能完成。

晴天也可采用先晒后风干的方法，上午9时前或下午3时后，阳光不甚强烈，将鲜叶置于日光下晒2~3h，移入室内进行自然萎凋，至八九成干时再晒干或用文火烘干。晒干的香气差。

任务 4-2

白牡丹茶加工

（一）产地环境

目前产区主要在福建省（台湾省也有少量生产）建阳、福鼎、政和、松溪等县。境内丘陵起伏，常年气候温和，雨量充沛，年降水量在1600mm左右，产区不低于10℃的积温在5000~7600℃，光照充足，年平均气温17~21℃，年平均无霜期大于210天，平均年日照大于1900h。山地以红、黄壤为主，主要种植福鼎大白茶、政和大白茶及水仙等优良茶树品种。

（二）工艺流程

鲜叶选择收购 → 萎凋 → 干燥 → 复烘 → 包装 → 成品

① 一芽二叶，茶芽肥壮，叶张肥厚，不采细瘦芽叶，对夹叶，要新鲜、无病虫叶、无紫芽叶。

② 萎凋温度 20~25℃，相对湿度 70%~75%，历时 48~60h，萎凋叶含水率最终控制在 80%~90%。当萎凋叶含水率达 30%~50% 时进行并筛，以利于形成贡眉茶特有的叶型。

③ 大白茶品种因含水分较多，不能全用室内萎凋，当减重达 55%~65% 时则需加温萎凋，不然叶子会变黑，用炭火或电加热等烘焙。火温 140℃ 左右，每 2~3min 翻转一次，翻

4 次后约经 12~13min 即可起焙。如遇雨天，当萎凋减重达 40% 左右，茶青萎凋至贴筛状态，色泽变为暗绿、无光泽，毫心尖端略向上弯曲（称"翘尾"）时，即可进行烘焙。开始时用高温(125~130℃)，经十几分钟后改用文火(60℃左右)烘干。

（三）品质特点

叶张灰绿或暗绿，稍呈银白光泽，毫心肥壮，叶张肥嫩，绿叶夹银毫，成叶片抱心形似花朵状，故有白牡丹之称。内质毫香显、味鲜醇、汤色杏黄、清澈明亮，叶底浅灰，绿面白底，叶脉微红。

（四）工艺要点

1. 采摘

采摘玉白色一芽一叶初展鲜叶，做到早采、嫩采、勤采、净采。芽叶成朵，大小均匀，留柄要短。轻采轻放，竹篓盛装、贮运。

鲜叶要求：一芽二叶，茶芽肥壮，叶张肥厚，细瘦芽叶，对夹叶，要新鲜、无病虫叶、无紫芽叶。

白茶品质优次不仅与鲜叶质量有关，还与制茶技术有很大关系。制茶技术掌握的好坏直接影响白茶品质。

2. 萎凋

白牡丹萎凋方法较多，有室内自然萎凋、室内加温萎凋、复式萎凋等，采用萎凋的形式要根据天气和叶质来确定。

① 室内自然萎凋：萎凋室要求四面通风、无日光直射、并防雨雾侵入，场所工具卫生清洁，并控制一定的温湿度，春茶室温18~25℃，相对湿度67%~80%，夏秋茶室温30~32℃，湿度60%~75%。采回鲜叶要求按老嫩分开，不得混杂，并及时分别萎凋。萎凋是水筛上进行，每个水筛约摊0.25kg左右，并开筛（开青），使叶均匀摊开，叶片互相不重叠，将水筛放置在萎凋室的凉青架上进行萎凋。历时48~60h。雨天时间则需延长，但不能超过3天（72h），否则芽叶发霉变黑。如果遇气温高、湿度低的情况，萎凋时间则可能要缩短，但不能少于48h，否则成茶有青草气，滋味涩，品质不好。

② 加温萎凋：加温萎凋就是人为地提高室内温度的方法进行萎凋，温度控制在29~30℃，不超过32℃，不低于20℃，相对湿度保持在65%~70%。萎凋室要通气透风，以免嫩芽和叶缘失水过快，梗脉中水分补充不上，叶内理化变化不足，造成芽叶干枯变红。加温萎凋时间要求不少于36h，当萎凋叶达六成干时，则用低温初焙，初焙后再摊放一段时间，达到八成干时，可采用低温慢焙至足干。

③ 复式萎凋：在晴天时，利用早晨或傍晚较弱的阳光进行日晒，晒至叶片微热时移入室内萎凋，如此反复进行2~4次。在气温25℃，相对湿度保持在63%的条件下，每次晒25~30min。但在夏季，气温高，阳光强烈，不宜采用。

以上三种方法正常天气时常采用室内自然萎凋，而且品质也能保证。加温萎凋主要是为了解决雨天，湿度大，气温低，自然萎凋太慢的矛盾，虽然时间短，但品质较差。复式萎凋主要是解决生产的高峰期，鲜叶多，自然萎凋时间长，效率低的问题，缩短萎凋时间，不使鲜叶因来不及萎凋而发生劣变，但复式萎凋品质也较差。所以多数情况下，采用的是自然萎凋。

白牡丹萎凋程度主要凭感官判断，即当芽叶毫色发白，叶色由浅绿变为灰绿或铁青，叶态如船底状，叶绿垂卷，嫩叶芽尖呈"翘尾"状时，应及时"并筛"。并筛就是将雨水筛叶并为一水筛。如果不呈现"翘尾"，则可能是湿度大，叶片失水不够，也可能是叶子互相有重叠或受压，这样叶子失水受阻，难达到均匀一致的要求。并筛后继续萎凋，并且要根据失水情况，确定是否需要再次并筛。并筛的目的就在于控制萎凋过程中水分散失的速度，散失快，不利于萎凋的"转色"；散失慢，时间延长，甚至会发黑。同时并筛促进叶绿垂卷，防止贴筛所造成的平板状态。并筛时要注意摊放要均匀，也不能过厚，同时防止机械损伤叶片，引起多酚类化物的氧化变红。最后萎凋达程度要求叶片微软，叶色灰绿达九成干即可下筛烘焙。

3. 烘干

烘焙对白茶起定色作用，同时固定品质和达到去水干燥的要求。萎凋适度叶，要及时烘焙，以防变色变质，并促进香味的提高。烘焙有烘笼和烘干机烘干两种。

① 烘笼烘焙：萎凋叶达九成干时就应及时烘焙，每烘笼摊叶1~1.5kg，火温70~80℃，时间15~20min，若为加温萎凋叶只达六七成干，则采用两次烘焙，初焙用明火，约100℃复焙用

暗火，温度约80℃摊叶0.75~1kg，每次时间10~15min，初焙后摊放一段时间使水分分布均匀再烘焙。再烘焙要注意翻动，动作宜轻，次数宜少，以免芽叶断碎，芽毛脱落，降低品质。

② 烘干机烘焙：烘干机温度70~80℃，摊叶厚度约4cm，时间约20min。六七成干的加温萎凋叶分两次烘焙，初烘用快速，温度90~100℃，复焙用慢速，温度80~90℃，每次时间约20min，初焙后摊放一段时间，然后复焙至足干。

4. 保存

干茶含水率控制在8%以内，放在冷库中，温度1~5℃。冷库中取出的茶叶在3h内包装完毕。

相关知识

（一）白茶简介

白茶属微发酵茶，是中国六大茶类的一种，主要产于福建省福鼎市、政和县、建阳县、建欧县等地。其品质特征为：满披白毫、汤色清淡、味鲜醇、有毫香。基本加工工艺为萎凋后直接晒干或低温烘干。因鲜叶原料不同，可分为白毫银针、白牡丹、贡眉、寿眉等。适制白茶的茶树品种为：福鼎大白茶、福鼎大毫茶、政和大白茶、福安大白茶、福云595、福云20和闽北水仙等。

白茶指一种采摘后，不经杀青或揉捻，只经过日光暴晒或文火干燥加工的茶。白茶最早出现在唐朝陆羽的《茶经》七之事中，其记载："永嘉县东三百里有白茶山。"陈椽教授在《茶叶通史》中指出："永嘉东三百里是海，是南三百里之误。南三百里是福建福鼎（唐为长溪县辖区），系白茶原产地。"可见唐代长溪县（福建福鼎）已培育出"白茶"品种。因其仅有名称，能否作为起源证据还有待进一步商榷。有的学者认为白茶始于神农尝百草时期。湖南农学院杨文辉发表的《关于白茶起源时期的商榷》一文中提出白茶的出现早于绿茶。

白茶是茶叶里的瑰宝，药效性能很好的茶之奇葩。根据民间长期饮用和实践及现代科学研究证实，白茶具有解酒醒酒、清热润肺、平肝益血、消炎解毒、降压减脂、消除疲劳等功效，尤其针对烟酒过度、油腻过多、肝火过旺引起的身体不适、消化功能障碍等症，具有独特的保健作用。民间用它制作成清醇的"白茶饼"，因其独特风味和保健作用流传到南海一带，至今在东南亚各国享有盛誉。

（二）白茶起源

白茶，茶中珍品，历史悠久，其清雅芳名的出现，迄今有八百八十余年。宋徽宗（赵佶）在《大观茶论》（成书于公元1107—1110年"大观"年间，书以年号名）中，有一节专论白茶曰："白茶，自为一种，与常茶不同。其条敷阐，其叶莹薄，林崖之间，偶然生出，虽非人力所可致。有者，不过四五家；生者，不过一二株；所造止于二三胯（銙）而已。芽英不多，尤难蒸焙，汤火一失则已变而为常品。须制造精微，运度得宜，则表里昭彻如玉之在璞，它无与伦也。浅焙亦有之，但品不及。"宋代的皇家茶园，设在福建建安郡北苑（即今福建省建瓯县境）。《大观茶论》里说的白茶，是早期产于北苑御焙茶山上的野生白茶。公元1115年，关棣县向宋徽宗进贡茶银针，"喜动龙颜，获赐年号，遂改县名关棣为政和"。

近代白茶据记载已有二百多年的历史。公元1796年（清嘉庆初年）已有白茶生产，当时以闽北品种茶叶为鲜叶制作。公元1851—1874年（清咸丰、同治年间），政和铁山乡人改植大白茶，并于公元1890年（光绪十五年）用大白茶制银针试销成功，次年运销国外。

关于白茶的历史究竟起于何时，茶学界有不同的观点。有人认为白茶起于北宋，其主要依据是白茶最早出现在《大观茶论》《东溪试茶录》（文中说建安七种茶树品种中名列第一的是"白叶茶"）中；也有认为是始于明代或清代的，持这种观点的学者主要是从茶叶制作方法上来加以区别茶类的，因白茶的生产过程只经过"萎凋与干燥"两道工序；也有的学者认为，中国茶叶生产历史上最早的茶叶不是绿茶而是白茶。其理由是：中国先民最初发现茶叶的药用价值后，为了保存起来备用，必须把鲜嫩的茶树芽叶晒干或焙干，这就是中国茶叶史上白茶的诞生。

（三）白茶种类

白茶因茶树品种不同，原料（鲜叶）采摘的标准不同，分为：芽茶（白毫银针）和叶茶（如白牡丹、寿眉等）。

1. 白毫银针

白毫银针，简称银针，又叫白毫，因其白毫密披、色白如银、外形似针而得名，其香气清新，汤色淡黄，滋味鲜爽，是白茶中的极品，素有茶中"美女"、"茶王"之美称。

由于鲜叶原料全部采自大白茶树的肥芽，其成品茶，长3cm，整个茶芽为白毫覆被，银装素裹，熠熠闪光，令人赏心悦目。冲泡后，香气清鲜，滋味醇和。

一般每3g银针置沸水烫过的无色透明玻璃杯中，冲入200mL沸水，开始时茶芽浮于水面，5~6min后茶芽部分沉落杯底，部分悬浮茶汤上部，此时茶芽条条挺立，上下交错，约10min后即可取饮。

2. 白牡丹

白牡丹因其绿叶夹银白色毫心，形似花朵，冲泡后绿叶托着嫩芽，宛如蓓蕾初放，故得美名。白牡丹是采自大白茶树或水仙种的短小芽叶新梢的一芽一二叶制成，是白茶中的上乘佳品。

3. 贡眉

贡眉，有时又被称为寿眉，是白茶中产量最高的一个品种，其产量约占到了白茶总产量的一半以上。贡眉的产区主要位于福建省的建阳县，在建鸥、浦城等也有生产。制作贡眉的鲜叶采摘标准为一芽二叶至一芽三叶，采摘时要求茶芽中含有嫩芽、壮芽。贡眉的制作工艺分为初制和精制，其制作方法与白毫银针茶的制作基本相同。优质的贡眉成品毫心明显，茸毫色白且多，干茶色泽翠绿，冲泡后汤色呈橙黄色或深黄色，叶底匀整、柔软、鲜亮，叶片可透视出主脉的红色，品饮口感滋味醇爽，香气鲜纯。

（四）白茶功效

1. 治麻疹

白茶具有防癌、抗癌、防暑、解毒、治牙痛等功效，尤其是陈年白茶可用作患麻疹幼儿的退烧药，据资料显示，其退烧效果比抗生素更好。在中国华北及福建产地被广泛视为治疗养护麻疹患者的良药。故清代名人周亮工在《闽小记》中载："白毫银针，产太姥山鸿雪洞，其性寒，功同犀角，是治麻疹之圣药。"

2. 促进血糖平衡

白茶除了含有其他茶叶固有的营养成分外，还含有人体所必需的活性酶。国内外医学研究证明，长期饮用白茶可以显著提高体内脂酶（lipase）活性，促进脂肪分解代谢，有效控制胰岛素分泌量，延缓葡萄糖的肠吸收，分解体内血液中多余糖分，促进血糖平衡。白茶含多种氨基酸，其性寒凉，具有退热祛暑解毒之功效，在夏季饮一杯白茶茶水，很少人会中暑。

3. 明目

白茶中还含有丰富的维生素A原，它被人体吸收后，能迅速转化为维生素A，维生素A能合成视紫红质，能使眼睛在暗光下看得更清楚，可预防夜盲症与干眼病。同时白茶还含有防辐射物质，对人体造血机能有显著保护作用，能减少电磁辐射的危害。

4. 保肝护肝

当酒精摄入过量，超过人体肝脏的代谢能力和解毒能力时，酒精就会对肝细胞产生直接或间接损害、刺激脂肪合成、缺氧、产生乙醛而诱导各有关酶系活性而扰乱肝脏代谢等，引起一系列临床症状，导致酒精性肝炎、脂肪肝、肝纤维化以及肝硬化甚至肝癌等发生。另外，乙醇的代谢物乙醛是造成酒后第二天头昏和恶醉的主要原因，是给肝脏带来损害的主要物质。

大量的临床试验证明，白茶富含的二氢杨梅素等黄酮类天然物质可以保护肝脏，加速乙醇代谢产物乙醛迅速分解，变成无毒物质，降低对肝细胞的损害。

另一方面，二氢杨梅素能够改善肝细胞损伤引起的血清乳酸脱氢酶活力增加，抑制肝性M细胞胶原纤维的形成，从而起到保肝护肝的作用，大幅度降低乙醇对肝脏的损伤，使肝脏正常机能迅速得到恢复。

同时，二氢杨梅素起效迅速，并且作用持久，是保肝护肝、解酒醒酒的良品。

（五）白茶饮用步骤

饮用白茶的用具，并无太多讲究，可用茶杯、茶盅、茶壶等。如果采用"功夫茶"的饮用茶具和冲泡办法，效果更好。

白茶用量，一般每人每天5g左右，老年人不宜太多。肾虚体弱者、心动过快的心脏病人、严重高血压患者、严重便秘者、严重神经衰弱者、缺铁性贫血者等不宜喝浓茶，也不宜空腹喝茶，否则可能引起"醉茶"现象。

古代名医华佗在《食论》中提出了"苦茗久食，益思意"的论点。白茶还要择时而饮，不宜盲目饮用。俗话说："饭后茶消食，午茶长精神。"饭前与临睡前，不宜饮茶。

① 茶叶选择：选择一芽二叶初展，干茶翠绿鲜活略带金黄色，香气清高鲜爽，外形细秀、匀整的优质白茶。

② 泡茶用水：冲泡白茶选用江、河、湖等软水最佳。

③ 奉茶：用茶盘将刚沏好的白茶奉送到客人面前。

④ 品茶：品饮白茶先闻香，再观汤色和杯中上下浮动的芽叶，然后小口品饮，茶味鲜爽，回味甘甜，口齿留香。

⑤ 观叶底：白茶与其他茶不同，除其滋味鲜醇、香气清雅外，叶张的透明和茎脉的翠绿是其独有的特征，观叶底可以看到冲泡后的茶叶在盘中的优美姿态。

⑥ 收具：客人品茶后离去，及时收具并清洗干净以备下次再用。

（六）白茶饮用注意事项

① 饮用白茶不宜太浓，一般150mL水，用5g的茶叶足够了。

② 水温要求95℃以上，第一次泡时间约5min，经过滤后将茶汤倒入茶盅即可饮用。

③ 第二次泡只要3min即可，做到随饮随泡。一般情况一杯白茶可冲泡3~4次。

④ 白茶性寒凉，对于胃"热"的人可在空腹时适量饮用。胃中性的人，随时饮用都无妨。胃"寒"的人，则要在饭后饮用。但白茶一般情况下不会刺激胃壁。

（七）白茶审评

1. 外形审评

主要审评干茶的色泽、香气、形态。

① 白毫银针：以福鼎大白茶为原料生产的白毫银针称为北路白毫银针（以福鼎产区为代表）；以政和大白茶为原料生产的白毫银针称为南路白毫银针（以政和产区为代表）。白毫银针茶外形品质以毫心肥壮、银白闪亮为上；以芽瘦小而短、色灰为次。

② 白牡丹以适制白茶茶树品种的一芽二叶初展鲜叶为原料加工而成。其外形品质以叶张肥嫩、叶态伸展、毫心肥壮、色泽灰绿、毫色银白为上；以叶张瘦薄、色灰为次。

③ 贡眉以福鼎大白茶或福鼎大毫茶鲜叶为原料，经传统工艺加工而成。优质贡眉叶张肥嫩、夹带毫芽。

2. 内质审评

主要审评茶汤的色泽、香气、滋味和叶底。审评方法为：将3g茶叶用150mL沸水冲泡，浸泡5min后对各审评项目进行审评。

① 汤色：汤色以橙黄明亮或浅杏黄色为好；红、暗、浊为劣。

② 香气：香气以毫香浓郁、清鲜纯正为上；淡薄、生青气、霉味、有发酵气为次。

③ 滋味以鲜美、醇爽、清甜为上；粗涩淡薄为次。

④ 叶底嫩度匀整、毫芽多为上；带硬梗、叶张破碎、粗老为次；叶底色泽以鲜亮为上；花杂、暗红、焦红边为次。

（八）白茶储存

白茶要低温、避光贮藏。因为，在高温条件下，茶叶内含成分的化学变化较快，从而使品质陈化加速；光照使茶叶内含成分发生光化学反应，从而使品质失去原有风格。

1. 罐子储存法

将茶叶放在罐子里保存，以防压碎。茶罐的选择。以锡罐为上，铁罐、纸罐次之，要求密封性要好。也可将适量木炭或生石灰装入小布袋内，放入存放茶叶的罐子底部，然后将包装好的茶叶分层放在罐里，密封罐口。

2. 冷藏储藏法

将茶叶用塑料袋或者茶罐密封，将其放在冰箱内储藏，温度5℃以下。

3. 暖水瓶储藏法

将白茶装进新买的暖水瓶中，密封即可。此法适合普通家庭贮藏。

（九）白茶典故

陈焕，全名陈学焕（1813-1888），字凤炜，出生于福鼎十四都东门岭境竹栏头村（今点头镇过笕村竹栏头自然村）。关于陈焕的传说有很多，都离不开福鼎白茶。

相传福鼎竹栏头自然村有一孝子名陈焕，性至孝，但因地瘠，终年操劳，也难求得双亲温饱，深感愧对父母。陈焕遂持斋三日，携干粮上太姥山祈求太姥娘娘"托梦"，指点度日之计。陈焕焚香礼拜毕，合眼睡去，朦胧之中，只见"太姥娘娘"手指一树曰："此山中佳木，系老妪亲手所植，群可分而植之，当能富有。"次日，陈焕走遍山山岭岭，直至太阳落到西山头，果然在鸿雪洞中觅到一丛茶树。陈焕大喜，当即用随身带来的锄头，分出一株携回家中精心培植。百日后，果然生机嫣然，其茶异于常种，它就是今天的"福鼎大白茶"。

四、任务实施

（一）领取生产任务

产品名称	产品规格	生产车间	单位	数量	开工时间	完工时间	客户订单号	客户名称
白茶	10包×3g/盒；20盒/箱	白茶生产车间	箱	1				

（二）任务分工

序号	操作内容		主要操作者	协助者
1	生产统筹			
2	白茶包装	工具领用		
3		原料领用		
4		检查及清洗设备、工具		
5		原料拼配		
6		称量		
7		封口		
8		包装		
9		生产场地、工具的清洁		
10	产品检测	包装检测		
11		称量检测		
12		水分检测		
13		外观审评		
14		内质审评		

（三）领料

1. 车间设备单

行号	设备代码	设备名称	规格	使用数量
1	A001	冰箱	台	
2	A002	操作台	张	
3	A003	水分活度仪	台	
4	A004	真空包装机	台	
5	A005	揉捻机	台	
6	A006	烘干机	台	

2. 工具领料单

领料部门		发料仓库		
生产任务单号		领料人签名		
领料日期		发料人签名		
行号	物料代码	物料名称	规格	发料数量
1	G001	电子秤	台	
2	G002	审评杯	个	
3	G003	热水器	个	

3. 材料领料单

领料部门		发料仓库		
生产任务单号		领料人签名		
领料日期		发料人签名		
行号	物料代码	物料名称	用量	单价	总价/元
1	Q001	鲜叶	__kg	__元/kg	
2	Q002	干茶	__kg	__元/kg	
3	Q003	内包装	__个	__元/个	
4	Q004	外包装	__个	__元/个	

（四）加工方案

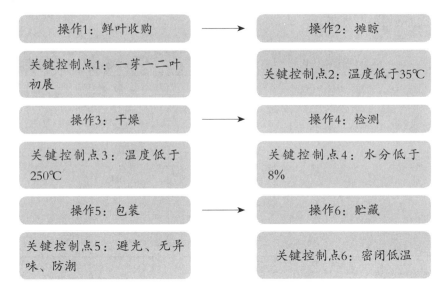

操作1：鲜叶收购	→	操作2：摊晾
关键控制点1：一芽一二叶初展		关键控制点2：温度低于35℃
操作3：干燥	→	操作4：检测
关键控制点3：温度低于250℃		关键控制点4：水分低于8%
操作5：包装	→	操作6：贮藏
关键控制点5：避光、无异味、防潮		关键控制点6：密闭低温

五、产品检验标准

（一）基本要求

具有正常的色、香、味，无臭，无劣变。

（二）感官品质

1. 白毫银针的感官品质

应符合表4-1的要求。

表4-1　　　　　　白毫银针的感官品质要求（GB/T 22291-2008《白茶》）

级别	项目							
	外形				内质			
	叶态	嫩度	净度	色泽	香气	滋味	汤色	叶底
特级	芽针肥壮、匀齐	肥嫩、茸毛厚	洁净	银灰白富有光泽	清纯、毫香显露	清鲜醇爽、毫味足	浅杏黄、清澈明亮	肥壮、软嫩、明亮
一级	芽针瘦长、较匀齐	瘦嫩、茸毛略薄	洁净	银灰白	清纯、毫香显	鲜醇爽、毫味显	杏黄、清澈明亮	嫩匀明亮

2. 白牡丹的感官品质

应符合表4-2要求。

表4-2　　　　　　　　　白牡丹的感官品质要求

级别	项目							
	外形				内质			
	叶态	嫩度	净度	色泽	香气	滋味	汤色	叶底
特级	芽叶连枝、叶缘垂卷、尚匀整	毫心多肥壮、叶背多茸毛	洁净	灰绿、润	鲜嫩、纯爽毫香显	清甜醇爽毫味足	黄、清澈	毫心多、叶张肥嫩明亮

续表

级别	项目							
	外形				内质			
	叶态	嫩度	净度	色泽	香气	滋味	汤色	叶底
一级	芽叶尚连枝、叶缘垂卷、尚匀整	毫心较显尚壮、叶张嫩	较洁净	灰绿尚润	尚鲜嫩、纯爽有毫香	较清甜、醇爽	尚黄、清澈	毫心尚显、叶张嫩、尚明
二级	芽叶部分连枝、叶缘尚垂卷、尚匀	毫心尚显、叶张尚嫩	含少量黄绿片	尚灰绿	浓纯、略有毫香	尚清甜、醇爽	橙黄	有毫心、叶张尚嫩、稍有红张
三级	叶缘略卷，有平展叶、破张叶	毫心瘦稍露、叶张稍粗	稍夹黄片蜡片	灰绿稍暗	尚浓纯	尚厚	尚橙黄	叶张尚软有破张、红张稍多

3. 贡眉的感官品质

应符合表4-3的规定。

表4-3 贡眉的感官品质要求

级别	项目							
	外形				内质			
	叶态	嫩度	净度	色泽	香气	滋味	汤色	叶底
特级	芽叶部分连枝、叶态紧卷、匀整	毫尖显、叶张细嫩	洁净	灰绿或墨绿	鲜嫩、有毫香	清甜醇爽	橙黄	有芽尖、叶张嫩亮
一级	叶态尚紧卷、尚匀	毫尖尚显、叶张尚嫩	较洁净	尚灰绿	鲜纯、有毫香	醇厚尚爽	尚橙黄	稍有芽尖、叶张软尚亮
二级	叶态略卷稍展、有破张	有尖芽、叶张较粗	夹黄片铁板片少量蜡片	灰绿稍暗、加红	浓纯	浓厚	深黄	叶张较粗、有红张
三级	叶张平展、破张多	小芽尖稀露、叶张粗	含鱼叶蜡片较多	灰黄加红	浓、稍粗	厚、稍粗	深黄微红	叶张粗杂、红张多

（三）理化指标

应符合表4-4的规定。

表4-4 理化指标（GB/T 22291-2008《白茶》）

项目	指标
水分（质量分数）/%	≤7.0
总灰分（质量分数）/%	≤6.5
粉末（限白牡丹和贡眉×质量分数）/%	≤1.0

（四）卫生指标

① 污染物限量应符合GB 2762的规定。

② 农药残留限量应符合GB 2763的规定。

（五）净含量

应符合《定量包装商品计量监督管理办法》的规定。

（六）试验方法

① 取样方法按GB/T 8302的规定执行。

② 感官品质检验按SB/T 10157的规定执行。

③ 试样的制备按GB/T 8303的规定执行。

④ 水分检验按GB/T 8304的规定执行。

⑤ 总灰分检验按GB/T 8306的规定执行。

⑥ 粉末检验按GB/T 8311的规定执行。

⑦ 污染物限量检验按GB 2762的规定执行。

⑧ 农药残留限量检验按GB 2763的规定执行。

（七）检验规则

1. 取样

① 取样以"批"为单位，同一批投料生产、同一班次加工过程中形成的独立数量的产品为一个批次，同批产品的品质和规格一致。

② 取样按GB/T 8302的规定执行。

2. 检验

（1）出厂检验

每批产品均应做出厂检验，经检验合格签发合格证后方可出厂。出厂检验项目为感官品质、水分和净含量负偏差。

（2）型式检验

型式检验项目为上述各表中要求的全部项目，检验周期每年1次。有下列情况之一时，也应进行型式检验：

① 原料有较大改变，可能影响产品质量时；

② 出厂检验结果与上一次型式检验结果有较大出入时；

③ 国家法定质量监督机构提出型式检验要求时。

（3）型式检验时，应按上述表中要求全部进行检验。

3. 判定规则

① 凡有劣变、异气味严重的或添加任何化学物质的产品，均判为不合格产品。

② 按上述表中要求的项目，任一项不符合规定的产品均判为不合格产品。

4. 复验

对检验结果有争议时，应对留存样或在同批产品中重新按GB/T 8302规定加倍取样进行不合格项目的复验，以复验结果为准。

（八）标志标签、包装、运输和贮存

1. 标志标签

产品的标志应符合GB/T 191的规定；标签应符合GB 7718的规定。

2. 包装

包装应符合SB/T 10035的规定。

3. 运输

运输工具应清洁、干燥、无异味、无污染。运输时应有防雨、防潮、防曝晒措施。严禁与有毒、有害、有异味、易污染的物品混装、混运。

4. 贮存

产品应在包装状态下贮存于清洁、干燥、无异味的专用仓库中。严禁与有毒、有害、有异味、易污染的物品混放，仓库周围应无异气污染。

六、产品质量检验

（一）产品质量检验流程

见本书"任务七 茶叶品质理化检测方法"中水分、脂肪、蛋白质、总糖、茶多酚、叶绿素、纤维素、菌落总数、大肠菌群的测定方法。

（二）检验报告

			报告单号：
产品名称		型号规格	
生产日期/批号		产品商标	
产品生产单位		委托人	
委托检验部门		委托人联系方式	
收样时间		收样地点	
收样人		样品数量	
样品状态		封样数量	
封样人员		封样贮存地点	
检验依据		检测日期	
检验项目	水分、脂肪、蛋白质、总糖、茶多酚、叶绿素、纤维素、菌落总数、大肠菌群		
检验各项目	合格指标	实测数据	是否合格
检验结论			

编制：　　　　　批准：　　　　审核：

七、学业评价

学业评价表			
序号	项目	学习任务的完成情况评价		
		自评（40%）	小组评（30%）	教师评（30%）
1	工作页的填写（15分）			

续表

学业评价表				
序号	项目	学习任务的完成情况评价		
		自评（40%）	小组评（30%）	教师评（30%）
2	独立完成的任务（20分）			
3	小组合作完成的任务（20分）			
4	老师指导下完成的任务（15分）			
5	生产过程 原料的作用及性质（5分）			
6	生产过程 生产工艺（10分）			
7	生产过程 生产步骤（10分）			
8	设备操作（5分）			
9	分数合计（100分）			
10	存在的问题及建议			
11	综合评价分数			

说明：综合评价分数=自评分数×40%+小组评分数×30%+教师评分数×30%

考考你

1. 简述白茶的基本制作工艺。
2. 干制的方法有哪些？
3. 结合生产实训，谈谈白茶萎凋加工的注意事项。
4. 白茶加工中的关键技术是什么？

参考文献

[1] 施兆鹏. 1997. 茶叶加工学（第三版）. 北京：农业出版社.

[2] 安徽农学院. 1999. 制茶学（第二版）. 北京：中国农业出版社.

[3] 林今团. 建阳白茶初考. 福建茶叶，1999.（3）：40-42.

[4] 林今团. 2002. 建阳茶业传说之二——白茶始祖的兴衰. 福建茶叶，（1）：14-18.

[5] 张天福. 福建白茶的调查研究. 张天福选集，93-112.

[6] 福建省农业科学院茶叶研究所编著. 1980. 茶树品种志. 福州：福建人民出版社.

[7] 农业部农业司，中国农业科学院茶叶研究所. 1990. 中国茶树优良品种集. 上海：上海科学技术出版社.

[8] 刘祖生. 政和大白茶的生物学特性和经济性状. 浙江农业科学. 1964（11）

[9] 夏品恭. 福鼎大白茶. 福建茶叶，1982.（2）

[10] 夏品恭. 1992. 歌乐茶及其栽培利用. 福建茶叶，（3）

[11] 王功有. 1988. 政和大白茶的合理采摘. 福建茶叶，（2）

[12] 谭永济. 1987. 福鼎大毫茶——三倍体茶树良种. 中国茶叶，（5）

[13] 谭永济. 1987. 三倍体茶树良种——福建水仙. 中国种业，（2）

[14] 陈乐生. 1994. 福安大白茶的性状及其栽培、采制技术. 茶业通报，（4）

[15] DB35/T152.1～17-2001白茶标准综合体. 福建省质量技术监督局发布.

[16] 范金帅. 2005. 政和东平白茶生态茶园建设思考. 茶叶科学技术，（3）

[17] 顾谦、陆锦时、叶宝存，等．2002．茶叶化学．北京：中国科学技术大学出版社．

[18] 郭吉春．福建雪芽，茶叶科学简报，1984．

[19] 陈清水．1988．人工控制白茶萎凋的设备组合研究．福建茶叶，（2）

[20] 陈建和．1999．谈谈白茶热风萎凋的技术．福建茶叶，（4）：13-14．

[21] 张丽宏．1994．再探白茶品质的调控．中国茶叶加工，（4）：27．

[22] 吴英华．1989．采用新工艺生产白茶的初制特点．福建茶叶，（1）：35-36．

[23] 林佐凤，林德叶．福鼎白毫银针．茶叶科学技术，1999．（2）：38-39．

[24] 黄国资．英红九号加工白茶的技术指标研究．广东茶业，1996，（2）

[25] 安徽农学院主编．1984．茶叶生物化学（第二版）．北京：农业出版社．

[26] 宛晓春．2003．茶叶生物化学（第三版）．北京：中国农业出版社．

[27] 陈洪德，张育松，郑金凯．浅析茶叶中的多酚氧化酶同工酶．福建茶叶，1995（1）

[28] 赵和涛．我国各名茶和茶类中游离氨基酸含量与组成．氨基酸杂志，1989（3）

[29] 刘谊健，郭玉琼，詹梓金．2003．白茶制作过程主要化学成分转化与品质形成探讨．福建茶叶，（4）：13-14．

[30] 湖南农学院主编．1985．茶叶审评与检验．北京：农业出版社．

[31] 蔡良绥．白茶审评要点．中国茶叶，2005（02）

[32] 蔡良绥．浅谈白茶的审评．福建茶叶，2005（01）

[33] 杨伟丽，肖文军，邓克尼．2001．加工工艺对不同茶类主要生化成分的影响，湖南农业大学学报，27（5）：384-386．

[34] 刘国根，罗泽民，邱冠周等．1999．茶叶中自由基的研究．湖南农业大学学报，25（4）：290-290．

[35] Santana-Rios G，Orner G A，Xu M，Izquierdo- Pulido M，Dashwood RH．2001．Inhibition by white tea of 2-amino-1-methyl-6-phenylimidazo[4，5-b] pyridine-induced colonicaberrant crypts in the F344 rat．Nutrition and Cancer．41（1-2）：98-103．

[36] Santana-Rios G，Orner G A，Amantana A，Provost C，Wu SY，Dashwood RH．2001．Potent antimutagenic activity of white tea in comparison with green tea in the Salmonella assay[J]．Mutation Rescarch．495（1-2）：61-74．

[37] Dashwood W M，Orner G A，dashwood R H．2002．Inhibitionof β -catenin/Tcf activity by white tea，green tea，and epigallocatechin-3-gallate（EGCG）：minor contribution of H_2O_2 at physioligically relevant EGCG concentrations[J]．Biochemical Biophysical Research Communication．296（3）：584-588．

[38] Roderick H，Dashwood．2002．White Tea-A New Cancer Inhibitor[J]．Foods Food Ingredients J．Jpn.：19-25．

[39] 陈玉春，高依卿．1993．5类茶叶对Con A刺激的小鼠脾淋巴细胞3H-TdR掺入的影响．茶叶科学，13（2）：157-160．

[40] 陈玉春，王碧英．1998．白茶对小鼠血清红细胞生成素水平的影响．茶叶科学，18（1）：159-160．

[41] 陈玉春．1994.5类茶叶对正常和血虚小鼠脾淋巴细胞产生白细胞间素-2的影响．茶叶科学，14（1）：59-64．

[42] 陈玉春．1994．红茶和白茶影响小鼠脾淋巴细胞分泌集落刺激因子的实验研究．福建中医学院学报，4（4）：22-24．

任务五

Task 05 | 青茶加工与品质检验

● **学习目标:**

完成本学习任务后,你应能:

1. 叙述青茶的加工工艺、生产设备、茶叶中各组分的作用;
2. 在教师的指导下,根据生产任务制订工作计划,并能根据工作计划实施青茶生产;
3. 知道每一操作步骤的作用及对产品质量可能造成的影响;
4. 正确使用干燥箱、分光光度计、超净工作台等仪器或工具对青茶进行质量检验;
5. 在教师的指导下,规范检测及评价青茶的质量;
6. 在学习过程中能够客观地评价自己或他人;
7. 掌握青茶鲜叶的萎凋、做青、杀青、青茶的包揉、干燥等加工技能。

一、生产与检验流程

接受生产任务单 → 根据生产任务单形成领料单 → 领料后根据工艺流程进行生产 →

对产品进行检验 → 出具检验报告

二、学习任务描述

根据生产任务，制订青茶生产的详细工作计划：包括人员分工、物料衡算、领取原料；检查设备，保障设备的正常运转和安全；按工艺要求和操作规定进行生产；生产过程中严格控制工艺条件；产品检验；出料包装；设备清洁等。生产过程中要能随时解决出现的紧急问题。

三、概况

铁观音，又称红心观音、红样观音。清雍正年间在（福建）安溪西坪尧阳发现并开始推广。天性娇弱，抗逆性较差，产量较低，有"好喝不好栽"之说。"红芽歪尾桃"是纯种铁观音的特征之一，是制作乌龙茶的特优品种。安溪铁观音产地主产区在西部的"内安溪"，这里群山环抱，峰峦绵延，云雾缭绕，土质大部分为酸性红壤，土层深厚，特别适宜茶树生长。

安溪既是世界名茶铁观音的故乡，也是全国名茶黄金桂的发源地，又是福建省乌龙茶出口的基地县。安溪产茶历史悠久，据《安溪县志》记载：安溪产茶始于唐末，兴于明清，盛于当代，至今已有一千多年的历史，自古就有"龙凤名区"、"闽南茶都"之美誉。1995年3月，安溪县被农业部命名为"中国乌龙茶（名茶）之乡"；2001年，被农业部确定为"第一批全国无公害农产品（茶叶）生产基地县"，并被农业部、外贸部联合认定为"全国园艺产品（茶叶）出口示范区"；2002年，又被农业部确认为"南亚热带作物（乌龙茶）名优基地"。2004年，安溪铁观音被国家列入"原产地域保护产品"。铁观音由铁观音品种采制而成。

任务 5-1
安溪铁观音加工

任务目标

1. 叙述安溪铁观音的加工工艺、生产设备、茶叶中各组分的作用；
2. 在教师的指导下，根据生产任务制订工作计划，并能根据工作计划实施安溪铁观音生产；
3. 知道每一操作步骤的作用及对产品质量可能造成的影响；
4. 正确使用干燥箱、分光光度计、超净工作台等仪器或工具对安溪铁观音进行质量检验；
5. 在教师的指导下，规范检测及评价安溪铁观音的质量；
6. 在学习过程中能够客观地评价自己或他人；
7. 掌握安溪铁观音鲜叶的萎凋、青茶的做青、杀青、揉捻、干燥等加工技能。

任务流程

鲜叶选择收购 → 萎凋 → 摇青 → 炒青 → 揉捻与烘焙 → 包装 → 成品

任务描述

根据生产任务，制订安溪铁观音生产的详细工作计划：包括人员分工、物料衡算、领取原料；检查设备，保障设备的正常运转和安全；按工艺要求和操作规定进行生产；生产过程中严格控制工艺条件；产品检验；出料包装；设备清洗等。生产过程中要能随时解决出现的紧急问题。

一、加工流程

① 鲜叶采摘，待新梢长到 3~5 叶快要成熟，而顶叶六七成开面时采下 2~4 叶梢，俗称"开面采"。即待顶叶展开，出现驻芽，采摘一芽二三叶；采摘后，及时

收青，轻采轻放。竹篓盛装、竹筐贮运。置于阴凉干净处，保持新鲜度。

② 萎凋过程分凉青和晒青两个工序。摊青后在当天下午 4 ~ 5 时进行晒青。时间 20~30min。晒青后两筛并一筛轻轻地翻几下散失热气凉青 1h 后做青。萎凋程度，

要求鲜叶尖失去光泽，叶质柔软梗折不断，叶色变为暗绿。

③ 摇青次数一般是 4~5 次，每次间隔时间由短到长，转数由少增多，摊叶厚度由薄到厚。室温 20℃ 左右，相对湿度 80% 为宜。摇青后，青气退尽，花香浓郁叶面

黄绿有红点，叶缘朱红色，叶片凸起呈汤匙状即可炒青。

④ 炒青是通过高温制止酶促氧化，并使叶质柔软便于揉捻，同时有助形成特有的香味物质。采用滚筒杀青机，锅温260℃左右，高温短时、多闷少透，杀青均匀，

不生不焦。炒青适度，气味清纯，叶色青绿转为暗绿，叶张皱卷，手捏柔软。

⑤ 揉捻与烘焙，炒青叶经初揉后初烘，初烘后包揉复烘，再包揉，然后足火。这个过程揉与烘交叉连续进行，逐渐干燥，逐步造形和形成特有的香味。

二、加工要点

1. 萎凋

摊青：在制作安溪铁观音工艺中，萎凋过程分为凉青和晒青，关键工艺又是晒青。

摊青是鲜叶贮存保鲜的一种方式，按不同品种、老嫩和采摘时间分别摊放于水筛中，每筛鲜叶1.5~2kg，轻翻2~3次，使水分蒸发均匀。中午或下午采回的鲜叶，含水量少，可摊厚些，露水叶或雨水叶含水量多的鲜叶，摊薄些，每筛鲜叶0.5~1kg，待叶面水分晾干后，再合并成每筛2~3kg。上午采摘的鲜叶一直摊青到下午，与下午采摘的鲜叶一起晒青。晚青每筛0.5kg，放在通风处摊放，摇青要多摇1~2次。摊青的目的主要是保持鲜叶的新鲜度和控制水分的蒸发速度，确保含水量相对一致。

晒青和晾青：主要目的是蒸发部分水分，使叶质变软，提高叶温，加快化学变化，使得青气散失，香气显露等。晒青一般在采摘鲜叶的下午4~5时，因为这段时间光照弱，气温在20~25℃，时间25~30min，将鲜叶薄摊在水筛上，放在阳光充足、空气流动的地方，每筛鲜叶0.75~1kg，中间翻动一次，使晒青均匀。判断晒青适度的标准：叶子呈现轻萎凋状态，叶质柔软，叶面光泽消失，叶色变为暗绿，手持嫩梢基部，顶端1~2叶下垂，失重率达5%~10%。经过晒青的叶子，两筛合并成一筛，轻轻翻动几次，散发热气，晾青1h左右开始摇青。

晒青对制茶品质关系很大，晒青时间和晒青程度的掌握，必须依据季节、气候、品种、鲜叶含水量等灵活掌握。

2. 摇青

摇青时间要根据气温、品种、晒青程度而定，要灵活掌握。气温低，湿度小，叶内化学变化慢，宜重摇；气温高，适度大，宜多次轻摇，摇青次数一般4~6次，每次间隔时间由短到长，转数由少增多，摊叶厚度由薄到厚。做青室温20℃左右，相对湿度80%为宜。

第一次摇青一般摇2~3min，静置1.5~2h，叶片呈光泽，叶尖呈"还阳"状态。等到叶尖

回软，叶色转暗，光泽消失可进行下一次摇青和静置。判断摇青适度的标准：叶子青气消失，花香浓郁，梗带饱水青绿，叶面黄绿有红点，叶缘朱红色，叶片凸起呈现汤匙状即可进行炒青。

3. 炒青

炒青是利用高温迅速钝化酶的活性，使叶质柔软便于揉捻，有利于香气物质的发展。一般采取高温短时、多闷少透的炒制方法，要求炒匀，不生不焦。掌握原则："看青炒青"，鲜叶较嫩，含水量高，炒制时间稍长，多透少闷的原则。判断炒青适度的标准：叶子气味清纯，叶色由青绿转为暗绿，叶张皱卷，手捏柔软，带有黏性，减重率约为30%。

4. 揉捻与烘焙

初揉：一般要掌握趁热、少量、逐渐加压、快速短时的原则。将炒青叶趁热装入揉捻桶内，适当加压揉捻1.5min后，在桶内解块，再加压揉捻1.5min，进行解块上烘，不能放置过久。如果不能及时上烘，必须薄摊散热，防止劣变。

毛火：打毛火的温度控制在100~120℃，烘至六成干，达到不黏手即可下烘笼进行包揉做形。

包揉（做形）：包揉是闽南青茶形状形成的主要过程。手工包揉是用75cm见方的白布巾，将初烘叶趁热包揉，每包叶量约0.5kg，一手抓住布巾包口，另一只手压紧茶包向前团团滚动推揉，揉时用力"先轻后重"，要使茶叶在布巾内翻动，轻揉1min后，解散茶团，重揉至适度，使条形紧结，历时3~4min，初包揉后解去布巾，将茶团解散，以免闷热发黄。包揉（做形）有利于氨基酸、水浸出物、香气成分的增加。

复焙：复焙火温80~85℃，每个焙笼摊叶量0.5~0.8kg，焙时10min左右，其中翻拌2~3次，焙至茶条松散，感刺手即可起焙。茶条太干，会增加碎茶；太湿，茶条扁平。

复包揉：一般手工包揉2min左右，揉至条形卷曲呈螺状。在复包揉中进行筛分，把松散的和叶片进行第三次复焙和包揉。包揉后捆紧布巾，定形1h左右以利于条索紧结。

足火：足火采取"低温慢烤"，温度70℃左右，烘量每次约1kg，焙至八九成干下焙摊晾，使叶内水分重新分布。再进行第二道足火，60℃左右，焙至手折茶梗断脆，气味清纯即可下烘，稍经摊放后，装入茶缸或茶箱妥善保存。

三、任务实施

（一）领取生产任务

<table>
<tr><th colspan="7">生产任务单</th></tr>
<tr><th>产品名称</th><th>产品规格</th><th>生产车间</th><th>单位</th><th>数量</th><th>开工时间</th><th>完工时间</th></tr>
<tr><td>安溪铁观音</td><td>100g/包</td><td>安溪铁观音生产车间</td><td>包</td><td>5</td><td></td><td></td></tr>
</table>

（二）任务分工

<table>
<tr><th>序号</th><th>操作内容</th><th>主要操作者</th><th>协助者</th></tr>
<tr><td>1</td><td>生产统筹</td><td></td><td></td></tr>
</table>

续表

序号		操作内容	主要操作者	协助者
2	黑茶包装	工具领用		
3		原料领用		
4		检查及清洗设备、工具		
5		称量材料		
6		原料选择		
7		修整		
8	产品检测			
9				
10				

（三）领料

1. 车间设备单

行号	设备代码	设备名称	规格	使用数量
1	A001			
2	A002			
3	A003			

2. 工具领料单

领料部门		发料仓库		
生产任务单号		领料人签名		
领料日期		发料人签名		
行号	物料代码	物料名称	规格	发料数量
1	G001			
2	G002			
3	G003			

3. 材料领料单

领料部门		发料仓库			
生产任务单号		领料人签名			
领料日期		发料人签名			
行号	物料代码	物料名称	用量/kg	单价/（元/kg）	总价/元
1	Q001				
2	Q002				
3	Q003				

（四）加工方案

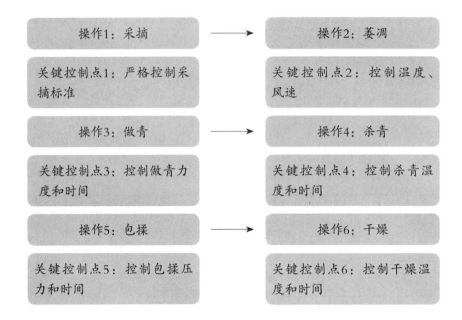

操作1：采摘 → 操作2：萎凋

关键控制点1：严格控制采摘标准

关键控制点2：控制温度、风速

操作3：做青 → 操作4：杀青

关键控制点3：控制做青力度和时间

关键控制点4：控制杀青温度和时间

操作5：包揉 → 操作6：干燥

关键控制点5：控制包揉压力和时间

关键控制点6：控制干燥温度和时间

（五）产品质量检验

1. 产品感官标准（GB/T 30357.2—2013《乌龙茶 第2部分：铁观音》）

级别	项目							
	外形				内质			
	条索	整碎	净度	色泽	香气	滋味	汤色	叶底
特级	紧结、重实	匀整	洁净	翠绿润、砂绿明显	清香、持久	清醇鲜爽、音韵明显	金黄带绿、清澈	肥厚软亮、匀整
一级	紧结	匀整	净	绿油润、砂绿明	较清高持久	清醇较爽、音韵较显	金黄带绿、明亮	较软亮、尚匀整
二级	较紧结	尚匀整	尚净、稍有细嫩梗	乌绿	稍清高	醇和、音韵尚明	清黄	稍软亮、尚匀整
三级	尚结实	尚匀整	尚净、稍有细嫩梗	乌绿、稍带黄	平正	平和	尚清黄	尚匀整

2. 产品理化指标（GB/T 30357.2—2013《乌龙茶 第2部分：铁观音》）

项目		指标
水分（质量分数）/%	≤	7.0
总灰分（质量分数）/%	≤	6.5
水浸出物（质量分数）/%	≥	32.0
碎茶（质量分数）/%	≤	16.0
粉末（质量分数）/%	≤	1.3

3. 卫生指标（GB/T 30357.2–2013《乌龙茶 第2部分：铁观音》）

项目	指标
污染物限量	符合GB 2762的规定
农药残留限量	符合GB 2763的规定

4. 检验流程

产品抽样 → 样品处理 → 产品指标检测 → 结果汇总 → 出具检验报告单

5. 检验项目与操作步骤

见本书"任务七 茶叶品质检验方法"。

6. 出具检验报告

检验报告			
			报告单号：
产品名称		型号规格	
生产日期/批号		产品商标	
产品生产部门		委托人	
委托检验部门		委托人联系方式	
收样时间		收样地点	
收样人		样品数量	
样品状态		封样数量	
封样人员		封样贮存地点	
检验依据		检测日期	
检验项目			
检验各项目	合格指标	实测数据	是否合格
检验结论			

编制：   批准：   审核：

（六）任务评价

学业评价表				
序号	项目	学习任务的完成情况评价		
		自评（40%）	小组评（30%）	教师评（30%）
1	工作页的填写（15分）			
2	独立完成的任务（20分）			
3	小组合作完成的任务（20分）			
4	老师指导下完成的任务（15分）			
5	生产过程	原料的作用及性质（5分）		
6		生产工艺（10分）		

续表

学业评价表				
序号	项目		学习任务的完成情况评价	
			自评（40%）	小组评（30%）教师评（30%）
7	生产过程	生产步骤（10分）		
8		设备操作（5分）		
9		分数合计（100分）		
10		存在的问题及建议		
11		综合评价分数		

说明：综合评价分数=自评分数×40%+小组评分数×30%+教师评分数×30%

任务 5-2

武夷岩茶加工

武夷岩茶是中国乌龙茶中之极品，中国十大名茶之一。武夷岩茶的产地主要是在福建省北部的武夷山地区，武夷山坐落在福建武夷山脉北段东南麓，面积70km²，有"奇秀甲于东南"之誉。群峰相连，峡谷纵横，九曲溪萦回其间，气候温和，冬暖夏凉，雨量充沛。年降雨量2000mm左右。地质属于典型的丹霞地貌，多悬崖绝壁，茶农利用岩凹、石隙、石缝，沿边砌筑石岸种茶，有"盆栽式"茶园之称。行成了"岩岩有茶，非岩不茶"之说，岩茶因而得名。

任务目标

1. 掌握武夷岩茶的起源、分类、品质特征；
2. 掌握武夷岩茶的杀青、揉捻、干燥等加工技能；
3. 掌握炒青和烘青武夷岩茶的工艺流程和加工工艺；
4. 掌握珠茶和蒸青武夷岩茶的工艺流程和加工工艺；
5. 熟悉武夷岩茶加工生产中的主要设备。

任务流程

鲜叶选择收购 → 萎凋 → 做青 → 炒青 → 揉捻 → 毛火 → 足火 → 成品

任务描述

根据生产任务，制订武夷岩茶生产的详细工作计划：包括人员分工、物料衡算、领取原料；检查设备，保障设备的正常运转和安全；按工艺要求和操作规定进行生产；生产过程中严格控制工艺条件；产品检验；出料包装；设备清洗等。生产过程中要能随时解决出现的紧急问题。

一、加工流程

① **鲜叶采摘**：武夷岩茶要求茶青采摘标准为新梢芽叶生育较完熟（采开面三四叶），无叶面水、无破损、新鲜、均匀一致。春茶采摘期约为4月中旬至5月中旬，

特早芽种在5月上旬，特迟芽种在5月下旬，以后每季（即夏秋茶）间隔时间约为50天（采后有修剪会延长下一季的时间）。

② **萎凋**：感官标准为青叶顶端弯曲，第二叶明显下垂且叶面大部分失去光泽，失水率为10%~16%。大部分青叶达此标准即可。青叶原料（茶树品种、茶青老嫩度等）不同，其

标准也不同。如叶张厚的大叶种萎凋宜重、茶青偏嫩时萎凋宜重，反之宜轻。目前生产中常用的萎凋方式为日光萎凋、加温萎凋和室内自然萎凋三种方式。

③ **做青**：做青方式在操作上由摇青和静置发酵多次交替进行来完成，需摇青5~10次，历时6~12h或更长，摇青程度先轻后重，静置时间先短后长。一般做青室内温度为

20~30℃，以24~26℃最适宜。相对湿度范围为50%~80%，以60%~70%为最适宜。

④ **炒青**：通过高温制止酶促氧化，并使叶质柔软便于揉捻，同时有助形成特有的香味物质。采用滚筒杀青机，锅温260℃左右，高温短时、多闷少透，杀青均匀，

不生不焦。炒青适度，气味清纯，叶色青绿转为暗绿，叶张皱卷，手捏柔软。手感判断：手背朝筒中间伸入1/3处要明显感觉烫手即可。

⑤ **揉捻**：生产主要使用30型、35型、40型、50型、55型等专用揉茶机，其棱骨比绿茶揉捻机要更高些。揉捻叶需达揉捻机桶高的1/2以上至满桶；揉捻过程掌握先

轻压后逐渐加重压的原则，中途需减压1~2次，以利桶内茶叶的自动翻拌和整形，压力轻重可观察揉捻机上的指示器；全程需5~8min。

⑥ **毛火**：大批量生产采用自动烘干机，温度120~150℃，摊叶厚度2cm左右，烘至七成干左右。要求高温快速烘焙，有利于提高滋味甘醇度，发展香气和加深汤色。

⑦ **足火**：经过摊放和拣剔除去茶梗、黄片后，要进行足火烘焙。一般大批量生产中采用自动烘干机，温度80~90℃，摊叶厚度5~6cm，烘至足干。要求低温慢烘，使岩茶的香味慢慢形成并相对固定下来。

二、加工要点

1. 萎凋

一般在生产中厂采用日光萎凋和加温萎凋两种方法。

日光萎凋：要求将茶青至于谷席、布垫或水筛等萎凋用具上进行，特别是中午强光照时不可直接置于水泥坪上萎凋，极易烫伤青叶。摊叶厚度为1~2cm（1~2kg/㎡），太阳光强烈时宜厚些，光弱时宜薄些，萎凋全过程应翻拌2~3次，总历时为30~60min，以达到萎凋标准为止。

加温萎凋：一般用综合做青机萎凋。综合做青机萎凋选用90-100型长机慢档进行萎凋效果更佳（120型短机不利于萎凋），热风温度在30~32℃为宜（手感为手触机心热而不烫），温度过高易烧伤青叶，温度过低萎凋效果差，时间会加长。每隔10~15min翻动几转，总历时无水青为1.5~2.5h，雨水青为3~4h。萎凋槽热风温度为28~30℃，每隔30min左右翻动一次，摊叶厚度为10~15cm，越厚越慢越不均匀。

2. 做青

叶片较厚和大叶类的品种，宜轻摇，延长走水期，多停少动，加长静置时间，加重发酵。叶薄和小叶种需少停多动，加重摇青，到后期方需注意发酵到位。茶青较嫩时，做青前期走水

期需拉长，总历时也更长，注意轻摇，多吹风，防止出现"返青"现象（即做青叶到后期出现涨水，叶片和茶梗含水状态均接近新鲜茶青状，梗叶一折即断，无花果香，为做青失败现象）。茶青较老时，做青总历时缩短，前期走水期缩短，需重摇重发酵少吹风。萎凋过重时，宜轻摇重发酵，做青时间短，注意防止香气过早出现和做过头现象。萎凋偏青时，用综合做青机做青可用加温补充萎凋，并注意多吹多走水，重摇轻发酵，并延长做青时间，调整好温湿度，需高温低湿，否则易出现"返青"现象。温度偏低时，应注意少吹风，提早开始保温发酵。湿度偏大时有条件者可使用去湿机，并注意通风排湿，适度加温。总之做青过程需时时观察青叶变化，以看、嗅、摸综合观察来判断青叶是否在正常地变化，一旦出现异常现象即需分析原因，并即时调整，使做青叶发挥出其最佳的品质状态。

3. 炒青

每次进青量为：110型为40~50kg，90型为25~30kg。杀青时间为7~10min。成熟标准为叶态干软，叶张边缘起白泡状，手揉紧后无水溢出且呈黏手感，青气去尽呈清香味即可。出青时需快速出尽，特别是最后出锅的尾量需快速，否则易过火变焦，使毛茶茶汤出现浑浊和焦粒，俗称"拉锅现象"。杀青火候需要掌握前中期旺火高温，后期低火低温出锅。

4. 揉捻

趁热揉捻，方能达到最佳效果；装茶量进机需达揉捻机盛茶桶高1/2以上至满桶；揉捻过程掌握先轻压后逐渐加重压的原则，中途需减压1~2次，以利桶内茶叶的自动翻拌和整形，压力轻重可观察揉捻机上的指示器；全程需5~8min。35型、40型等小型机揉捻程度更重，应注意加压和揉捻时间不可过度，以免造成碎末和底盘偏多，50型、55型等大型揉捻机揉茶力度更轻，特别是青叶过老时，需注意加重压，以防出现条索过松，茶片偏多，"揉不倒"现象。

5. 烘干

揉捻叶一般要求在30~40min内烘完一道，手触茶叶需带刺手感，而后可静置2~4h，再烘二道，一般烘2~3道即可全干。烘干机第一道烘干温度视机型面积、走速风量等实际情况而定，一般为130~150℃，要求温度稳定。第二道烘干温度比第一道略低些，约低10℃，直至烘干为止。焙笼烘干要求第一道明火"抢水焙"至茶叶有刺手感后，下笼摊晾2~4h后稳火再焙干。毛茶烘焙干后不可摊放长久，一般冷却至近室温时即装袋进库。

三、任务实施

（一）领取生产任务

生产任务单						
产品名称	**产品规格**	**生产车间**	**单位**	**数量**	**开工时间**	**完工时间**
武夷岩茶	100g/包	武夷岩茶生产车间	包	5		

（二）任务分工

序号	操作内容		主要操作者	协助者
1	生产统筹			
2	青茶包装	工具领用		
3		原料领用		
4		检查及清洗设备、工具		
5		称量材料		
6		原料选择		
7		修整		
8	产品检测			
9				
10				

（三）领料

1. 车间设备单

行号	设备代码	设备名称	规格	使用数量
1	A001			
2	A002			
3	A003			

2. 工具领料单

领料部门		发料仓库		
生产任务单号		领料人签名		
领料日期		发料人签名		
行号	物料代码	物料名称	规格	发料数量
1	G001			
2	G002			
3	G003			

3. 材料领料单

领料部门			发料仓库			
生产任务单号			领料人签名			
领料日期			发料人签名			
行号	物料代码	物料名称	用量/kg	单价/（元/kg）		总价/元
1	Q001					
2	Q002					
3	Q003					

（四）加工方案

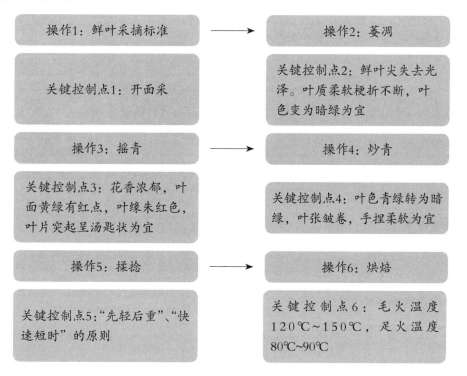

操作1：鲜叶采摘标准 → 操作2：萎凋

关键控制点1：开面采

关键控制点2：鲜叶尖失去光泽。叶质柔软梗折不断，叶色变为暗绿为宜

操作3：摇青 → 操作4：炒青

关键控制点3：花香浓郁，叶面黄绿有红点，叶缘朱红色，叶片突起呈汤匙状为宜

关键控制点4：叶色青绿转为暗绿，叶张皱卷，手捏柔软为宜

操作5：揉捻 → 操作6：烘焙

关键控制点5："先轻后重"、"快速短时"的原则

关键控制点6：毛火温度120℃～150℃，足火温度80℃~90℃

（五）产品质量检验

1. 产品感官标准（GB/T 30357.2-2013《乌龙茶 第2部分：铁观音》）

级别	项目							
	外形				内质			
	条索	整碎	净度	色泽	香气	滋味	汤色	叶底
特级	紧结、重实	匀整	洁净	翠绿润、砂绿明显	清香、持久	清醇鲜爽、音韵明显	金黄带绿、清澈	肥厚软亮、匀整
一级	紧结	匀整	净	绿油润、砂绿明	较清高持久	清醇较爽、音韵较显	金黄带绿、明亮	较软亮、尚匀整

续表

级别	项目							
	外形				内质			
	条索	整碎	净度	色泽	香气	滋味	汤色	叶底
二级	较紧结	尚匀整	尚净、稍有细嫩梗	乌绿	稍清高	醇和、音韵尚明	清黄	稍软亮、尚匀整
三级	尚结实	尚匀整	尚净、稍有细嫩梗	乌绿、稍带黄	平正	平和	尚清黄	尚匀整

2. 产品理化指标（GB/T 30357.2—2013《乌龙茶 第2部分：铁观音》）

项目		指标
水分（质量分数）/%	≤	7.0
总灰分（质量分数）/%	≤	6.5
水浸出物（质量分数）/%	≥	32.0
碎茶（质量分数）/%	≤	16.0
粉末（质量分数）/%	≤	1.3

3. 卫生指标（GB/T 30357.2—2013《乌龙茶 第2部分：铁观音》）

项目	指标
污染物限量	符合GB 2762的规定
农药残留限量	符合GB 2763的规定

4. 检验流程

产品抽样 → 样品处理 → 产品指标检测 → 结果汇总 → 出具检验报告单

5. 检验项目与操作步骤

见本书"任务七 茶叶品质检验方法"。

6. 出具检验报告

检验报告			
		报告单号：	
产品名称		型号规格	
生产日期/批号		产品商标	
产品生产单位		委托人	
委托检验部门		委托人联系方式	
收样时间		收样地点	
收样人		样品数量	
样品状态		封样数量	

续表

检验报告			
			报告单号:
封样人员		封样贮存地点	
检验依据		检测日期	
检验项目			
检验各项目	合 格 指 标	实 测 数 据	是 否 合 格
检验结论			

编制:　　　　　批准:　　　　　审核:

（六）任务评价

学业评价表				
序号	项目	学习任务的完成情况评价		
		自评（40%）	小组评（30%）	教师评（30%）
1	工作页的填写（15分）			
2	独立完成的任务（20分）			
3	小组合作完成的任务（20分）			
4	老师指导下完成的任务（15分）			
5	生产过程	原料的作用及性质（5分）		
6		生产工艺（10分）		
7		生产步骤（10分）		
8		设备操作（5分）		
9	分数合计（100分）			
10	存在的问题及建议			
11	综合评价分数			

说明: 综合评价分数=自评分数×40%+小组评分数×30%+教师评分数×30%

相关知识

1. 初制原理

　　青茶,习惯上称乌龙茶,属于半发酵茶。青茶制作工艺综合了红、绿茶初制的工艺特点,即鲜叶先经萎凋、摇青,促使发酵,后进行杀青、揉捻和烘干。成品茶品质兼有红茶之甜醇与绿茶之清香的特点。

青茶的品质特点：绿叶红镶边。要求汤色金黄，香高味厚，喝后回味甘爽。高级青茶有韵味。如武夷岩茶有岩骨茶香之岩韵。安溪铁观音有独特的观音韵。优良品种茶，都具有特殊的香气类型，如肉桂之桂皮香，黄旦之蜜桃香，凤凰单枞具有天然的花香。

（1）鲜叶与青茶品质特点

青茶具有自然花香和醇浓滋味，特别是优越的韵味得到古今中外饮用者的好评。其特殊品质的形成，除了优良品种，优异的自然条件和特殊的制造技术外，还与鲜叶有密切关系。

制作青茶的鲜叶要求有一定的成熟度，一般在顶芽全部开展而形成驻芽时采摘。青茶的原料要比红、绿茶原料偏老些，这是形成青茶特有品质的一个重要因素。

青茶要求叶底的黄亮红边，是形成于萎凋和做青阶段，由于萎凋时叶缘失水快，细胞浓缩也快，氧化趋势加强，加之摇青时叶片与筛网摩擦，破坏边缘细胞，多酚类化合物与氧化接触被氧化而使叶缘变红。从物理性状来说，如果鲜叶太幼嫩，没有达到一定的硬化程度，萎凋失水过快，摇青时鲜叶较平铺于筛面，就不能达到擦破叶缘细胞的目的，而且会使整个叶片产生红变，制成的茶叶的香气不高，不符合品质要求。

鲜叶内含主要化学成分随着茶芽生长而变化。咖啡碱、多酚类，含氮量采摘较迟的比嫩叶少，而芳香物质却显著增加，这样对青茶香气起着极好的作用，就滋味而言，多酚类化合物适当减少，可降低茶涩味。因此，从不同季节采制的茶叶品质以春茶最好（多酚类较少），秋茶次之，夏茶最差。

（2）青茶初制技术对品质的影响

青茶制造中的萎凋、做青工序，以水分的变化和控制内含物质的转化，为形成青茶内质制造适当的水分条件；而杀青、揉捻、干燥等工序以水分的变化配合机械力的作用，为塑造外形创造适当的水分条件。这就是青茶制造过程中水分变化与青茶品质形成的主要关系。其他的条件对青茶品质的形成也起着积极的作用。

青茶制造过程中随水分的蒸发而促进其物质的转化是较复杂的。鲜叶中的主要化学成分含量，在制造过程中逐渐减少。这与其他茶类和物质转化的总趋势是一致的。

青茶制造中的萎凋、揉捻与红茶的萎凋、揉捻、发酵相类似，其物质转化都相似。但由于青茶制造的条件和要求与红、绿茶有所不同。因此物质转化也有它独特之处，如芳香油、多酚类化合物等含量都较红、绿茶为多。

2. 青茶工艺

（1）制作特点

青茶是我国的特产茶叶，主要产于福建、广东和台湾等地，它结合了绿叶与红茶的制作特点，制作出来的青茶既有红茶的甘醇，又有绿茶的清新，可谓是不可多得的精品茶。乌龙茶风格独特，花果香馥郁，滋味浓鲜回甘，汤色橙黄明亮，叶底有绿叶红镶边的特征。

工艺流程为：鲜叶→萎凋→摇青→杀青→揉捻→干燥。

（2）制作过程

1）萎凋

萎凋是制青的第一道工序，萎凋质量好坏会影响下一工序的操作和成茶的质量。青茶萎凋与红茶稍异，水分的丧失比红茶要轻，减重率8%~15%。青茶的萎凋过程中，叶和嫩梗失水分不均匀，叶片失水多，嫩梗失水少。晒青结束时叶子呈萎凋状态。晾青时，由于热量散失，梗脉中的水分向叶片渗透，使叶子恢复苏胀状态，为做青创造条件。

2）摇青

摇青使叶子边缘经过摩擦，叶缘细胞受损，再经过放置，在一定的温、湿度条件下伴随着叶子水分逐渐丧失，叶中多酚类在酶的作用下缓慢地氧化并引起了一系列化学变化，从而形成乌龙茶的特有品质。摇青共5~6次，每次摇青的转数由少到多。摇青后摊放时间由短到长，摊叶厚度由薄到厚。第三、四次摇青必须摇到青味浓强，鲜叶硬挺，俗称"还田"，梗叶水分重新分布平衡。第五、六次摇青，视青叶色、香变化程度而灵活掌握。做青适度的叶子，叶缘呈朱砂红色，叶中央部分呈黄绿色（半熟香蕉皮包），叶面凸起，叶缘背卷，从叶背看是汤匙状，发出兰花香，叶张出现青蒂绿腹红边，稍有光泽，叶缘鲜红度充足，梗表皮呈现皱状。

3）杀青

杀青的目的促使叶子在摇青过程中所引起的变化，不再因酶的作用而继续进行。青茶杀青过程中失水量比绿茶杀青失水要少得多，只有15%~22%。采取高温、快速、多闷、少透的方法来达到杀青的目的。

青茶在杀青的过程中，在水热的作用下，内含物发生一系列复杂的变化，如叶绿素的进一步破坏，叶子的青叶醛、青叶醇及正己醇等低沸点杀青臭气大量挥发，高沸点的芳香物质逐渐显现等。杀青适度的叶子具有悦鼻类似成熟水果的香味。这种香气的形成，必须要有做青的过程中正形成的香气为基础，同时也必须要有高温杀青的条件。如果杀青温度低，杀青不足，叶内水分不易蒸发，青气不能得到发挥，制成的茶叶外形不乌润，内质：汤暗浊，味苦涩，青气重，香气不高。但火温过高也不利，温度过高会产生焦味。

4）揉捻

揉捻是形成青茶外形卷曲折皱的重要工序，由于原料比红绿茶老，揉捻叶含水量较少，因此，必须采取热揉、少量重压、短时、快速的方法进行。

5）干燥

叶子经过包揉后，茶汁外溢，物质转化还在继续。通过干燥散失水分，发展香气，并将各种水溶性物质相对稳定下来，以形成青茶特有的香气、滋味和易于贮藏，不再产生新的变化。青茶的干燥在热力的作用下，茶叶中一些不溶性物质发生热裂作用和异构化作用，对增进滋味醇和、香气纯正有很好的效果。

揉捻、烘焙：铁观音的揉捻是多次反复进行的。初揉3~4min，解块后即行初焙。焙至五六成干，不黏手时下焙，趁热包揉，运用揉、压、搓、抓、缩等手法，经三揉三焙后，再用50~60℃的文火慢烤，使成品香气敛藏，滋味醇厚，外表色泽油亮。

3. 青茶概述

青茶，亦称乌龙茶，品种较多，是中国几大茶类中，独具鲜明的茶叶品类。乌龙茶是经过杀青、萎凋、摇青、半发酵、烘焙等工序后制出的品质优异的茶类。乌龙茶由宋代贡茶龙团、凤饼演变而来，创制于公元1725年（清雍正年间）前后。品尝后齿颊留香，回味甘鲜。乌龙茶的药理作用，突出表现在分解脂肪、减肥健美等方面。乌龙茶为中国特有的茶类，主要产于福建的闽北、闽南及广东、台湾三个省。近年来四川、湖南等省也有少量生产。乌龙茶除了内销广东、福建等省外，主要出口日本、东南亚和港澳地区。主要生产地区是福建省安溪县长坑乡等地。

4. 青茶特点

青茶结合了绿茶与红茶的制作特点，制作出来的青茶既有红茶的甘醇，又有绿茶的清新，可谓是不可多得的精品茶。乌龙茶风格独特，花果香馥郁，滋味浓鲜回甘，汤色橙黄明亮，叶底有绿叶红镶边的特征，闽北乌龙发酵程度重于闽南乌龙，"绿叶红镶边"更为明显。

5. 几种典型的青茶特点

（1）武夷岩茶

武夷岩茶是我国著称的名茶之一，产于福建武夷山，因产地不同，有大岩茶、小岩茶、洲茶之分，以大岩茶为最佳。

岩水仙：外形条索肥壮结实、叶端皱折扭曲，如蜻蜓头，色泽青翠黄绿、油润有光，具有"三节色"特征。内质香气浓郁清长、"岩韵"明显，滋味浓厚而醇、爽口回甘，汤色金黄浓艳，叶底绿叶红边，肥嫩明净。

岩奇种：外形条索紧结，叶端皱折扭曲，色泽油润，具有"三节色"的特征。内质香气清锐细长，"岩韵"显滋味醇厚，浓而不涩，醇而不淡，回味清甘，汤色清澈呈浅橙红色，叶底绿叶红边，柔软匀齐。

（2）闽北乌龙茶

产地包括崇安、建瓯、水吉等地。

闽北水仙：外形条索紧细垂实，叶端扭曲，色泽乌润、枝梗、黄片少，无夹杂物。内质香气浓郁、具有兰花清香，滋味醇厚鲜爽回甘，汤色清澈呈橙黄色，叶底肥软黄亮，红边鲜艳。

闽北乌龙：外形条索细紧重实、叶端扭曲，色泽乌润，枝梗少，无夹杂物。内质香气清高细长，滋味醇厚鲜爽，汤色清澈呈金黄色，叶底绿叶红边，匀整柔软。

（3）闽南乌龙茶

产地包括安溪、永春、南安、同安等地。

安溪铁观音：外形条索肥壮、紧结、卷曲、多成螺旋形，身骨沉重，色泽油润带砂绿、红点明、俗有"青蒂、绿腹、蜻蜓头"之称。内质香气浓郁清长；"音韵"（品质特征）明显，滋味醇厚甜鲜，入微苦，瞬即转甜，稍带蜜味，汤色金黄清亮，叶底肥软、亮，红边均匀，耐冲泡。它是乌龙茶类中的极品。

安溪色种：色种是由奇兰、梅占、毛蟹、香橼等多品种的茶树鲜叶混合制成。外形条索紧结，卷曲、匀净，色泽油润、红点明。内质香气清纯，滋味醇厚，各品种特征明显，汤色金黄，叶底软亮，发酵均匀。

安溪乌龙：外形条索紧结，细小，色泽乌润，香气清高，特征明显（俗称"香线"味），滋味浓醇，汤色黄明，叶底软亮，发酵均匀。

（4）乌龙

主要产区为潮安、饶平、陆丰等县。潮安的凤凰水仙品种不显毫，但香气清雅。凤凰单枞制作精细、选单株采摘；凤凰水仙以香高、味浓、耐冲泡而著称。

凤凰单枞：外形条索卷曲紧结肥壮，色泽青褐油润而索红线。内质香气浓，有自然的花香，滋味醇厚鲜爽回甘，汤色黄艳带，叶底柔嫩。绿叶红边，耐冲泡，冲泡多次尚有余香。

饶平乌龙：外形条索紧结秀匀，色泽砂绿鲜润。内质香气清细有花香，滋味醇厚鲜爽，汤色橙黄清澈，叶底匀亮开展，叶缘银朱色，叶中浅黄色。较耐冲泡，具有独特风味。

6. 青茶审评

乌龙茶习惯用钟形有盖茶瓯冲泡。冲泡特点：用茶多，用水少，泡时短，泡次多。审评分干评和湿评，通过干评和湿评，达到识别品种和评定等级优次。

（1）干评外形

以条索、色泽为主，结合嗅干香。条索看松紧、轻重、壮瘦、挺直、卷曲等。色泽以砂绿或密黄油润为好，以枯褐、灰褐无光为差。干香则嗅其有无杂味、高火味等。毛茶外形因品种不同各具特色，如水仙品种的外形肥壮，主脉呈宽、黄、扁；黄棪外形较为细秀；佛手外形重实呈海蛎干状，色泽油润。

（2）湿评内质

湿评以香气、滋味为主，结合汤色、叶底。冲泡前，先用开水将杯盏烫热。称取样茶5g，放入容量110mL的审评杯内，然后冲泡。冲泡时，由于有泡沫泛起，冲满后应用杯盖将泡沫刮去，杯盖用开水洗净再盖上。第一次冲泡2min即可嗅香气，第二次冲泡3min后嗅香气，第三次以上则5min后嗅香气。每次嗅香时间最好控制在5s内。每次嗅香后再倒出茶汤，看汤色、尝滋味。一般高级茶冲泡4次，中级茶冲泡3次，低级茶冲泡2次，以耐泡有余香者为好。

1）嗅香气

主要嗅杯盖香气。在每泡次的规定时间后拿起杯盖，靠近鼻子，嗅杯中随水汽蒸发出来的香气。第一次嗅香气的高低，是否有异气；第二次辨别香气类型、粗细；第三次嗅香气的持久程度。以花香或果香细锐、高长的见优，粗钝低短的为次。仔细区分不同品种茶的独特香气，如黄棪具有似水蜜桃香、毛蟹具有似桂花香、武夷肉桂具有似桂皮香、凤凰单丛具有似花蜜香等。

2）看汤色

以第一泡为主，以金黄、橙黄、橙红明亮为好，视品种和加工方法而异。汤色也受火候影响，一般而言，火候轻的汤色浅，火候足的汤色深；高级茶火候轻汤色浅，低级茶火候足汤色深。但不同品种间不可参比，如武夷岩茶火候较足，汤色也显深些，但品质仍好。因此，汤色仅作参考。

3）尝滋味

滋味有浓淡、醇苦、爽涩、厚薄之分，以第二次冲泡为主，兼顾前后。特别是初学者，第一泡滋味浓，不易辨别。茶汤入口刺激性强、稍苦回甘爽，味浓；茶汤入口苦，出口后也苦而且味感在舌心，为涩。评定时以浓厚、浓醇、鲜爽回甘者为优，粗淡、粗涩者为次。

4）评叶底

叶底应放入装有清水的叶底盘中，看嫩度、厚薄、色泽和发酵程度。叶张完整、柔软、肥厚、色泽青绿稍带黄、红点明亮的为好，但品种不同叶色的黄亮程度有差异。叶底单薄、粗硬、色暗绿、红点暗红的为次。一般而言，做青好的叶底红边或红点呈朱砂红，猪肝红为次，暗红者为差。评定时要看品种特征，如典型铁观音的典型叶底出现"绸缎面"，叶质肥厚。

7. 青茶茶艺

冲泡按其程序可分为八道：

第一道为白鹤沐浴（洗杯）：用开水洗净茶具。

第二道为乌龙入宫（落茶）：把茶放入茶具，放茶量约占茶具容量的五成。

第三道为悬壶高冲（冲茶）：把滚开的水提高冲入茶壶或盖瓯，使茶叶转动。

第四道为春风拂面（刮泡沫）：用壶盖或瓯盖轻轻刮去漂浮的白泡沫，使其清新洁净。

第五道为关公巡城（倒茶）：把泡一二分钟后的茶水依次巡回注入并列的茶杯里。

第六道为韩信点兵（点茶）：茶水倒到少许时要一点一点均匀地滴到各茶杯里。

第七道为鉴尝汤色（看茶）：观尝杯中茶水的颜色。

第八道为品啜甘霖（喝茶）：乘热细缀，先闻其香，后尝其味，边啜边闻，浅斟细饮。

8. 铁观音功效

现代医学研究表明，铁观音除具有一般茶叶的保健功效外，还具有抗衰老、抗癌症、抗动脉硬化、防治糖尿病、减肥健美、防治龋齿、清热降火等功效。

解毒消食去油腻：郑道溪有感于安溪铁观音的悠久历史，在文中把安溪铁观音称为中国茶家庭的"老字号"。他论述其品用价值的第一项，便是"可解毒消食去油"。文中说，茶被公认为人类最好的保健饮料，早在西汉《神农本草经》中，就有"日遇七十二毒，得茶而解之"记载。进入20世纪，科学家又发现茶叶中有一种叫黄酮的混合物，具杀菌解毒功效。

美容减肥抗衰老：医学研究表明，铁观音的粗儿茶素组合，使安溪铁观音的功效与作用具较强抗化活性，可消除细胞中的活性氧分子，从而使人体免受衰老疾病侵害。安溪铁观音中的锰、铁、氟以及钾、钠含量比，高于其他茶叶，其中尤以含氟量高名列各茶类之首，对防治龋齿和老年骨骼疏松症效果显著。1979年和1984年日本两度掀起"乌龙茶热"，安溪铁观音更是被誉为"美容茶"、"减肥茶"。

防癌增智人聪明：有关科学研究成果表明，安溪铁观音含硒量很高，在六大茶类中居前列。硒能刺激免疫蛋白及抗体抵御患病，抑制癌细胞发生和发展。同时安溪铁观音对增智还有功效。英国科学家发现，人体大脑体液的酸碱性与智商有关。茶叶是碱性饮料，安溪铁观音碱性显著，因此常饮能调节人体酸碱平衡，提高人的智商。此外文章还说，安溪铁观音中的维生素、咖啡碱、氨基酸、矿物质、茶多酚等富含量高，这些物质同样为科研证实，与大脑发育关系密切，对提高人的智力产生良好影响。

交友养性心情好：安溪铁观音作为优质茶，在待客、交友和个人修身养性方面，功效独特。安溪铁观音需要冲泡，待客时要烧水洗杯，准备过程宾主嘘寒问暖，其情融融；客人边品茶边与主人叙旧，过程十分融洽亲和，故而程序化冲泡品饮，使人心静利于养性怡情。

提神益思：饮茶可以提神益思几乎人人皆知。我国历代医书记载颇多，历代文人墨客、高僧也无不挥动生花妙笔，颂茶之提神益思之功。白居易《赠东邻王十三》诗曰："携手池边月，开襟竹下风。驱愁知酒力，破睡见茶功。"诗中明白地提到了茶叶提神破睡之功。苏东坡诗曰："建茶三十片，不审味如何，奉赠包居士，僧房战睡魔。"他说把建茶送给包居士，让其饮了在参禅时可免打瞌睡。饮茶可以益思，故受到人们的喜爱，尤其为一些作家、诗人及其他脑力劳动者所深爱。如法国的大文豪巴尔扎克、美籍华人女作家韩素音和我国著名作家姚雪垠等都酷爱饮茶，以助文思。铁观音可提神益思，其功能主要在于茶叶中的咖啡碱。咖啡碱具有兴奋中枢神经、增进思维、提高效率的功能。因此，饮茶后能破睡、提神、去烦、解除疲倦、清醒头脑、增进思维，能显著地提高口头答辩能力及数学思维的反应。同时，由于铁观音中含有多酚类等化合物，抵消了纯咖啡碱对人体产生的不良影响。这也是饮茶历史源远流长、长盛不衰、不断发展的重要原因之一。

9. 青茶术语

① 外形，占评分系数的20%，含三个等级，分别如下：

一级（90~99分）：重实、状结，品种特征或地域特征明显，色泽油润，匀整，净度好；
二级（80~89分）：较重实、较状结，有品种特征或地域特征，尚重实，色润，较匀整，净度尚好；
三级（70~79分）：尚重实或尚状结，带有黄片，色欠润，欠匀整，净度稍差。

② 汤色，占评分系数的5%，含三个等级，分别如下：

一级（90~99分）：色度因加工工艺而定，可从蜜黄加深到橙红，但要求清澈明亮；
二级（80~89分）：色度因加工工艺而定，较明亮；
三级（70~79分）：色度因加工工艺而定，多沉淀，欠亮。

③ 香色，占评分系数的30%，含三个等级，分别如下：

一级（90~99分）：品种特征或地域特征明显，花香、花果香浓郁，香气优雅纯正；
二级（80~89分）：品种特征或地域特征尚明显，有花香或花果香，但浓郁与纯正性稍差；
三级（70~79分）：花香或花果香不明显，略带粗气或老火香。

④ 滋味，占评分系数的35%，含三个等级，分别如下：

一级（90~99分）：浓厚甘醇或醇厚滑爽；
二级（80~89分）：浓醇较爽；
三级（70~79分）：浓尚纯，略有粗糙感。

⑤ 叶底，占评分系数的10%，含三个等级，分别如下：

一级（90~99分）：做青好，叶底肥厚软亮；
二级（80~89分）：做青较好，叶底较软亮；
三级（70~79分）：稍硬，青暗，做青一般。

10. 包装标准

① 所有包装材料必须不受杀菌剂、防腐剂、熏蒸剂、杀虫剂等物品的污染，防止引入二次污染。

② 避免使用非必要的包装材料，避免过度包装。

③ 有机茶产品的包装（含大小包装）材料，必须是食品级包装材料，主要有：纸板、聚乙烯（PE）、铝箔复合膜、马口铁茶听、白板纸、内衬纸及捆扎材料等。

④ 接触茶叶产品的包装材料应具有保鲜性能（如防潮、阻氧等）；无异味，并不得含有荧光染料等污染物。

⑤ 包装材料的生产及包装物的存放必须遵循不污染环境的原则。因此，不准用聚氯乙烯（PVC）、混有氯氟碳化合物（CFC）的膨化聚苯乙烯等作包装材料。对包装废弃物应及时清理、分类及进行无害化处理。

⑥ 各种包装材料均应坚固、干燥、清洁、无异味、无机械损伤等。各种包装材料的卫生、规格应符合GH/T 1070—2011《茶叶包装通则》的要求。

⑦ 推荐使用无菌包装真空包装、充氮包装来包装有机茶叶。

⑧ 在产品包装上的印刷油墨或标签、封签中使用的黏着剂、印油、墨水等都必须是无毒的。

考考你

1. 试述铁观音品质特征。
2. 简述铁观音的加工工艺特点。
3. 在铁观音加工中需要注意的问题有哪些？
4. 简述常见的几种青茶的感官特征。

参考文献

[1] 安徽农学院主编. 制茶学（第二版）[M]. 北京：中国农业出版社，2010年.

[2] 中华人民共和国国家质量监督检验检疫总局，中国国家标准化管理委员会. GB/T 30357.2–2013 乌龙茶 第2部分：铁观音[S]. 北京：中国标准出版社，2013.

[3] 中华人民共和国国家质量监督检验检疫总局，中国国家标准化管理委员会. GB/T 30357.1–2013 乌龙茶 第2部分：基本要求[S]. 北京：中国标准出版社，2013.

[4] 李宗垣. 铁观音的保健功能[J]. 福建茶叶，2010，（11）：44–48.

[5] 潘玉华. 茶叶加工与审评技术[M]. 厦门:厦门大学出版社，2011年.

[6] 施兆鹏主编. 茶叶加工学[M]. 北京：中国农业出版社，1997年.

[7] 施兆鹏主编. 茶叶审评与检验（第四版）[M]. 北京：中国农业出版社，2010年.

任务六

Task **06** | 红茶加工与品质检验

● **学习目标：**

完成本学习任务后，你应能：

1. 叙述红茶的加工工艺、生产设备、茶叶中各组分的化学作用；
2. 在教师的指导下，根据生产任务制订工作计划，并能根据工作计划实施红茶生产；
3. 知道每一操作步骤的作用及对产品质量可能造成的影响；
4. 正确使用干燥箱、分光光度计、超净工作台等仪器或工具对红茶进行质量检验；
5. 在教师的指导下，规范检测及评价红茶的质量；
6. 在学习过程中能够客观地评价自己或他人；
7. 掌握红茶鲜叶的萎凋、红茶的揉捻、发酵、干燥等加工技能。

一、生产与检验流程

接受生产任务单 → 根据生产任务单形成领料单 → 领料后根据工艺流程进行生产 →

对产品进行检验 → 出具检验报告

二、学习任务描述

根据生产任务，制订红茶生产的详细工作计划：包括人员分工、物料衡算、领取原料；检查设备，保障设备的正常运转和安全；按工艺要求和操作规定进行生产；生产过程中严格控制工艺条件；产品检验；出料包装；设备清洗等。生产过程中要能随时解决出现的紧急问题。

三、概况

红茶与绿茶同样都是我国主要生产和出口茶类之一。我国红茶生产历史很长，大约在17世纪中叶，就在福建崇安首先创制了小种红茶，并且一直延持到现在仍保持生产，是特有的传统产品，具有特定的侨销市场。在小种红茶之后，又演变制成了工夫红茶，由于工夫红茶制法的流传，红茶产区不断扩大，国内广泛地生产工夫红茶，如祁红、湘红、宁红、闽红以独特的品质，驰名中外。红茶制法不仅在国内广泛采用而流传，而且也流传到国外。19世纪，印度、斯里兰卡等国按照我国工夫红茶制法，开始生产分级红茶。后来由于英帝国主义大力扶植殖民地发展茶叶生产，并自1880年前后发明了揉捻机和烘干机，分级红茶生产在印度和斯里兰卡发展很快，而且受到英帝国主义实行的贸易保护主义政策影响，国际红茶市场几乎被印度和斯里兰卡所垄断，我国红茶逐渐衰败，仅有祁红、闽红等声誉较高的产品还有一定的市场。1925年，印度采用切烟制法，后改用CTC（Curling即卷紧，Tearing即破裂，Crushing即压碎）揉切机制法生产红碎茶，并很快推广，到了20世纪40年代，国际红茶市场几乎被红碎茶所垄断。现在国际茶叶市场仍然主要是红茶市场，2003年世界茶叶贸易总量达127万吨左右，其中绿茶和其他茶类32万吨占25%，红茶95万吨，占75%，红茶中红碎茶占99%，工夫红茶不足2万吨，仅占2%。

1957年后，我国为适应国际茶叶市场的需求，也开始重视发展红碎茶生产，近十几年来发展很快，先后在海南、广东、云南、四川、湖南等省建立了红碎茶发展基地。每年红碎茶出口量约占红茶的3/4，但在国际贸易中只占2%左右。今后我国的红碎茶发展潜力很大，尤其是海南、云南和广东等地自然条件好，红碎茶品质优良，是大有可为的。

我国工夫红茶主要集中在安徽、四川、湖南、湖北、福建、云南等省，其产品有祁红、川红、闽红、滇红、宜红、湘江等，其中以祁红、滇红品质最好，是国际茶叶市场的宠儿。我国红茶生产最多的省是湖南、四川、云南、广东、浙江、安徽。全国红茶年生产总量3万吨。中国红茶主要销往俄罗斯、美国、波兰、英国、巴基斯坦和中国香港等国家和地区。英国伦敦市场尤其欢迎我国的祁红。祁红具有一种特别香气，无法用香型来形容，被誉为"祁门香"，声誉很高。国内红茶也有部分销售，每年约销0.5万吨，主要在内蒙、浙江、广东、辽宁、湖南和云南等省有一定的市场，其他省销量较少。

红茶是一种全发酵茶，是我国及世界茶叶中的主要茶品。红茶的产地主要有中国、斯里兰卡、印度、肯尼亚等。红茶是经过采摘、萎凋、揉捻、发酵、干燥等步骤生产出来的，它比绿茶多了一个发酵过程。发酵是指茶叶在空气中氧化，发酵的作用使得茶叶中的茶多酚和单宁减少，产生了茶黄素、茶红素、醇类、醛类、酮类、酯类等芳香物质。

任务 6-1

祁门工夫红茶加工

（一）产地环境

　　祁门县地处安徽南端，黄山支脉由东向西环绕，西北有大洪岭和历山，东有楠木岭，南有榉根岭，山地面积占总面积的90%，平均海拔高度600m，茶园80%分布在海拔100~350m的峡谷地带，森林面积占80%以上，早晚温差大，常年云雾缭绕，且日照时间较短，构成茶树生长的天然佳境。祁门红茶品质超群，被誉为"群芳最"，这与祁门地区的自然生态环境条件优越是分不开的。

（二）工艺流程

鲜叶选择收购 → 萎凋 → 揉捻（切） → 发酵 → 干燥 → 复烘 → 包装 → 成品

① 鲜叶分级验收，特级祁红以一芽一叶及一芽二叶为主。

② 萎凋分为室内加温萎凋和室外日光萎凋两种。萎凋程度：鲜叶失去光泽，叶质柔软，梗折不断，叶脉透明即可。

③ 红茶揉捻有两种加工方法：CTC（碾碎 Crush、破裂 Tear、卷紧 Curl）方法或传统方法。CTC方法一般用于低质茶叶，并且使用机器加工生产袋泡茶。传统方法是通

过手工做成的，用于做高质量的茶叶。传统方法根据不同茶叶采用不同手法，这种加工风格最终产生许多高质量散茶。

④ 发酵，俗称"发汗"，是最为重要的一个环节，指将揉捻好的茶坯装在篮子里，稍加压紧后，用烘箱提高发酵叶温度，促进发酵活动进行，缩短发酵时间，一般5~6h后，叶脉呈红褐色，即可上焙烘干。

⑤ 把发酵适度的茶叶均匀摊放在筛子上，每筛摊放2~2.5kg，然后把筛子放在吊架上，用纯松柴（湿的较好）燃烧。刚上焙时，要求火温高些，一般80℃左右。烘

焙采用一次干燥法，不时翻动以免干度不均匀，造成外干内湿，一般6h即可下焙（主要看温度高低而定）。一般焙到触及有刺手感，研之成粉，即认为干燥完成，然后摊晾；也可用如图所示烘干机干燥。

任务 6-2

正山小种红茶加工

（一）产地环境

正山小种红茶原产地在东经117°38′~117°44′、北纬27°41′~27°49′，方圆565km²，以桐木关为中心，另外崇安、建阳、光泽三县交界处的高地茶园也有生产。产区四面群山环抱，山高谷深，海拔1200~1500m，年降水量2300mm以上，相对湿度80%~85%，大气中的二氧化碳含量仅为0.026%。当地具有气温低、降水多、湿度大、雾日长等气候特点。雾日100d以上，春夏间终日云雾缭绕，冬暖夏凉，昼夜温差大，年均气温18℃，日照较短，霜期较长，土壤水分充足，肥沃疏松，有机物质含量高；茶树生长繁茂，茶芽粗纤维少，持嫩性高。这些优越的自然气候和地理环境为正山小种红茶创造了得天独厚的生态条件。

（二）工艺流程

鲜叶选择收购 → 萎凋 → 揉捻（切）→ 发酵 → 干燥 → 复烘 → 包装 → 成品

① 鲜叶按质分级验收，以一芽一叶及一芽二叶为主。

② 萎凋在萎凋车间进行，鲜叶摊 3~7cm 厚，紧闭门窗以免热气散失，室温控制 30℃左右，每隔 20min 翻拌一次，动作要快、轻，防止伤叶。

晴天也可在室外晒青架的凉席上进行日光萎凋，中间翻动 2~3 次，使鲜叶水分散失均匀。萎凋至叶面失去光泽，叶张柔软，手握如棉，梗折不断，叶脉透明，青草气减退而略有清香为宜。以上两种萎凋叶均需在室内地面稍摊晾后，再进行揉捻。

③ 红茶揉捻有两种加工方法：CTC 方法 (碾碎 Crush、撕裂 Tear、卷起 Curl) 或传统方法。CTC 方法一般用于低质茶叶并且使用机器加工生产袋泡茶。传统方法是通

过手工加工的，用于生产高质量的茶叶。传统方法根据不同茶叶采用不同手法，这种加工风格最终生产许多高质量散茶。

④ 发酵，俗称"发汗"，是最为重要的一个环节，指将揉捻好的茶胚装在篮子里，稍加压紧后，用烘箱提高发酵叶温度，促进发酵活动进行，缩短发酵时间，一般 5~6h

后，叶脉呈红褐色，即可上焙烘干。

⑤ 把发酵适度的茶叶均匀摊放在筛子上，每筛摊放 2~2.5kg，然后把筛子放在吊架上，用纯松柴（湿的较好）燃烧。刚上焙时，要求火温高些，一般 80℃左右。烘焙采用一次干燥法，不时翻动以免干度不均匀，造成外干内湿，一般 6h 即可下焙（主要看温度高低而定）。一般焙到触及有刺手感，研之成粉，认为干燥完成，然后摊晾；也可用如图所示烘干机干燥。

（三）工艺要点

工夫红茶加工要点

1. 鲜叶要求

鲜叶是制茶的原料。质量好坏直接影响品质。红茶有小种红茶、工夫红茶和红碎茶三种，品质不同，但对鲜叶质量都有相同的要求。

首先鲜叶要求具有较高的持嫩度，一般是以一芽二叶为标准，但小种红茶对鲜叶要求是具有一定成熟度的半开面三四叶，同时要求鲜叶新鲜，最好是现采现制。

其次，制红茶对鲜叶要求多酚类化合物较高，叶绿素含量低，所以大叶种、夏季、黄绿色的鲜叶制红茶较适宜，同时南方茶区制红茶较宜；而中小种、春季、深绿色的鲜叶制红茶品质稍差，则宜制绿茶，但优良的茶树品种也能制出品质很好的红茶，如祁门槠叶种、福建政和种、福鼎大红茶品种都适制红茶。总之，要求鲜叶能制出高质量的红茶。

2. 制法特点

红茶之所以有三种不同品质，除了鲜叶为其奠定了内在基础外，制法这一外部条件起了很大作用。也就是说不同制法造就了三种不同的品质。

小种红茶制法：鲜叶→萎凋（室内加温萎凋、日光萎凋）→揉捻→转色（"发酵"）→过红锅→复揉→熏焙→复火

工夫红茶制法：鲜叶→萎凋（室内自然萎凋、加温萎凋、日光萎凋、槽萎凋等）→揉捻→"发酵"→毛火→足火。

揉捻→揉切
CTC揉切

红碎茶制法：鲜叶→萎凋→ 转子揉切→ "发酵"→毛火→足火

LTP揉切

由上述红茶三种制法可以看出，红茶制法可归纳为萎凋→揉捻（揉切）→发酵→干燥四道工序。品质不同主要是具体做法不同和技术措施不同的结果。萎凋：红碎茶需要重，小种红茶需轻，而工夫红茶萎凋程度较重；揉捻：工夫红茶和小种红茶都采用盘式揉捻机揉捻成条状，红碎茶则采用盘式揉捻和揉切结合的方法或采用揉切机揉切，形成细小的颗粒状、片状、末状

和少数量条状（尾茶）；发酵：红碎茶轻、小种红茶重、工夫红茶中；干燥：小种红茶是采用松烟熏，所以具有松烟香，工夫红茶和红碎茶烘干是忌烟的，都分两次烘干。就是这些技术措施不同，才造就了不同的品质、不同的风格。

3. 萎凋

萎凋是工夫红茶首道工序，是鲜叶加工的基础工序，为后续工序创造条件。

（1）萎凋目的

① 鲜叶一般含水量在73%~78%，细胞组织呈紧张状态，叶质硬脆，在这种情况下不便进行揉捻，也不能塑造出良好的茶叶外形，而且多呈碎片，茶叶在揉捻时极易流失，不利发酵的正常进行。萎凋就是首先要失水，使叶质柔软，增加可塑性，便于揉捻卷紧而不易成断碎；② 鲜叶细胞中有各种酶存在，萎凋使细胞内的水分亏缺，细胞膜受到破坏，酶从细胞质中游离出来，从而增强了酶的活力；③ 萎凋使酶活力细胞增强的同时，酶促多酚类化合物的化学变化向有利于品质的方向转化，从而为工夫红茶品质的形成奠定了基础。

萎凋从表面上看就是失水，叶面积的萎缩，叶质不软化和叶色的加深，这是物理变化。但萎凋更重要的是：随着叶内水分的散失，叶内存着自体分解作用也存不断加强，内含物不断发生变化，这是化学变化。就是说，在萎凋过程中，既有物理变化又有化学变化，且是互相伴随进行的，既联系、又制约。

（2）萎凋的物理变化

萎凋首先表现了的是失水。鲜叶中存在有大量的水分，主要以结合水和自由水两种形式存在。自由水主要存在于细胞液中以及细胞的间隙中，这部分水分容易散失。结含水是水与细胞的胶质结合在一起，参与了细胞原生质的组成，不易流动，蒸发比较困难，不易散失。在萎凋过程中水分蒸发主要是自由水，同时也有部分的结合水。自由水首先散失，只有自由水大量减少后，结合水才会脱离结合状态而散失，所以在整个萎凋过程水分散失的规律是"快、慢、快"。

萎凋水分的蒸发是通过叶背面气孔和叶表高角质层进行的。在萎凋过程中水分蒸发首先在叶面进行，叶表面水分向大气蒸发，降低了叶表面的蒸汽压，这样表面与叶内就存在压差这种压差就促使叶内细胞间隙的水蒸气通过气孔向外蒸发，同时使细胞间隙的水分减少，这样又带动了湿润的叶肉细胞的水分不断向间隙中转移并变为水蒸气。就这样，表面水分不断蒸发，叶内水分不断转移，使叶内水分而不断减少。然而水分蒸发与叶内的结构有很大关系，细胞疏松，间隙大，气孔数目多，孔大水分蒸发快，相反则慢。一般来说嫩叶细胞组织未发育完全较疏松，间隙大，它与角质层的厚薄关系很大，幼嫩芽叶角质层薄，蒸发快，老叶和芽毛多的芽叶则蒸发慢。所以萎凋要求鲜叶匀度要好，就是这个缘故。如果老嫩不匀，嫩叶水分蒸发快，已达萎凋要求，而老叶蒸发慢，萎凋还不足，这样就难以保证均匀一致的萎凋程度。

芽叶的失水是通过气孔和角质层进行的，而茶梗失水重要是通过叶来完成，少量通过皮孔蒸发，茶梗失水是较困难的。然而茶梗的含水量又高于叶和芽。所以在萎凋时，如果鲜叶老嫩不匀，含梗不一，萎凋是难以进行的。

萎凋的物理变化最主要的是水分的散失，同时随着散失的进行，叶质由硬脆变为柔软，叶面积缩小，叶色逐渐由鲜绿变为暗绿，也都是物理变化，但它们是伴随失水变化而变化的。

（3）萎凋的化学变化

萎凋的化学变化是随着物理变化（主要是失水）同时发生的。叶细胞组织的失水，引起了蛋白质物理化学特性的改变，细胞液浓度增大，酶由结合态转化为自由状态，酶系相应方向强烈地趋向水解，从而产生一系列的变化。

① 酶活力的提高，在正常萎凋（15~18h室内自然萎凋）时，酶活力可提高2~4倍。

② 蛋白质减少，氨基酸增加：蛋白质在萎凋过程由鲜叶占17.87%减少到占干物质16.56%，净减少了1.31%。氨基酸由99.6mg/g增加到186.3mg/g，净增加了86.7mg/g。氨基酸增加对茶汤鲜爽度提高，香味的增进都是有好处的。

③ 多糖的减少，可溶性糖的增加：在萎凋过程中，淀粉由鲜叶的0.98%减少到0.57%，双糖从2.13%减少到1.25%，而单糖从1.52%增加到1.97%，这样提高了茶汤滋味的甜醇感。

另外一类糖原果胶物质，它是不溶于水的，对茶叶品质形成无益处，但在萎凋过程中水解转化为果胶素、果胶酸，都能溶于水，而且是不断增加的，对茶叶品质外形紧结、色泽油润都有直接作用。同时还有利于茶叶香气的形成，滋味的提高。

④ 叶绿素的破坏：在萎凋过程中叶绿素是受酶的作用和脱水使叶绿素的蛋白质解体，而大量地破坏，在整个萎凋过程中，叶绿素因破坏而减少达27%。叶绿素的破坏有利于红茶叶底色泽，红茶叶底红亮就是叶绿素破坏充分的结果。

⑤ 多酚类化合物的氧化：多酚类化合物由酶活力的提前开始进行有限度的氧化，但氧化较少，减少1%~3%。这是因为多酚类化合物与酶各自存在于叶内的组织不同，多酚类存在于叶泡中，酶存在于原生质中，在萎凋时无机械损伤它们之间存在细胞膜隔离，同时液泡中含氧量很少，这些都是多酚类化合物酶促氧化较少的原因。但如果萎凋时叶子要机械损伤。这种氧化就较容易进行，出现红变，是萎凋过程应避免的。

⑥ 酸性的增强：在萎凋过程中由于各种物质强烈地水解，产生的产物如草酸、琥珀酸、柠檬酸、氨基酸等有机酸含量增加，同时无机酸如磷酸也少量增加，使萎凋叶逐渐向酸性变化，pH从鲜叶中性到萎凋叶增加到pH5.1~5.7。

⑦ 芳香物质的变化：鲜叶中具有青臭气的青叶醇、青叶醛，是低沸点的芳香物质，在萎凋时，大量挥发，残留少量，而萎凋过程中各种反应产物增加了高沸点的芳香物质，对红茶香气形成极为有利。

总之，在萎凋过程中叶内的各种化学成分都在发生变化，其主要的变化是复杂的大分子，不溶性的物质分解，简单的小分子可溶性物质增加。而且大多数变化都是在酶的作用下进行的，水是各种反应的溶剂，也是原始起动力，又是酶促作用必需的条件。萎凋前阶段失水打破了鲜叶体内的平衡，促进了自体分解，引起了各种反应的进行，使干物质大量消耗；而后阶段的迅速失水，反而抑制了反应的进程和自体分解的进行。因此在萎凋过程中需合理地把握物理变化，有效促进化学变化的进程和程度，使萎凋朝着有利品质方向进行。

（4）萎凋技术和方法

萎凋过程存在着物理变化和化学变化，并且是向有利于品质方向进行，这些变化是萎凋技术促进和保证的，没有萎凋技术这一外界条件，萎凋质量不能保证，或很难达到萎凋的要求。也就是说在萎凋过程中，采用不同萎凋方法，也应采取相应的技术措施，以便根据各种情况进行灵活地掌握，达到萎凋物理、化学变化的要求。

萎凋的方法较多，有室内自然萎凋、日光萎凋、萎凋槽萎凋、萎凋机萎凋和各种形式的加温萎凋。然而目前常采用的是室内自然萎凋、日光萎凋和萎凋槽萎凋三种，其他少用。

① 室内自然萎凋：是利用自然气候条件进行萎凋。鲜叶摊放在萎凋帘上，帘子被在室内排列萎凋架上。要求室内进风透气性好，无阳光直射。室内温度要求保持在20~24℃，相对湿度60%~70%，鲜叶摊放0.5~0.75kg/m²，并且嫩叶稍薄，老叶稍厚摊，萎凋时间一般控制在18h以内为好，天气干燥，8~12h可达萎凋程度要求。萎凋过程还要根据情况适当翻拌，但注意避免叶子损伤，大叶种不能翻拌，翻拌易损伤叶细胞组织发生红变。这种萎凋方法质量容易保证，所以不论国内还是国外，高档红茶的萎凋都采用室内自然萎凋。但室内自然萎凋时间长，占用厂房面积大，劳动强度也大，不能适应大批量生产。只能作为少量高档红茶的萎凋方法。

② 日光萎凋：与青茶晒青类似，同样是使鲜叶直接阳光照射，促进水分散失。鲜叶放晒席上或水泥地面上，摊放约0.5kg/m²，以叶片互不重叠为适度，适时翻叶，并适当匀厚，萎凋达一定程度，移到阴凉处摊晾散热，继续蒸发水分，直到达到萎凋程度要求。若阳光较弱，也可一直在阳光下萎凋到达到萎凋程度。有的生产户制茶粗放或在高峰期，不论阳光强弱，都一直晒到达到萎凋程度，直接揉捻。但在强日光下萎凋，芽叶易焦枯，萎凋不均匀，易出现红变，一般不宜采用。日光萎凋最大优点是方法简便，萎凋快，设备少，但受自然条件限制，阴雨不能采用，而且萎凋程度较难掌握，品质也不是很好，多带日晒味。这种方法只适用于茶叶生产中，较大型茶场不宜采用。

③ 槽萎凋：它是一种加热萎凋。萎凋槽结构由空气加热炉灶、鼓风机和风边、槽体和盛叶框帘等组成。用鼓风机将热空气强制性透过叶层，使叶层在热和气流的作用下散水，达到萎凋。

在萎凋槽萎凋时要掌握的主要技术措施是：温度、风量、厚度翻抖和萎凋时间等。

萎凋时的温度一般要求进口温度控制在35℃左右，不宜超过38℃，并且槽体前后温度差不能大于1℃。温度如超过38℃，虽然加快了萎凋的失水速度，提高了效率，但化学变化往往不足，出现芽叶和叶缘的枯焦或红变，同时由于失水速度快，萎凋难以均匀一致。温度过低，萎凋时间加长，但质量是能保证的，所以说温度低比温度高要好。在具体萎凋时温度的掌握还需根据具体情况灵活应变。在夏、秋季自然气温较高，若室内温度在30℃左右时，可不必加温，直接鼓风，就能满足要求。雨水叶或其他有表面水的叶子萎凋，应先吹冷风，散失表面水分后再加温萎凋，以免湿闷热损害叶子。并且温度掌握应"先高后低"，下叶前10~20min停止加温，而吹冷风、降低叶温。萎凋时还要进行间隙式的送风，每隔1h停10min。这样效果较好。

对风量的掌握一般要求以叶层处在流化态与沸腾态之间为好。所谓流化态是指叶子被风吹掉或吹飘起；沸腾态是指叶子在风吹时不断振动和翻动但不飘起。要求风压2.5~3mmHg，如果风量过大，叶层易出现"空洞"，而萎凋不均匀，有红变，焦叶产生；风量过小，风穿透能力小，影响萎凋失水速度，也难均匀。风量大小要根据叶层厚度和叶质柔软度，即叶层透气性能来确定。

摊叶厚度一般原则是"老叶厚，嫩叶薄"，小叶种鲜叶厚摊约20cm，大叶种薄摊约18 cm，并要求把叶子抖散，摊匀、摊平，使叶子有良好的透气性，利于通风均匀，萎凋一致。

在萎凋时还需翻抖，一般是结合停风翻抖。翻抖时要注意上层翻到下层，槽前翻到槽后，并抖松、摊匀，动作宜轻避免损伤芽叶。目的是使萎凋槽的各部位的叶子萎凋均匀一致，但大叶种鲜叶萎凋不宜翻抖，因为翻拌容易损伤叶细胞，造成红变。

萎凋槽萎凋时间一般以达到萎凋程度为标准，正常的加温范围内需4~5h，但时间偏短（加温高，风量大或薄摊放），则可能没能充分发挥叶子应有的自然品质潜力，根据各地试验结果表明以8~10h萎凋品质较好。但时间过长，则可能萎凋过度，出现芽叶，叶缘枯焦，甚至出现红变。

④ 萎凋程度：获得良好的制茶品质，首先必须获得较好的萎凋质量，即掌握萎凋程度对制茶品质和后续工序关系极大。

如果萎凋不足（66%~68%），则萎凋叶含水量高，这样揉捻时，芽叶易揉成糊状，且茶汁外溢而流失，影响发酵进行；若采用轻压来克服茶汁流失，则细胞破损率不够，发酵难进行，外形也不容易塑造。另外，过轻萎凋在揉捻、发酵时，由于含水量多，则空气不宜流进，难进行正常的氧化，而表现出内质差，青草气浓，滋味苦涩，同时萎凋不足，不仅物理变化不多，而且化学变化也不足，蛋白质和多糖的水解产物少，叶绿素破坏不够，氨基酸、单糖、果胶等物质转化不够，故茶叶品质可能表现出内质青草气味重，滋味苦涩，缺少应有的甜醇，外形紧结度差，色泽乌暗等不足。所以过轻萎凋对茶叶品质不利。

4. 揉捻

揉捻是通过外界力的作用，使茶叶塑造成优美的外形，并使细胞破损利于品质的形成，是红茶重要的工序。

（1）揉捻的目的

① 卷紧茶条，缩小体积，形成美观的外形，便于运输；② 适度破坏细胞组织，使茶汁溢出黏附于叶表，加速多酚类化合物的酶促氧化，促进各种内含物的变化，为形成红茶特有的内质奠定基础；③ 同时也有利于干燥后，茶叶冲泡茶汁易进入茶汤，增加滋味的浓度和茶叶香气、色泽的形成。

（2）揉捻的物理变化

物理变化主要是外形的变化，由原来的松散形变成条形，体积明显缩小。然而揉捻外形的变化主要取决于揉捻叶的柔软度、韧性和可塑性、黏性如何，柔软度、韧性、可塑性好，黏性大，揉捻的外形好，断碎少，反之外形差、断不移，当然也与揉捻机本身的性能存在很大关系。如果撇开揉捻机的影响，揉捻成条直接与鲜叶质量和萎凋叶含水量有极大关系。老叶或含水量过高，叶质的可塑性、韧性必然下降，揉捻一定不好；含水量过低，同样可塑性也很差，黏性小，揉捻难成条，且易断碎。所以萎凋中含水量一定要控制好，以能有最好的可塑性。

（3）揉捻的化学变化

经萎凋酶及各种内含物发生了一系列的变化，但由于细胞组织未损伤、各种变化并不激烈，揉捻不仅促进了各种物质的继续变化，而且变化激烈、明显。

① 多酚类化合物的变化：自揉捻开始，由于叶细胞损伤，酶与多酚类化合充分混合，并挤出黏附于叶表，接触空气，较为满足酶促氧化条件，这样就加剧酶促反应的进行，使可溶性多酚类化合物含量急剧减少，同时聚合，缩合反应也逐渐进行，因此多酚类化合物氧化产物如茶红素、茶黄素等有所增加。而且变化与细胞破损率和破损速率有很大关系，细胞破损率高，氧化充分，品质外形乌润，汤色红亮，滋味甜醇，叶底鲜红明亮，若破损率不够，氧化难以充分，红变较差，则可能出现乌条，滋味苦涩，有青草气、叶底花青。一般要求工夫红茶细胞破损率达80%以上。同时要求能快速、充分破坏细胞，因为细胞破损率越低，揉捻时间越长，长时揉捻会影响品质。

② 芳香物质变化：在揉捻过程由于各种反应的进行，各种反应产物在不断产生，其中一部分为芳香物质。揉捻时明显增加芳香物质是羧基化合物和醛基化合物和酯类化合物，虽然含量不多，但多数具有花香或果香，对茶叶香气起了很大的作用。另一方面，低沸点和具有青臭气的青叶醇、青叶醛等大量减少，从而改变了鲜叶和萎凋叶的香型结构，为红茶香气形成奠定了基础。

③ 叶绿素的破坏：在揉捻时，叶色由开始的暗绿变为后期的泛红，说明叶绿素在揉捻时大量破坏。

④ 其他化合物的变化：有机酸的增加，从pH5.1~5.7变到pH4.83，氨基酸开始时增加，后期又表现为减少了糖类，多糖减少单糖增加，水溶性果胶减少等。

总之，揉捻过程中存在着明显的物理、化学变化，这些变化对品质起了良好的作用。然而变化是技术来保证的，没有良好的揉捻技术措施，品质是难以形成的。

（4）揉捻技术

揉捻技术直接关系到揉捻质量。揉捻质量的好坏与揉捻技术的投叶量、揉捻时间与次数、加压方式、筛分解块等有关。

1）投叶量

投叶量一般根据揉捻机揉桶来确定，但老嫩叶投叶有所不同，嫩叶可适当多一些，老叶适当少一些。投叶一般为桶容量的4/5。过多投叶量，揉捻时易揉成片块、团块、扁条，碎茶也多；投叶太少，翻叶不好，揉捻时间加长，揉捻不易均匀，成条不好。

表6-1　　　　　　　　　　　各种型号揉捻机投叶量比较

揉捻机型号	920型	65型	55型	45型	40型
投叶量/kg	280~300	40~120	60~70	30~32	14~16

2）加压方式与时间及次数、筛分

揉捻为了造形，除了叶子本身重力作用外，还需外加压力，促进成形。在揉捻过程中，加压一般采用"轻—重—轻"的原则，同时还根据鲜叶质量及萎凋轻重等情况灵活掌握。老叶一般采用"重压、长揉"，嫩叶"轻压，短揉"，轻萎凋宜轻压，重萎凋叶宜采用重压，并且要采用分次加压，适时减压和翻拌，使叶子逐渐成条。

揉捻时间总是与加压、分次及筛分联系在一起，一般揉捻60~90min，分两次揉捻，每次30~45min，老叶或重萎凋叶可适当延长时间。每次揉捻后进行解块筛分。

解块筛分是为解散团块，散发揉捻时产生的热量，降低叶温，筛分大小，分别使各号都能揉紧条索。使"发酵"较为均匀，同时也可减少碎茶的产生。

目前生产上有多种揉捻方法，归纳起来有三种：

小型揉捻机揉捻（生产户或社队茶场采用）采用一次揉捻一次筛分：
全程30~45min：轻 10min 加压 15~30min 轻 5min 筛分　　　　发酵。

中、大型揉捻采用二次揉捻二次解块筛分：
全程40~70min：第一次揉 10+5-20-5（20~35min）解块筛分（1号或2号茶）　　　分别第二次揉 10+5-20-5（20~35min）分别解块筛分（1号或2号茶）　　　分别发酵。

采用三次揉捻三次解块筛分：
全程60~90min：第一次揉 10+5-15-5（20~30min）解块筛分（1号、2号或3号茶）第二次揉 +15-25-5（20~30min）分别解块筛分（1号茶发酵）2、3号茶第三次揉 10+5-15-5（20~30min）分别解块筛分（1号、2号或3号茶）　　　分别发酵。

3）温湿度要求

揉捻开始后，酶促氧化随之进行，并随着揉捻的继续，氧化作用不断增强，氧化释放的热量不断使叶温升高，同时揉捻时由于摩擦也会使叶温升高，如室温过高，叶温难于向空气中散失而不断积累提高，氧化作用过分激烈，在揉桶内供氧条件差的情况下，"发酵"极不正常，因此要求相对的低温，同时要求相对湿度要高，减少揉捻叶水失蒸发。一般要求低温高湿，温度20~25℃，相对湿度在90%左右。并采取分次揉捻，加压后松压，采用小型揉捻机的方法都是为了降低叶温，以确保内含物变化正常。

4）揉捻程度

揉捻充分是"发酵"良好的必要条件。如揉捻不足，细胞破损不充分，影响"发酵"，毛茶滋味平淡，并有青草气，叶底花青。一般判断揉捻程度从细胞破损率和成条率及茶汁外溢情况来判断。细胞破损率要求在80%以上，可用10%重铬酸钾溶液浸渍方法进行检视，但生产上一般不采用，主要是它不能完全反映细胞破损的实际情况。生产上常用的仍是感官检查方法。

揉捻达程度的芽叶有90%以上成条，并条索卷紧，茶汁充分外溢，黏附于叶表，即可认为达到揉捻适度。

5. 发酵

发酵，俗称"发汗"，是最为重要的一个环节，是红茶品质形成的关键过程。"发酵"是在酶促作用下以多酚类化合物氧化为主体的一系列化学变化的过程。实质上，红茶的"发酵"自揉捻进行就已开始，有时由于揉捻时间长，揉捻结束"发酵"已告完成，就无需再经"发酵"过程了，但一般情况下，"发酵"处理仍是需要的。以长时揉捻，取代"发酵"处理，品质很差，是可取的。

（1）发酵的理化变化

发酵过程中主要是化学变化，各种内含物的转化，尤其是多酚类化合物深刻氧化，是红茶色香味形成的本质变化。物理变化在发酵时主要是外观色泽的变化，由开始发酵叶色为绿中泛红变化到铜红色，如果是紫暗或暗红则是发酵过度，若叶色青黄则表明发酵不足。

1）多酚类化合物的转化

多酚类化合物组成复杂，主体成分是儿茶素类，占多酚类总量的70%，化学性活泼，在红茶"发酵"中发生迅速而深刻的复杂的转化，并带动其他一些物质的变化。儿茶素类物质在酶催化下，很快氧化为初级氧化产物——酚醌，随后进行聚合形成联苯酚醌类中间产物，联苯酚醌很不稳定，还原可形成双黄烷醇类，和氧化生成茶黄素类和茶红素类，茶黄素类转化为茶红素类，茶红素和茶黄素类又可转化为茶褐素物质，这是多酚类化合物转化的基本规律。

茶黄素的形成：在红茶发酵中，儿茶素（L-EC、L-ECG、L-EGC、L-EGCG等）在多酚氧化酶催化下可被空气中的氧氧化成邻醌：邻醌类物质多呈黄棕色或红色，非常不稳定。发酵中的邻醌可氧化其他物质而还原。在这些氧化过程中，邻醌夺取氧化基上的氢原子，还原成原来的儿茶素，特别是氧化还原电位较高的儿茶素被酶促氧化成邻醌以后，这种还原作用尤为强烈。这种现象对于促进红茶品质特征的形成，具有十分重要的意义，如发酵中叶绿素的破坏和苦味物质的转化、大量香气物质的形成，甚至茶红素类的形成也被认为需要借助某些醌型儿茶素的还原作载体。

邻醌类物质可被维生素C还原，将维生素C加入切细的茶鲜叶中，不会产生有色物质，也没有二氧化碳的产生，一直到维生素C被完全氧化为止。邻醌分子中的羰基（=C=O）可被蛋白质或谷胱甘肽的游离氨基、巯基（—SH）所还原，形成蛋白质-儿茶素或谷胱甘肽-儿茶素复合物，不溶于水，成为红茶红色叶底的构成部分。

邻醌还是一种强杀菌剂，能使揉捻开始以后叶子中的微生物大量降低。据资料报道，制茶中（1g干物）鲜叶细菌平均数为21万，萎凋后达34万，揉捻后降为8万，发酵后只剩下3万。邻醌还极易产生聚合反应，形成中间产物联苯酚醌类：联苯酚醌类的形成既包括连苯三酚基没食子儿茶素邻醌，也包括邻苯二酚基的儿茶素的邻醌发生聚合或缩合反应；D-儿茶素的邻醌还可通过邻醌基与A环之间进行直线聚合，所以，邻醌之间的化合反应形式比较复杂。

Roberts认为，联苯酚醌类化合物不稳定，必然会进行歧化作用等其他类型的化学变化，一部分还原形成双黄烷醇，双黄烷醇无色，溶于水，具有一定的鲜味，含量占茶叶干物重的1%~2%。是构成茶汤鲜度、强度和浓度的综合因子之一。

在一部分酚还原形成双黄烷醇的同时，另一部分酚则进一步氧化缩合生成茶黄素。以下为Takino（1964—1971）提出的茶黄素结构：后来，Coxon D.T.（1970）等从红茶中分离出一种茶黄素的异构体，构型是C2、C3呈反式，C2min和C3min呈顺式，称为异茶黄素。嗣后，发现了表茶黄酸。1972年，Bryce又发现了表茶黄酸-3-没食子酸酯。Coxon和Bryce先后确定了茶黄素双没食子酸酯和茶黄素的其他异构体。1997年宛晓春等又发现茶典烷酸酯A（theaflavate A），1998年Lewis J.R等又发现茶典烷酸酯B（theaflavate B），此结构中苯骈酚酮环来自于儿茶素B环的3min，4min—二羟基苯与另一儿茶素没食子酸酯D环的3min，4min，5min—三羟基苯环而形成的。这一发现改变了儿茶素中D环，即没食子酰基基团较为稳定，不参与苯并草酚酮形成的认识。Lewis J.R等还发现异茶黄素-3min-没食子酸酯［Isotheaflavin-3min-gallate，TF-3min-G（I）］和新茶黄素-3-没食子酸酯［Neotheaflavin-3-gallate，TF-3-G（N）］。通过一系列的研究，存在于红茶中的茶黄素的种类、结构已基本清楚。到目前为止，已发现并经鉴定的茶黄素及具有苯并草酚酮结构的物质约有19种，其名称、分子式、分子质量如表6-2所示。茶黄素类化合物相应的结构如下：

表6-2　　　　　　　　　　　　　　　红茶中的主要茶黄素

名称	前体（先驱）物质	分子式	分子质量	λ_{max}/nm 甲醇	λ_{max}/nm 乙醇	颜色	含量%
茶黄素（TF$_1$a）	EGC+EC	$C_{20}H_{24}O_{12}$	564	273，375，455	270，294，380，485	亮红	0.2~0.3
新茶黄素（TF$_1$b）	（+）GC+EC	$C_{20}H_{24}O_{12}$	564		270，294，378，467	亮红	
异茶黄素（TF$_1$C）	EGC+（+）C	$C_{20}H_{24}O_{12}$	564		270，295，378，465	亮红	
茶黄素-3-没食子酸酯（TF-3-G）	EGCG+EC	$C_{36}H_{28}O_{16}$	716		275，378，465	亮红	1.0~1.5
新茶黄素-3-没食子酸酯（TF-3-G）	EGCG+（+）C	$C_{36}H_{28}O_{16}$	716	284，375，455			
茶黄素-3min-没食子酸酯（TF-3min-G）	ECG+EGC	$C_{36}H_{28}O_{16}$	716		275，378，464	亮红	
异茶黄素-3min-没食子酸酯（TF-3min-G）	ECG+（+）GC	$C_{36}H_{28}O_{16}$	716	277，373，451			
茶黄素-3，3min-双没食子酸酯（TF-3，3min-DG）	ECG+EGCG	$C_{43}H_{32}O_{20}$	868	273，375，455	278，378，460	亮红	0.6~1.2
茶黄酸［（+）TF$_4$］	（+）EC+GA	$C_{21}H_{16}O_{10}$	428	278，398	280，404	亮红	痕量
表茶黄酸［（-）TF$_4$］	EC+GA	$C_{21}H_{16}O_{10}$	428	280，400	280，400	亮红	
表茶黄酸-3-没食子酸酯［（-）TF$_4$G］	ECG+GA	$C_{28}H_{20}O_{14}$	580	279，398		亮红	
茶典烷酸酯A	ECG	$C_{43}H_{32}O_{19}$	852			亮红	痕量
茶典烷酸酯B	ECG+EC	$C_{36}H_{28}O_{15}$	700	284，406		亮红	
红紫精	Pyrogallol	$C_{11}H_{10}O_5$	222			亮红	痕量
红紫精酸	GA或+Pyrogallol	$C_{12}H_{12}O_5$	236			亮红	

茶红素的形成：早在1962年Roberts曾指出，在制茶发酵过程中，由EGC和EGCG氧化聚合形成了茶黄素与双黄烷醇类，当有EC、C和ECG载体存在时，茶黄素和双黄烷醇可经偶联氧化形成茶红素，但也不排除其他可能途径形成茶红素。Brown等（1969）在不同的水解条件下水解从红茶中萃取分离的茶红素，发现某些花色素和没食子酸等参与茶红素的形成，还确定了茶红素的

分子质量为700~40000。Berkowitz等（1971）在研究中发现，L-EC、L-ECG分别与GA形成表茶黄酸（ETA）及表茶黄酸没食子酸酯（ETAG），在系统中有EC存在下，可迅速转化形成茶红素类。

并认为GA不受PPO催化氧化，而是依赖于表儿茶素的氧化偶联反应形成ETA及ETAG，ETA及ETAG又依赖于儿茶素的偶联氧化形成茶红素类。在茶叶发酵中，由于ETA有高度的反应活性而迅速地转化，致使其在红茶中仅有微量存在。

在1972年，Sanderson等在模拟实验中发现任何一种儿茶素或几种儿茶素复合体的氧化聚合反应均能形成茶红素。不同的儿茶素组合能形成不同的茶红素，而且随时间的延长，茶红素的量会增加，但其溶解度却下降，这可能是氧化聚合成分子质量更大、更为复杂的茶红素所致。发现在红茶发酵中，茶黄素含量降低的同时，茶红素含量增加，说明茶黄素可能是形成茶红素的中间体。茶黄素转化为茶红素，已为Dix等（1982）所证实。过氧化物酶能催化茶黄素转化为茶红素，而纯化的多酚氧化酶则不能。

Cattle等（1977）从红茶水提液中分离得到溶于、部分溶于和不溶于乙酸乙酯的三部分茶红素，说明茶红素组成的复杂性。在1982年，Ozawa又将茶红素分为溶于正丁醇和溶于乙酸乙酯两类；萧伟祥（1982）则将纯化的TRs II用0.2NHCl沸水浴1h，经薄层层析分析和鉴定，证实茶红素组分中有蛋白质和氨基酸。

1983年，Robertson报告，在儿茶素、没食子儿茶素混合物体外氧化期间，茶黄素降解反应仅仅发生在没食子儿茶素耗尽后，并结合前面的研究，提出茶红素形成途径可能包括：a. 简单儿茶素或酯型儿茶素的直接酶性氧化；b. 茶黄素形成过程中中间产物的氧化；c. 茶黄素本身的自动氧化或偶联氧化。并提出相应图示如下。

以上可知，EGCQ的形成包括了没食子儿茶素的酶促氧化反应和ECQ：儿茶素的氧化还原体系的偶联作用，即EGCQ形成速度为r2+r3，所以EGCQ的数量对于形成茶黄素来说是足够的。而ECQ的形成数量则为r1-r3。因此，反应体系中ECQ的数量限制了茶黄素的形成速率。

Bajai（1987）则利用茶黄素、茶黄素单没食子酸酯（TF-MG）和茶黄素双没食子酸酯（TF-DG）在好气条件下，加入EC和PPO进行模拟发酵试验，结果表明，在有EC存在时，TF、TF-MG均迅速被氧化，TF-DG氧化较慢，而不加EC则几乎没有茶黄素类被氧化。随EC浓度的增加，对茶黄素氧化的影响加大，当EC浓度达茶黄素浓度2倍时，茶黄素氧化最多。而加入EGC则使茶黄素类免于氧化，这可能与儿茶素的氧化还原势有关，EC是儿茶素中氧化还原势最高的，ECQ作为其他物质如茶黄素的电子供体（恢复为EC），而EGCQ的氧化还原势没有茶黄素高，并未作为电子供体，而是形成多聚体，如茶红素。在红茶中，茶黄素的数量比预期的少得多（依据茶儿茶素的浓度），其原因之一是大量合成的茶黄素在红茶发酵期间由于系统中的EC，可能被氧化。以下为ECQ和EGCQ的相互转化。

Opie等（1990）用儿茶素及儿茶素的混合物进行的体外发酵试验也证实Robertson（1983）的结果，均形成了茶红素。在1993年，该研究组利用体外模拟发酵系统结合反相HPLC梯度洗脱研究茶黄素的氧化降解，发现TF1、TF-MG和TF-DG并不是PPO的作用基质，证实在红茶发酵期间，茶红素可直接由简单儿茶素氧化和靠ECQ和茶黄素的偶联氧化形成，认为这是红茶中茶黄素低于理论值的原因，同时也证实了Roberts（1958）、Berkowitz等（1971）和Bajaj等（1987）的观察，支持Robertson（1987）对茶红素形成的第三条途径的假设。

1994年，Finger进一步利用儿茶素类和没食子儿茶素类在体外添加PPO和POD，结合反相HPLC分析，发现加入PPO发酵后，可得到高水平的茶黄素和茶红素，而加入POD的处理则得到更高数量的高分子质量不可溶的茶红素类。结果如表6-3所示。

表6-3 儿茶素类、茶黄素类及黄酮苷的体外模拟氧化实验

	CFM	D	K	G	C	J	F	B	I	F	A	H
EC	547	559	548	311	314	437	534	83	531	364	136	320
ECG	785	775	749	439	450	571	756	226	705	486	280	426
EGCG	1870	1866	1906	453	450	799	1839	144	1819	536	144	282
TF	ND	ND	ND	396	379	230	ND	80	ND	294	187	387
Tfg	ND	ND	ND	269	222	152	ND	67	ND	203	155	287
Tfgmin	ND	ND	ND	238	209	138	ND	33	ND	169	77	210
Tfdg	ND	ND	ND	261	202	147	ND	47	ND	200	113	273
杨梅苷	773	783	654	372	378	387	774	16	727	280	57	239
槲皮苷	670	630	519	682	605	641	613	369	616	503	566	633
山奈苷	405	413	358	475	417	391	408	299	369	385	421	543

注1: 儿茶素类分析采用波长280nm, 单位μg/mL, 茶黄素类及黄酮类采用波长380nm, 单位μg/mL。

注2: ND: 未检测到 (<20μg/mL; <3峰面积单位; CFM表示Crude Flavanal Mixure)。

注3: D:CFM+H_2O; K:CFM+CAT; G:CFM+PPO; C:CFM+PPO+H_2O_2; J:CFM+PPO+CAT;
F:CFM+POD; B:CFM+POD+H_2O_2; I:CFM+POD+CAT; E:CFM+PPO+POD;
A:CFM+PPO+POD+ H_2O_2; H:CFM+PPO+POD+CAT。

茶褐素的形成: Millin等 (1969) 对红茶的水浸出褐色物质进行研究, 提出茶褐素是一类非透析性高聚物, 其主要组分是茶多酚类、多糖、蛋白质和核酸等。非透析性多酚类随茶汤受热而增加。

2) 其他多酚类物质的转化

茶叶中黄酮苷类主要指黄酮醇及其苷类, 在茶鲜叶中占干物质的3%~4%, 黄酮醇类一般可受氧化酶所催化而氧化, 但它们的糖苷由于配糖化作用, 而难于进行这种氧化。据Finger (1994) 试验研究, 在加入PPO时, 黄酮醇苷水平几乎未降, 只有杨梅苷下降了。如在反应体系中加入POD/H_2O_2, 则杨梅苷几乎消失, 其他黄酮苷水平也大大下降 (表6-3)。

黄酮类物质色黄, 氧化产物橙黄以至棕红。黄酮类物质及其氧化产物对红茶茶汤的色泽与滋味都有一定的影响。

茶叶中的酚酸类化合物, 因分子结构特点不同, 对氧化酶的感应也不同, 茶中氧化酶能氧化咖啡酸, 而对没食子酸和茶没食子素等, 氧化却十分缓慢, 唯有氧化还原势足够高的儿茶素的邻醌 (如ECQ、EGCQ), 才能带动上述酚酸类物质进行偶联氧化, 如没食子酸的氧化产物主要是红紫精酸。

茶中的间双没食酸则只有在邻苯二酚衍生的邻醌才能氧化它, 连苯三酚的醌则不能, 在发酵中变化较小。

在"发酵"开始阶段, 茶黄素含量增加快, 在茶黄素逐渐积累的同时, 又不断转化为茶红素。当茶黄素的量增加到高峰后, 儿茶酚的含量下降, 氧化形成茶黄素的量也就减少, 表现出茶黄素下降, 茶红素含量增加。茶红素量增加到一定程度, 由于茶黄素量的减少, 提供继续氧化为茶红素的基质减少, 且茶红素继续进一步氧化为茶褐素, 因而茶红素在"发酵"后期逐渐减少。一般认为茶黄素是红茶茶汤亮度, 香味的鲜爽程度、浓烈程度的重要因素。茶红素则是茶汤红色浓度的主体, 收敛性较弱, 刺激性小。所以红茶要求两者含量高, 而且在适当的比例, 才能有优质的红茶品质。

在"发酵"时, 随着茶黄素、茶红素和茶褐素的产生, 儿茶素的含量逐渐减少, 但红茶品质要求儿茶素具有一定的保留量, 否则红茶滋味缺乏收敛性、刺激性太小。

蛋白质与氨基酸变化：氨基酸在"发酵"中由于转化成香气成分和呈色物质而减少，蛋白质也是减少的。

咖啡碱：在"发酵"中咖啡碱含量变化不大，但它是与品质相关的因素。咖啡碱能与茶黄素和茶红素分别形成络合物，在茶汤冷却后变浑，出现"冷后浑"，被认为是良好品质的象征。

叶绿素破坏：在"发酵"中由于氧化的进行和酸性的增加，使叶绿素大量的破坏，失去绿色，叶绿素的充分破坏对红茶叶底有良好的影响，若破坏不够，则叶底出现"花青"，品质不好。

其他物质的变化：糖类是单糖增加，水溶性果胶是减少的，这是由于酸度的增强，使水溶性果胶凝结形成钙盐的缘故。多糖是减少；维生素C在"发酵"中大量减少；有机酸增加；"发酵"时芳香物质大量产生，青草气大量挥发，香气由清香转化为果香或花香。

正因为"发酵"中存在着多种化学变化，就形成了红茶所特有的色、香、味，但"发酵"过程的一系列变化，必须通过技术来保证，来把握，才能获得良好的品质。

（2）"发酵"技术

红茶的"发酵"是在发酵室内进行的。"发酵"是以多酚类化合物为主体的一系列化学变化过程。满足这些变化，达到"发酵"质量高，毛茶品质好的要求，主要是通过"发酵"中温度、湿度、通气条件等因子的把握。

1）温度

"发酵"温度包括气温和叶温两个方面，气温的高低直接影响叶温的高低，但对"发酵"起作用的主要为叶温。气温是间接影响，不过关系也很大。

"发酵"过程中，由于氧化放热，使叶温提高，一般叶温比气温高2~6℃，叶温保持在30℃为宜，气温则以24~25℃为好。

但气温和叶温过高，叶温超过40℃，"发酵"速度大大加快，氧化过分激烈，发酵容易过度，故使毛茶香味淡薄，色泽深暗，严重损害品质，所以在高温季节夏季取降温措施，适当薄摊，以利散热。反之，温度过低，化学变化慢，氧化迟缓，影响发酵进程，甚至因温度太低发酵难以进行而停止，生产上总结出气温低于20℃时，发酵就很困难；温度过低，还会延长发酵时间，内质转化不足，因此茶叶品质苦涩浓，青草气未消失，叶底乌青。所以在气温过低时，应适当加厚叶层，以利保温，必要时采用适当的加温措施。

2）湿度

湿度包括"发酵"叶含水量和空气的相对湿度两个方面。

"发酵"是在一定含水量的情况下进行的，水分具各种物质化学变化不可缺少的溶剂。"发酵"叶含水量多少，直接影响"发酵"能否正常进行。发酵叶含水量取决于萎凋程度，萎凋叶含水量在60%左右，才能有利揉捻成条，同时利于发酵时叶内物质交流、氧化作用的进行。若含水量高，"发酵"快，叶底红亮，但香味平淡，带青涩；若含水量过低，发酵时氧化作用受抑，发酵困难，出现不足。一般认为含水量低于50%时，茶叶品质将受很大影响，表现为叶底乌暗，香低味淡。

空气相对湿度对发酵具有间接的影响，是为了维持叶内水分，避免表层叶失水而干硬，正常"发酵"受阻。一般要求发酵保持在高湿状态，相对湿度为95%以上，生产上常用洒水、喷雾或盖湿布等方法来增加湿度。

3）供氧

"发酵"是耗氧过程，并在发酵过程中发酵的进程耗氧量逐渐下降。因此，发酵时必须保持空气流通，同时注意摊叶厚度，不宜采用过厚的摊叶方法，以免影响氧气的供应。

4）摊叶厚度

摊叶厚度能影响通气和叶温。过厚，进气不良，叶温增高而快，又不易散失，具有恶性循环，给品质带来极大的不利影响。摊叶过薄，叶温不易保蓄，发酵难进行。摊叶厚度一般为8~12cm，嫩叶和叶型小的要薄摊，老叶和叶型大的要适当厚摊。气温低时要厚摊，气温高时应薄摊，但无论厚摊或薄摊，摊放时叶子要抖松不能压紧，以保持"发酵"时进气良好，在发酵过程中，翻抖一二次，以利通气。

5）"发酵"时间

发酵时间一般由发酵程度来确定，以揉捻开始计算3~5h为宜。

（3）"发酵"程度

"发酵"程度的掌握是红茶发酵技术的一个重要环节。掌握发酵主要从色泽、香气及温度的变化来综合判断。贵州湄潭茶叶研究将发酵不同程度的叶色及香气分成六个叶象等级：

一级叶象：青绿色，有强烈青草气；二级叶象：青黄色、青草气；

三级叶象：黄色、青香；四级叶象：黄红色、花香或果香；

五级叶象：红色、熟香；六级叶象：暗红色、低香。

同时总结出鲜爽度品质高峰在二、三级叶象，强度品质高峰在三、四级叶象；浓度品质高峰在四、五级叶象，根据工夫红茶品质要求，浓甜、醇、叶象宜掌握四级叶象为好。另外还可从发酵过程叶温的变化判断，在发酵时，叶温开始逐渐上升，上升到最高点时，又转为下降，叶温达到最高点时，即可认为发酵达到一定程度。但这种方法受摊叶厚度和环境的影响较大，很不理想。发酵程度还有用化学手段来判断的尝试，如用测pH来终止"发酵"；用测剩余儿茶多酚含量多少来终止发酵和测茶黄素和茶红素比例来终止发酵等，但由于发酵过程影响因素较多，这些方法都未取得良好的效果。然而生产上仍然是凭经验判断，感官判断是综合多方面的因素来统筹考虑，从模糊中逐渐清晰的，只要认真、严格、合理是能较为准确把握程度的。

正常的"发酵"适度叶具有新鲜的花香或果香，叶色呈铜红色，若带青草气，叶色青绿或青黄，则发酵不足；若叶色红暗，香气由浓郁降为低淡，则表明发酵过度。在生产上，对"发酵"程度的掌握一般要求偏轻，有"宁轻勿重"之说。因为"轻"可以在干燥过程中进行补救，常用低温烘干补救，但过度则无法挽救，品质受影响。

6. 干燥

干燥是工夫红茶的最后一道工序，也是决定品质的最后一关。干燥采用烘干，一般分毛火和足火两次，中间摊放一段时间。

（1）干燥的目的

其一是利用高温停止酶促氧化作用，有时也有利用干燥促进发酵，但它是为补救发酵不足而采用的，不属于干燥的目的；其二是蒸发水分，紧缩茶条，使毛茶充分干燥，防止非酶促氧化，利于品质的相对固定；其三是散失青臭气，进一步提高和发展茶香。

（2）干燥技术

烘干有烘笼和烘干机烘干两种。烘笼烘干多为茶叶生产专业户采用，大型茶场多采用烘干机烘干。

烘干是利用加热的空气为介质，通过热气穿透叶层，使叶内水分蒸发，达到干燥的目的。烘干时烘干技术主要掌握温度、时间、摊叶厚度、程度等。

1）温度

烘干是热作用于茶叶使其散失水分和促进内质的变化，在烘干过程中掌握的原则是："毛火高温快速，足火低温长焙"。

毛火过程，由于"发酵"叶含水量高，只有采用较高的温度，才能使叶温迅速升高到破坏酶活力的高度，制止酶促氧化，同时迅速蒸发水，减少湿热作用的影响。若毛火温度低，反而促进了酶促氧化作用，使"发酵"易产生过度，但温度过高，水分蒸发过快，超过了叶内水分持续向叶表扩散速度，就造成外干内湿，甚至外焦内湿，也就是说叶表水分过快蒸发、使外层结成硬壳，水分向外扩散受阻，内部就易产生高温闷蒸现象，会损害品质，同时茶条不易收紧，造成松条，甚至"死条"，冲泡时，叶底不开展。

足火时，叶子含水量少，叶温与外部供热温度易于一致，而且在足火阶段主要是发展茶叶香气，需要低温慢焙，温度过高，易发生高火，焦茶等。

一般说采用烘笼烘干毛火以85~90℃，足火70~80℃为宜；采用烘干机烘干，毛火温度以进风口测量应为110~120℃，不超过130℃，足火温度85~95℃，不超过100℃。不论是烘笼烘干还是烘干机烘干，毛火与足火之间都要进行摊放，利于茶叶中水分重新分布，特别是梗中的水分较高，需通过过来蒸发，摊放可促进梗中水分向叶片转移，达到均匀。摊放一般40min，不超过1h。

2）烘干时间

毛火采用高温烘干，一般时间较短；10~15min，足火低温慢烘，时间15~20min，使茶香充分发展。

3）摊叶厚度

一般采用"毛火薄摊，足火厚摊"，适当厚摊可以提高干燥效果，充分利用热能，减少燃耗，降低成本，但过厚则适得其反，效率不能提高，而且降低品质；摊叶过薄明显降低干燥效率。所以摊叶要适当，既要保证通气性良好、均匀，又要使热能利用率高，保证干燥质量。干燥时还要注意"嫩叶薄摊，老叶厚摊"，"碎叶薄摊，条状和粗叶厚摊"，摊叶厚度一般毛火1~2cm，足火可加厚至3~4cm。烘笼烘干摊叶厚毛火为3~4cm，足火8~10cm。

4）干燥程度

干燥程度的掌握主要是凭经验和含水量来判断，含水量毛火达20%~25%时即可，足火达4%~6%即为干度。同时经验判断：毛火达七八成干，叶条基本干硬，嫩茎稍软，足火达到足干，茶梗一折即断，用手碾茶条即成细碎粉末，叶色乌黑油润。

小种红茶加工要点

小种红茶是我国传统红茶之一，专供出口侨销，产于福建、崇安县桐木关、星村一带，被称正山小种或星村小种。此外福安、坦洋、政和、屏南、古田、建阳等地仿效正山小种制法，但其品质较差，被称为假小种。用工夫红茶粗老叶熏烟加工，品质更差，称烟小种。假小种和烟小种均被称为人工小种。

1. 鲜叶要求

小种红茶鲜叶要求半开面三四叶，芽叶较成熟，所含多酚类化合物较少，糖类较多，与其他红茶有所不同。产区地处气候较寒的高山、茶树发芽迟，采摘春茶于5月上、中旬，6月下旬采摘夏茶，一年采收两次。

2. 小种红茶加工技术

小种红茶鲜叶加工分萎凋、揉捻、转色（发酵）、过红锅、复揉、熏烟、复火七个过程。

（1）萎凋

有室内加温萎凋和日光萎凋两种。

① 室内加温萎凋（焙青）：焙青是在专用的焙青间（楼）进行的。焙青间分上、下两层，上层的楼架设桐木横档，上铺竹帘，供萎凋摊叶用；桐木下30 cm设焙架，供干燥时熏烟焙用。

萎凋时鲜叶放在青席上，摊叶厚8~10cm，加温时室内门窗关闭，然后在楼下地面直接燃烧松柴，为使室温均匀，也可采用"T"、"川"、"二"字型排布，每隔1~1.5m排一堆，使室内温度保持在28~30℃，不能超过40℃，否则会灼伤芽叶。在萎凋过程中，每隔10~20min翻拌一次，使其均匀。翻抖动作要轻，历时1.5~2h。

一般小种红茶萎凋与熏焙同时进行，下面熏焙，楼上萎凋，为了使品质具有浓郁的松烟味，必须注意松柴燃烧的发烟浓度。这种室内加温方法，对茶叶品质有利，但室内浓烟对生产者眼睛和呼吸道都有严重的损伤。现已改用烟道加温。即在焙青楼外建一炉灶，燃烧松柴，利用自然通风，把热气和烟输送到室内；这种室外一处烧火，室内多处冒烟，楼下熏焙干燥，楼上加温萎凋。优点：简单、节省劳力、方便、安全；缺点：烟味浓度欠足。

② 日光萎凋：在室外空地搭起"青架"（晒青架），用厚竹编成"竹簟"，再铺上竹席，供晒青用。萎凋时将鲜叶抖散在竹席上，厚度2~3cm；视日光强弱，每隔10~15min翻拌一次，强阳光时萎凋40min即可，弱阳光需1~3h。当叶面萎软，失去光泽，手握柔软，梗折而不断，叶脉透明，青气减退，清香略显，即为萎凋适度。

日光萎凋对小种红茶品质不利，首先萎凋很难均匀一致。为达一致，一般经日光萎凋后，再移入室内摊放一段时间，使其继续自然萎凋；其次日光萎凋叶无直接吸收烟味，毛茶松烟味不足，滋味不够鲜爽。同时，日光萎凋只限于晴天，产地4、5月份雨水较多，所以较多采用的是室内加温萎凋。

（2）揉捻

同绿茶一样采用揉捻机（55型），投叶约30kg，加压方式也遵循"轻—重—轻"、"老叶长时重揉"、"嫩叶短时轻揉"的原则，一般嫩叶揉40min，中等叶揉60min，老叶90min，中间解决筛分一次（即两次揉），揉至茶汁溢出，叶卷成条即可。

（3）转色

经揉捻的叶子装入箩筐中，厚30~40cm或装叶较厚，中间挖一洞，以便通气，并稍加压紧，盖上湿布，保温、保湿。为转色创造良好的条件，春节季节气温较低，可将箩筐搬到加温萎凋的青楼上，提高叶温，促进转色。经5~6h，有80%以上叶子转色呈红褐色，青臭气消失，发出愉快茶香，即可过红锅。

（4）过红锅

过红锅是小种红茶初制的特殊而重要的技术措施。它是利用高温迅速破坏酶的活力，适时地停止转色，散发青草气，增进茶香，使香气鲜纯。同时保持一部分可溶性多酚类化合物不受氧化，使茶汤鲜浓而甜醇，叶底红亮。

传统制法是用平锅过红锅、温度200℃左右，投叶量1~1.5kg，迅速翻炒2~3min，使叶子受热，叶质柔软，便可起锅复揉。

现在已用仿浙一型杀青机过红锅，锅炉温80~90℃，投叶量4~5kg，约经3min。因锅温较低，投叶量较多，有促进转色的作用。因此，转色叶掌握偏轻程度，有80%叶转色即可过红锅，使其在锅中继续转色，经复揉后正好达转色程度。

（5）复揉

把过红锅的叶子趁热揉捻5~6min，使条索更为紧结，揉出更多的茶汁，以增加茶汤浓度。复揉后的叶子要及时解决、干燥，不可放置过长时间；否则转色可能过度，影响品质。

（6）熏焙

烟熏干燥是小种红茶制法特点之一，是形成香高带松柏烟香和桂圆汤味的品质风味重要过程。

将复揉叶分别薄摊于水筛上，每筛2~2.5kg，摊叶厚度3~5cm。水筛置于青楼楼下焙架上，呈斜形鱼鳞状排列，有利于热烟穿透至水筛各部分。地面用纯松柴燃烧，明火熏焙，开始火温要高，防止湿坯转色过度，至八成时，将火苗压小，降低温度，增大烟量，使温坯大量吸收松烟条件。熏焙时不翻拌，一次熏干，以免条索松散，熏焙8~12h。

现在改用烟道熏焙，不仅可保持原有的熏焙特点和松烟香，同时操作方便、灵活，不会引起火灾，可保护操作者的身体健康，但熏焙的时间稍长。

（7）复火

毛茶出售进行复火，达到8%以内的含水量，复火采用低温长时间熏焙，使其吸足烟量。

红碎茶加工要点

红碎茶亦称初制分级红茶，是我国外销红茶的大宗产品，也是国际市场的主销品种。1988年我国红碎茶出口量达10万吨，创历史最高纪录。红碎茶品质较好的产区主要有云南、广东、广西、四川、海南等省（区），以大、中叶种所制的品质最好。各地小叶种，如果鲜叶细嫩、制法先进，也可生产一些优质茶，如江苏省近年用C.T.C制法所制的红碎茶，湖南瓮江茶厂使用L.T.P+C.T.C制的红碎茶，四川新胜茶场、广东英德茶场利用云南大叶种与当地中、小叶种实行"分萎混揉"所制红碎茶，均获得较好的制茶品质。

1. 花色种类及品质特征

为适应国际市场客户的需求，我国出口红碎茶按品质风格分为两大类型：一是外形匀整、粒型较大、汤色红浓、滋味浓厚、价格适当的中、下级茶和普通级茶，以俄罗斯、东欧、中东国家为主销对象；一是体型较小、净度较好、汤色红艳、滋味浓强、鲜爽，香气高锐持久的中、高级茶，以西欧、澳大利亚主销。美国需要大量低档茶做冰茶原料，而袋泡茶则要求香味中和，碎茶容重370~400g/L，末茶容重420~460g/L。

红碎茶的各花色主要特征是：

（1）叶茶类

外形规格较大，包括部分细长筋梗，可通过2~4mm抖筛，长10~14mm。

① 花橙黄白毫（Flowery Orange Pekoe），由细嫩芽叶组成，条索紧卷匀齐，色泽乌润，金黄毫尖多，长8~13mm，不含碎茶、末茶或粗大的叶子。

② 橙黄白毫（Orange Pekoe），由头子茶中产生，不含毫尖，条索紧卷，色泽尚乌润。

（2）碎茶类

外形较叶茶细小，呈颗粒状和长粒状，长2.5~3.0mm，汤艳味浓，易于冲泡，是红碎茶中大宗产品。

① 花碎橙黄白毫（Flowery Broken Orange Pekoe），是红碎茶中品质最好的花色。由嫩尖所组成，多属第一次揉捻后解块分筛的一次一号茶。呈细长颗粒，含大量毫尖。形状整齐，色泽乌润，香高味浓。

② 碎橙黄白毫（Broken Orange Pekoe），大部分由嫩芽组成，包括12孔下~16孔上的碎粒茶，长度3mm以下，色泽乌润，香味浓郁，汤色红亮，是红碎茶中经济效益较高的产品。

③ 碎白毫（Broken Pekoe），形状与B.O.P.相同，色泽稍逊，不含毫尖，香味较前者次，但粗细均匀，不含片、末茶。

④ 碎橙黄白毫片（Broken orange Pekoe Fanning），是一种小型碎茶，系从较嫩叶子中取出，外形色泽乌润，汤色红亮，滋味浓强，由于体型较小，茶汁极易泡出，是袋泡茶的好配料。

（3）片茶类（Fanning）

片茶是指从12~14孔碎茶中风选出质地较轻的片形茶，按外形大小可以分为片茶一号（F1）和片茶二号（F2）。中小叶种还要按内质分为上、中、下三档。

（4）末茶类（Dust）

外形呈砂粒状，24孔底~40孔面茶，色泽乌润，紧细重实，汤色较深，滋味浓强。传统方法生产的末茶仅占3%~5%，但用C.T.C或转子机法生产的，含量可达20%以上。由于其体型小，冲泡容易，亦是袋泡茶的好原料。

（5）混合碎茶（Broken Mixture）

是从各种正规红茶中风选出片形茶混合物，没有固定形状，很不匀整，含有片和茶梗，香味较差，汤色浅淡，如加工成末茶，可使内质有所改进。

我国根据国际市场分级红茶的规格要求和我国生产实际，结合产地、茶树品种和产洁质量情况，制定四套加工、验收统一标准样。第一套仅适用于云南省云南大叶种制成的红碎茶；第二套适用于广东、广西等省（区）引种的云南大叶种制成的产品；第三套适用于贵州、四川、湖北、湖南部分厂家生产的中、小叶种制成的产品；第四套适用于浙江、江苏、湖南等省的中、小叶种制成的产品。但近年来，以上标准的执行存在不少问题，尤其样价不同步，造成执行中许多困难。

2. 红碎茶加工技术

红碎茶要求嫩、鲜、匀、净。为保证鲜叶质量标准，目前各茶场（厂）已逐步实行或试行鲜叶评级验收标准，如广东省从化县温泉茶厂及四川省红碎茶研究小组制订的鲜叶评级标准可供参考（见表6-4，表6-5）。

表6-4 　　　　　　　　　　　　　广东温泉茶场鲜叶验收标准

级别	主要芽叶组成	各种芽叶比例/%	匀鲜净度
一级	一芽二叶	一芽二叶占50%、一芽三叶初展30%，同等嫩度的对夹叶、单片20%	均匀、新鲜、洁净无杂物，不合标准芽超过8%者降一级，匀度不好降一级
二级	一芽二叶、一芽三叶初展	一芽二叶占20%、一芽三叶初展50%，同等嫩度的对夹叶、单片30%	均匀、新鲜、洁净无杂物，不合标准芽超过8%者降一级，匀度不好降一级
三级	一芽二三叶	一芽三叶初展占15%、较老化一芽二三叶占40%、同等嫩度的对夹叶占45%	均匀、新鲜、洁净无杂物，不合标准芽超过8%者降一级，匀度不好降一级
等外	对夹叶及单片	当轮老嫩不分的芽叶，较嫩的对夹叶和单片叶	均匀、新鲜、洁净无杂物，不合标准芽超过8%者降一级，匀度不好降一级

表6-5 　　　　　　　　　　　　　四川某茶厂鲜叶分级标准

级别	芽叶组成/%			品质说明
	一芽二三叶	同等嫩度的对夹叶、单片	单片不超过	
一级	65~70	30~35	10	芽叶鲜嫩面壮、柔软、多茸毛
二级	55~60	40~45	20	芽叶鲜嫩、柔软、有茸毛
三级	45~50	50~55	30	芽叶新鲜尚柔软无伤、变叶
四级	30~40	60~70	40	芽叶新鲜、叶质欠柔软不含硬化叶
五级	30以下	70以上		低于四级品质的鲜叶

红碎茶鲜叶加工分萎凋、揉切、发酵、干燥四道工序，由于要达到揉切的目的，有些工序

的设备、技术条件和要求与工夫红茶有明显的差别。

（1）萎凋

萎凋是红碎茶加工中最基本的工序，是揉切不可缺少的前提条件，它为红碎茶"浓、强、鲜"品质的形成奠定了物质基础。

红碎茶萎凋的机具与方法大致与工夫红茶相同。萎凋程度的掌握，根据鲜叶品种和所使用的揉切机型不同有所差别，传统制法和转子机制法萎凋偏重，C.T.C法和L.T.P制法偏轻（表6-6）。萎凋程度与红碎茶品质关系较为密切。据广东省英德茶叶研究所分析，萎凋叶含水率70%，其茶黄素含量比含水率为55%者高出一倍，鲜爽度明显提高。

表6-6 红碎茶不同制法萎凋程度指标

含水量/% \ 制法 \ 品种	传统制法	转子机制法	C.T.C.制法	L.T.P.制法
云南大叶种	55~58	58~62	68~72	68~70
中小叶种	58~60	60~65	66~70	66~70

湖南省茶叶研究所对当地中小叶种所制红碎茶分析结果也有同样趋势，萎凋叶含水率高，成茶茶黄素含量也高。当含水率低于60%时，茶黄素含量大幅度下降（表6-7，表6-8）。

表6-7 不同萎凋程度红碎茶品质的关系

含水量/% \ 项目	TF/%	TR/%	TR/TF	鲜爽度得分	浓强度得分	总得分
70	1.49	14.31	9.61	64.08	43.48	107.56
55	0.74	11.44	15.38	39.04	60.72	99.76

表6-8 不同萎凋程度对茶黄素含量的影响

项目 \ 含水量/%	74.5	70.3	64.4	59.4	53.5	50.5
茶黄素	0.94	0.09	0.89	0.75	0.74	0.57
品质得分	62.51	69.33	68.84	61.43	62.84	57.55

萎凋叶含水量多少，可以影响揉切叶温的高低。由于揉切中的摩擦产生的热量在揉切机内未能及时散发而使叶温升高。但轻萎凋叶含水量高，热容量大，叶温不易升高，减缓了茶黄素的氧化缩合，保留较多的茶黄素，因而提高了茶叶的强、鲜度（表6-9）。

表6-9 不同萎凋程度对揉切叶温的影响

萎凋程度	揉条叶温比室温升高/℃	揉切叶温比室温升高/℃
轻萎凋（含水63%~65%）	7.3	3.2
中萎凋（含水55%~58%）	8.7	4.1
重萎凋（含水51%~54%）	9.5	5.3

国外红碎茶萎凋程度掌握差距很大，肯尼亚采用轻萎凋，萎凋叶含水率为65%~68%，茶黄素含量在1.5%以上，最高可达2.15%，其鲜爽度与浓强度得分比例为2:1，浓、强、鲜较全面，在国际市场上获得最高售价。斯里兰卡采用重萎凋，含水量为55%，成茶鲜爽度与浓强度比例次于肯尼亚茶叶，品质也稍差。

红碎茶对不同季节、不同嫩度鲜叶的萎凋程度的掌握原则与工夫红茶基本相同。萎凋时间长短受品种、气候、萎凋方法等因素的影响，一般不得少于6h，也不超过24h，以8~12h为宜。但印度阿萨姆等地区在茶季空气湿度太高，有采用不萎凋直接揉切的，但香味较次。

（2）揉切

由于揉切不仅是塑造红碎茶外形、内质的关键工序，也是传统制法费工最多、劳动强度最大的工序。20世纪60年代后期开始，在开展红碎茶工艺技术科学实验中，世界各国对此工序机具投入大量人力物力进行研究并取得突破性的进展。到了70年代中期，适合我国国情的多种类型的揉切机具相继问世。对我国红碎茶的崛起起了极大的推动作用。与传统盘式揉切机比较，新研制和引进的切碎机的共同特点是能将萎凋叶强烈、快速切碎。不仅大大地提高了生产效率，而且适合红茶加工原理，为茶多酚的良性氧化，生产较多的TF、TR，全面提高产品"浓、强、鲜"的品质风味奠定了基础。

1）揉切机器

类型很多，有圆盘式揉切机、C.T.C.揉切机、转子式揉切机、L.T.P.锤切机等。

① 圆盘式揉切机：又称平板机。机群外形与运转原理与普通揉捻机相同，仅设有8~12个弧形锋利的揉齿。茶条在揉桶回转过程中被切细。切细效果因机型、操作压力、揉切次数而不同。用普通揉捻机与圆盘式揉切机联用制红碎茶称为传统稍法。

② C.T.C.（Cushing Tearing Curling）揉切机：机器主体由刻凹形花纹的不锈钢滚筒组成，两个滚筒反向内旋，转速不同，分别为700r/min与70r/min，茶条通过两个不同转速的镶筒挤压、撕切、卷曲而成颗粒形碎茶，切细效率高，但体型与其他方法遭切的茶差异很大。

③ 转子式揉切机：国外称Rotorvance，利用转子螺旋推进茶条，达到挤压、紧揉、绞切的作用，揉切效率高，碎茶比例大，颗粒紧实。各地根据生产实际研究和创造各种型号转子机，大致可分为叶片棱板式、螺旋滚切式、全螺旋式和组合式四大类型，产品品质各有特点。中型的有英德25、邵东27；小型的有英德20、邵东18、俘山18、羊艾20、茅麓18，另外还有芙蓉705、南川759等型号。

④ 锤式机：国外称L.T.P.（Laurie Tea Processor），是一种新型的制茶机械。机内有锤刀和锤片160块，共分40个组合。前8组锤刀，后31组锤片加一组锤刀，转速2250r/min，在1~2s内完成破碎作业。由于叶片受到锤片的高速锤击，形成大小均匀、色泽鲜绿的小碎片喷出。大小0.5~1.0mm。6CZ-30锤式机切出碎片1.0~2.5mm。

2）揉切方法

有传统揉切法、转于机揉切法等。由于各种机器性能的限制，采用单一类型揉切机或一次性完成揉切，都未能达到使叶细胞组织快速而充分损伤的效果。为此，各地多采用多种类型机器配套机组和配套揉切技术，为进一步提高我国红碎茶品质，适应国际市场需要，增强在国际市场的竞争能力展示了广阔的前景。

① 传统制法：一般先揉条，后揉切。要求短时、重压、多次揉切，分次出茶。

萎凋叶先在揉捻机上揉捻30~40min基本成紧结条索，解块筛分，筛面茶和筛底茶分别送55型圆盘揉切机揉切20min，经5孔、6孔筛解块筛分，筛底为一号碎茶，即可发酵。筛上茶反复揉切，第二次揉切为15min，第三次10min，必要时再进行第四次揉切10min。一般取碎茶85%以上（茶头率15%），老叶不宜强切。揉切时加压与减压交替，一般加压7~8min，减压

2~3min，多加重压，以便揉叶翻切均匀，降低叶温，多出碎茶。

揉切次数和揉切时间长短，根据气温高低、叶质老嫩而定。气温高，每次柔切时间应短，增加揉切次数，以降低叶温。嫩叶揉切次数和揉切时间均可减少，以提取毫尖和叶茶为主的可采用传统揉切法。

② 转子机揉切法：转子揉切机所制红碎茶比传统揉切法具有揉切时间短、碎茶率高、颗粒紧结、香味鲜浓等优点。20世纪70年代，各地改进和推广多种型号的转子揉切机，以适应不同类型的鲜叶。由于揉切机性能不同，机型组合配套不同，揉切程序也有很大差异。例如英德7051-50型、芙蓉709型以搓条作用为主，部分地切细叶片；英德30型、美蓉705型主要起切细作用，它们的制茶品质也有差异。湖南省茶叶研究所以不同类型揉切机进行对比试验，其化学成分比较如表6-10。

表6-10　　　　　　　不同类型转子揉切机的主要化学成分比较（碎茶三号）

鲜叶级别	机型	水浸出物/%	多酚类化合物/%	茶黄素/%	茶红素/%	TR/TF
二级	30型转子揉切机	27.73	11.23	0.588	7.907	13.45
	27型绞切转子机	29.29	12.09	0.602	7.822	12.99
	18型绞切转子机	30.10	12.62	0.615	7.540	12.26
	70型圆盘揉切机	27.90	10.66	0.201	10.05	50.00
四级	30型转子揉切机	31.50	11.25	0.789	7.540	9.56
	27型绞切转子机	32.28	11.34	0.803	7.201	8.97
	18荆绞切转子机	31.53	10.61	0.836	6.128	7.33
	70型圆盘揉切机	31.38	10.45	0.636	7.173	11.28

③ 不同类型机器组合揉切法：C.T.C.机、L.T.P.机引进和仿制改进的锤切机，在揉切中具有强烈、快速和持续叶温低的特点，可提高制茶茶黄素的含量，充分发挥各种类型揉切机的优点，达到既卷紧颗粒又充分切细的效果，各地对不同机型组合进行大量试验研究，均能不同程度地提高制茶品质。大致有以下几种组合方法。

转于揉切机与三联C.T.C.组合：其优点是揉切速度快，时间短，全程20~30s，在室温28.5℃下，叶温高2.8~5.5℃，而传统制法叶温提高6~7℃，由于叶温较低，在揉切机内的时间短，儿茶多酚类的氧化轻微，使揉切后有一个适合条件的发酵过程，发酵程度得以控制，因此获得浓、强、鲜的品质（表6-11），且提高碎茶率，使2-1号茶达88.15%，较现行制法（平揉＋转子机）提高53.04%。

表6-11　　　　　　　新、旧揉切法干毛茶感官审评结果

处理 \ 项目	香气	汤色	滋味	叶底
转子机＋C.T.C.×3	尚高	红亮	鲜强	红匀
平揉+转子机	平正	红明	欠浓	欠红、青片稍多

注：鲜叶为云南大叶种三组

新的揉切方法，茶黄素含量有明显提高，使鲜爽度和浓强度得分大大超过现行制法（表6-12）。

表6-12 新、旧揉切法干毛茶化学成分分析

处理 \ 项目	多酚类化合物/%	茶黄素/%	茶红素/%	鲜爽度得分	浓强度得分	总得分
转子机+C.T.C.×3	26.58	1.00	9.03	59.30	47.05	106.35
平揉+转子机	23.09	0.72	9.98	41.30	29.40	70.70

L.T.P.与C.T.C.组合：贵州用L.T.P.机与二次C.T.C.机组合制法同转子机联装组合进行比较试验，结果表明L.T.P.+C.T.C.制法茶黄素含量较高，汤色和鲜爽度较好，但浓强度不及转子机联装的好（表6-13）。

表6-13 C.T.C.制法和转子机联装制法品质比较

处理 \ 项目	花色	茶黄素/%	汤色、鲜爽度得分	浓强度得分	内质总分
L.T.P+C.T.C.×2	碎一	1.21	51.5	38.0	89.5
	碎二	1.28	51.4	39.8	91.2
	末茶	1.29	51.8	37.6	89.4
转子联装	碎一	1.11	43.4	43.0	90.4
	碎二	1.10	43.2	42.0	85.2
	末茶	1.16	48.2	40.8	89.0

锤击机、转子揉切机、C.T.C.机的各种形式，中国土畜产进出口总公司和中国农业科学院茶叶研究所等单位在江苏省镇江进行不同组合试验，结果表明，这几种揉切机的组合都明显提高品质，尤以锤击机与转子机组合提高幅度较大，特别是锤击机能提高茶黄素的含量及提高鲜爽度（表6-14）。

表6-14 不同揉切机组合对比试验

花色	揉切机组合	茶黄素/%	汤色、鲜爽度得分	浓强度得分	内质总分
碎二	揉切+转子机×3	0.47	24.1	30.5	54.6
	锤击机+转子机×3	1.15	42.7	28.7	71.4
	锤击机+C.T.C.×2	0.89	37.0	29.2	66.2
末茶	平揉+转子机×3	0.55	26.0	34.7	60.7
	锤击机+转子机×3	1.17	43.5	28.5	72.0
	锤击机+C.T.C.×2	0.90	38.2	28.5	66.7

我国红碎茶品质不及肯尼亚、斯里兰卡的产品，主要是鲜强度较差，茶黄素极少超过1%。发挥锤击机、C.T.C.机揉切时间短、损伤叶细胞组织强烈快速、揉切叶温低、供氧充足等优势和转于机的浓强度好、颗粒紧卷、造型好等特点，根据鲜叶质量，科学组合配套揉切机具，制定合理的揉切程序，可以获得浓、强、鲜俱佳的红茶品质。

茶叶叶片的栅栏组织细胞或海绵组织细胞的液泡中存在多酚类化合物（某些品种的细胞壁也含有多酚类化合物）。液胞膜是一种选择透性膜，其结构在受机械力或化学药剂的作用易产生移位，结构发生变化，因此在揉捻中极易断裂。而细胞壁是由许多纤维京组成的束状细丝，

交错排列，具有一定的弹性，揉切中细胞壁只会被切割断裂或挤压变形，并不破碎。

揉切叶因细胞失水而产生质壁分离，经过洛托凡揉捻后，叶片损伤较小，以大片叶块居多，叶肉组织几乎没有明显损伤，液胞膜则因失水强烈收缩而部分断裂；膜的蛋白质分子移位，排列整齐的磷脂分子，大部分叶块仍为绿色。此时进入C.T.C.机后，海绵组织细胞膜系统全部破坏，细胞膜选择功能消失，多酚类与多酚氧化酶接触发生酶促氧化，叶色成黄绿色，此时细胞壁仍完好。再经过第二次入C.T.C.机揉切，其结果是叶片破碎程度增加，酶促氧化因时间延长而加深。

萎凋叶进入搓揉型的转子揉切机揉切后，海绵组织出现较大的平移错位，膜系统全部破坏，细胞壁由于挤压而变形，多酚类大量氧化，单细胞分离和曲变，栅栏组织仍然完好。第二次通过转子揉切机后，不仅海绵组织紊乱，且栅栏组织松散。

萎凋叶经过锤击机后组织结构仍较完整，没有异常现象，与萎凋叶的结构类似，锤击机只起切割作用，搓揉力小，对碎片中心部位的组织结构破坏作用不大。此时进入C.T.C.机揉切，海绵组织模糊不清，只有栅状组织依然可见。再次通过C.T.C.机后，栅栏组织也难以辨认，整个组织结构彻底损坏。

总之，各种揉切机对揉切叶的作用是使叶细胞结果错位和单细胞的扭曲变形，从而引起细胞膜的断裂破损。不同类型揉切机的组合，在揉切中使叶片从海绵组织到栅栏组织有顺序地损伤，组织结构从错位、紊乱至彻底破坏，从而达到强烈、快速损伤叶细胞组织的目的，为发酵提供必要条件。

（3）发酵

红碎茶发酵的目的、技术条件及发酵中的理化变化原理与工夫红茶相同。由于国际市场要求香味鲜浓，尤其是茶味浓厚、鲜爽、强烈，收敛性强，富有刺激性的品质风格，因此，发酵程度轻，多酚类化合物的酶性氧化较少。

传统制法的红碎茶，受揉切机具的限制，揉切时间约占全部发酵时间的2/3。可控发酵时间很短，揉切结束时发酵已基本完成，在高温季节甚至发酵过度。使发酵难以控制，这是红碎茶品质低劣的重要原因。近年来，揉切机具的改进，大大缩短揉切时间，使揉切时间在几十秒内完成，揉切结束，揉切叶仍为鲜绿色或绿色微黄，为控制发酵提供了有利条件。

① 茶黄素含量高低是红碎茶品质的重要指标：优质红茶要求茶红素与茶黄素两者含量高而两者比值低，品质鲜爽强烈。我国传统制法的红碎茶黄素含量在0.7%以下，很少达到1%，茶红素与茶黄素比值为15~25。印度、斯里兰卡的资料表明，比值在10~12的浓强度与鲜爽度较好。

② 发酵程度：由于品种、气候条件、萎凋程度和揉切机具不同，发酵速度不一。在同等条件下发酵程度决定于发酵时间。如中小叶种需加强茶汤浓度，发酵程度应比大叶种稍重，大叶种（尤其是云南大叶种）主要突出鲜强度，发酵程度应轻；气温高，发酵应偏轻，气温低则稍重。

揉捻机类型对发酵速度影响较大，圆盘式揉切机虽加重压揉，但叶细胞组织破坏不及揉切机，发酵速度较慢，发酵时间比转子机揉切叶发酵时间长。

一般云南大叶种发酵叶温控制在26℃以下，时间以40~60min为宜，中小叶种叶温控制在25~30℃，时间以30~50min为宜。

目前国内外为提高发酵质量，控制发酵程度，采用通气发酵车。连续发酵槽，空调发酵车间，以控制发酵温度，提供充足氧气。

③ 发酵程度的鉴定：准确判断发酵程度必须以感官判定与叶象观察相结合。感官判定以发酵叶色开始变红，呈黄或黄红色，青草气消退，透发清香至稍带花香为适度。若出现苹果

香，叶色变红，则发酵过度。

发酵叶象观察是根据贵州茶叶研究所和羊艾茶场研究的发酵叶象与发酵程度的关系（表6-15），将发酵叶象分为六级：一级，叶色呈青绿色，有浓烈的青草气；二级，青黄色，青草味；三级，黄色、清香；四级叶象黄红色、花香或果香；五级，红色，热香；六级，暗红色，低香。云南大叶种以2.5~3级，中、小叶种以3.5~4级为宜。

表6-15　　　　　　　　　　　　　　　发酵叶象与化学成分

批次	化学成分	鲜叶	萎凋叶	揉捻叶	发酵叶各级叶象			
					二级	三级	四级	五级
春茶十九批	多酚类化合物/%		27.24	22.68	23.51	22.68	22.23	21.80
	保留量/%		95.1	85.1	82	79.2	77.6	76.1
	氨基酸/（mg/g）	28.64	289.8	273.2	285.5	280.9	285.1	239.2
	TR/%	100	5.69	9.30	8.08	0.40	9.28	7.97
	TF/%	157.4	0.1000	0.234	0.334	0.468	0.502	0.408
	TR/TF		56.9	31.3	24.2	17.9	18.4	17.0
秋茶第三批	多酚类化合物/%		25.65		22.66	21.37	20.94	20.52
	保留量/%		93.5	207.5	82.6	77.9	76.2	74.9
	氨基酸/（mg/g）	27.42	215.2	6.77	256.5	249.1	249.2	231.g
	TR/%	100	6.96	0.200	8.72	7.48	9.28	8.19
	TF/%	190.5	0.100	33.8	0.535	0.669	0.535	0.502
	TR/TF		69.5		16.3	11.2	17.3	16.3

据中国农业科学院茶叶研究所试验，当茶黄素含量达到最高数值时，汤色、鲜爽度化学鉴定得分最高，是发酵适度的标志，它与感官审评相一致（图6-1）。

（4）干燥

干燥的目的、技术以及干燥原理与工夫红茶相同，仅在具体措施上有所区别。

由于揉切破坏叶组织的程度较高，多酚类的酶促氧化十分激烈，迅速高温破坏酶的活性，制止酶促氧化并迅速蒸发水分，避免湿热作用引起的非酶促氧化，因此，可以采用薄摊一次干燥，但必须根据烘干机的性能而定。就目前我国多数使用的烘干机，仍采取两次

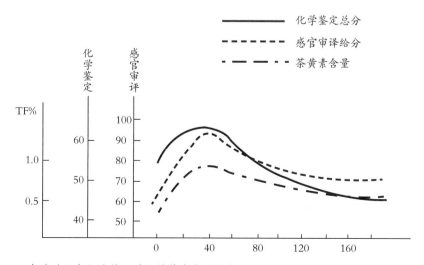

图6-1　发酵过程中红碎茶品质及茶黄素含量的变化（1980—1981年茶叶科学研究年报）

干燥为宜。

毛火进风温度110~150℃，采用簿摊快速干燥，摊叶厚度1.25~1.50 kg/ m²，烘至八成干（含水20%左右）。毛火叶摊放要薄，避免因高温堆积引起非酶促氧化。摊放时间为15~30min，不宜过长。足火95~100℃，摊叶2kg/m²，烘至足干下机，足火叶含水率5%。

无论采用一次干燥或二次干燥，在发酵叶达到适度时应及时上烘，干燥时应严格分号，干燥后摊凉至室温时应立即分别装袋贮存，并及时付制加工。

相关知识

1. 基本简介

红茶也被称为"乌茶"，英文为black tea。红茶在加工过程中发生了以茶多酚酶促氧化为中心的一系列化学反应，鲜叶中的化学成分变化较大，茶多酚减少90%以上，产生了茶黄素、茶红素等新成分，香气物质比鲜叶明显增加，所以红茶具有红茶、红汤、红叶和香甜味醇的特征。

红茶的种类较多，产地较广，按照其加工方法与产品茶形，一般又可分为三大类：小种红茶、工夫红茶和红碎茶。

红茶为我国第二大出口茶类，出口量占我国茶叶总产量的50%左右，客户遍布60多个国家和地区。其中销量最多的是埃及、苏丹、黎巴嫩、叙利亚、伊拉克、巴基斯坦、英国及爱尔兰、加拿大、智利、德国、荷兰及东欧各国。

2. 红茶起源

中国作为茶叶的原产国，也是红茶的发祥地，而武夷山桐木关的正山小种红茶为世界红茶鼻祖，正山小种红茶迄今约有400年的历史。据正山小种红茶世家第二十四代传人——江元勋先生所说，江氏族谱中记载：江氏家族于南宋末年迁居崇安县（现为武夷山市）桐木关，世代种茶。其家族世代掌握茶叶加工技术。在江氏家族内，流传着这样一个关于正山小种红茶产生的说法：大约在明朝后期某年采茶季节，有一北方军队路过桐木关庙湾，夜晚驻扎在当地的木制茶叶加工点，睡在茶叶青叶上。待到天明军队离开后，茶叶青叶已经变软发红，而且带黏性。江氏族人非常着急，为了尽量挽回损失，族人决定把已经变软的茶叶搓揉成条，并用当地盛产的马尾松枯萎材块作为燃料烘干已经带黏性的茶青。

待到茶叶烘干后，原来红绿相伴的茶叶变得乌黑发亮，并且带有一股松脂的香气。可是烘干好的茶叶在当地并没有人愿意买，于是江氏族人把这种乌黑发亮的茶叶挑到45km外的星村，期望尽可能地挽回些损失。令人没有想到的是，当第二年的制茶季节将要来临时，有人竟然愿意出高于原来茶叶几倍的价格来收购这种乌黑并且带松脂香味的茶叶，并且付了现款。之后，在高价格的驱动下，这种乌黑、带有松脂香味的茶叶越做越多，生意也越来越兴旺，社会影响也越来越广。

江氏族人根据这种茶叶的颜色，称其为"乌茶"，在方言中，乌是黑的意思。后来为了与桐木关外冒充这种红茶的茶叶相区别，江氏族人称其为"正山小种红茶"，"正山"即为真正的高山上的茶，正宗的意思。这种乌黑带有松脂香味的茶叶就是红茶的鼻祖——正山小种红茶。可当时，谁又知道官兵睡了一夜后，变软发红且带黏性的茶青就是发酵后的茶青呢？关于红茶起源的这个传说也记载在《中国茶经》上。

正山小种红茶最早于1610年流入欧洲。1662年，当葡萄牙凯瑟琳公主嫁给英皇查理二世时，她的嫁妆里面就有几箱中国的正山小种红茶。从此，红茶被带入英国宫廷，喝红茶迅速成为英国皇室生活不可缺少的一部分。在早期的英国伦敦茶叶市场中，也出售正山小种红茶，并且价格异常昂贵，唯有豪门富室方能饮用，一时间正山小种红茶成为英国上流社会不可缺少的饮料。英国人挚爱红茶，渐渐地把饮用红茶演变成一种高尚华美的红茶文化，并把它推广到了全世界。拜伦在他的《唐璜》中赞美道：我觉得我的心儿变得那么富于同情，我一定要去求助于武夷的红茶，真可惜酒却是那样的有害，因为茶和咖啡使我们更为严肃。英国诺顿也夸奖道：喝这种茶胜过饮人参汤。

武夷山桐木关的正山小种红茶产生后，因其卓越的品质，迅速被欧洲人接受，得到了飞速发展，并一直占据中国出口茶叶的主导地位，成为中国优质茶叶的代表。经营正山小种红茶的商人也获得了丰厚的利润。但是武夷山桐木关方圆只有几百公里，致使正宗的正山小种红茶的产量非常有限，而它的市场却在不断地拓展。在丰厚利润的驱使下，部分茶叶生产者开始仿制正山小种红茶，其中关键的工序就是用马尾松材块对发酵后的青叶进行烘焙。虽然青叶不是正宗的正山——桐木关所产，但味道与正宗正山小种红茶有相似之处，因此也被急需正山小种红茶的欧洲市场所接受。

茶叶泰斗张天福先生在2001年回到久别的武夷山桐木关时，亲手为正山小种红茶的原产地核心区——桐木关庙湾题词正山小种发源地，为正山小种红茶世家第二十四代传人——江元勋先生题词：茶叶世家。在张天福老先生以及社会各界人士的关心与支持下，正山小种红茶的生产得到了迅速的发展。

3. 红茶品种

在中国，红茶分为小种红茶、工夫红茶和红碎茶三种。小种红茶中最知名的是正山小种（也称拉普山小种）。工夫红茶是从小种红茶演变而成的，工夫红茶有滇红工夫、祁门工夫红茶。世界上的四大著名红茶是：祁门红茶（中国）、阿萨姆红茶（印度：阿萨姆邦）、大吉岭红茶（印度：西孟加拉邦的大吉岭）、锡兰高地红茶（斯里兰卡）。

中国是红茶的原产地，中国知名红茶有：福建的正山小种、福建的闽红、安徽的祁红、云南的滇红、广东的英德红茶、四川的马边功夫红茶。除了单一品种红茶外，还有混合茶（blended tea）和调味茶（flavored tea）。混合茶是把不同品种红茶的搭配起来制成的。调味茶是在红茶中加入水果、花、香草制成的，如加入了佛手柑的英国伯爵茶，加入了荔枝的中国岭南的荔枝红茶等。

（1）小种红茶

小种红茶是福建省的特产。有正山小种和外山小种之分。正山小种产于1000m以上的高山，如今已经实行了原产地保护。小种红茶：条索肥壮、紧结圆直、色泽褐红润泽；汤色深红（亮度不够）；香气高爽、有纯松烟香；滋味浓而爽口，活泼甘甜，似桂园汤味。

1）正山小种

产于崇安县星村乡桐木关，所以又称为星村小种或桐木关小种。

正山小种

2）外山小种

主产于福建的政和、坦洋、古田、沙县等地，近年来江西的铅山一带也有出产。

（2）工夫红茶

工夫红茶：条索紧细匀直，色泽黑褐油润；汤色红艳明亮；香气高锐、持久、具有甜香；滋味醇厚甜爽。

1）祁门工夫

祁红特茗

成品茶条索紧细苗秀、色泽乌润、金毫显露、汤色红艳明亮、滋味鲜醇醹厚、香气清香特久，以似花、似果、似蜜的"祁门香"闻名于世，以外形苗秀，色有"宝光"和香气浓郁而著称，在国内外享有盛誉，位居世界四大高香红茶之首。是我国传统工夫红茶之珍品，有百余年的生产历史，主要产于安徽省祁门县，与其毗邻的石台、东至、黟县及贵池等县也有少量生产。

祁红工夫茶条索紧秀，锋苗好，色泽乌黑泛灰光，俗称宝光，内质香气浓郁高长，似蜜糖香，又蕴藏有兰花香，汤色红艳，滋味醇厚，回味隽永，叶底嫩软红亮。祁门红茶品质超群，被誉为"群芳最"，这与祁门地区的自然生态环境条件的优越是分不开的。全县茶园总面积的65%左右的茶园，土地肥沃，腐殖质含量较高，早晚温差大，常有云雾缭绕，且日照时间较短，构成茶树生长的天然佳境，酿成祁红特殊的芳香厚味。

采制工艺：祁红于每年的清明前后至谷雨前开园采摘，现采现制，以保持鲜叶的有效成分。鲜叶按质分级验收，特级祁红以一芽一叶及一芽二叶为主。其制作分初制、精制两大过程。初制包括萎凋、揉捻、发酵、烘干等工序；精制则将长、短、粗、细、轻、重、直、曲不一的毛茶，经筛分、整形、审评提选、分级归堆，为了提高干度，保持品质，便于贮藏和进一步发挥茶香，再行复火、拼配，成为形质皆优的成品茶。

祁门红茶从1875年问世以来，为我国传统的出口珍品，早已享誉国际市场。1915年获巴拿马万国博览会金质奖章。1980、1985、1990年由祁门茶厂生产的特级、一、二级祁红连续三次获国家优质食品金质奖。1986年被商业部评为全国优质名茶。1987年又获第二十六届世界优质食品金质奖章。1992年获中国旅游新产品天马金奖；1993年被国家旅游局评为国家级指定产品，祁门茶厂被定为国家旅游产品定点生产企业。已出口英、北欧、德、美、加拿大、东南亚等50多个国家和地区。

2）滇红工夫

滇红工夫茶

　　滇红工夫茶，属大叶种类型的工夫茶，主要产于云南的临沧、保山等地，是我国工夫红茶的后起之秀，以外形肥硕紧实，金毫显露和香高味浓的品质独树一帜，称著于世。滇红工夫外形条索紧结，肥硕雄壮，干茶色泽乌润，金毫特显，内质汤色艳亮，香气鲜郁高长，滋味浓厚鲜爽，富有刺激性，叶底红匀嫩亮。

　　滇红工夫因采制时期不同，其品质具有季节性变化，一般春茶比夏、秋茶好。春茶条索肥硕，身骨重实，净度好，叶底嫩匀。夏茶正值雨季，芽叶生长快，节间长，虽芽毫显露，但净度较低，叶底稍显硬、杂。秋茶正处干凉季节，茶树生长代谢作用转弱，成品茶身骨轻，净度低，嫩度不及春、夏茶。滇红工夫茸毫显露为其品质特点之一，其毫色可分淡黄、菊黄、金黄等类。风庆、云县、昌宁等地工夫茶，毫色多呈菊黄，勐海、双江、临沧、普文等地工夫茶，毫色多呈金黄。同一茶园春季采制的一般毫色较浅，多呈淡黄，夏茶毫色多呈菊黄，秋茶多呈金黄色。

　　滇红工夫内质香味浓，香气以滇西茶区的云县、风庆、昌宁为好，尤其是云县部分地区所产的工夫茶，香气高长，且带有花香。滇南茶区工夫茶滋味浓厚，刺激性较强，滇西茶区工夫茶滋味醇厚，刺激性稍弱，但回味鲜爽。

　　3）闽红工夫

　　闽红工夫茶系政和工夫、坦洋工夫和白琳工夫的统称，均系福建特产。三种工夫茶产地不同、品种不同、品质风格不同，但各自拥有自己的消费爱好者，盛兴百年而不衰。

　　① 政和工夫：产于福建政和，按品种分为大茶、小茶两种。大茶系采用政和大红茶制成，小茶系用小叶种制成。以大茶为主体，是闽红三大工夫茶的上品，外形条索紧结肥壮多毫，色泽乌润，内质汤色红浓，香气高而鲜甜，滋味浓厚，叶底肥壮尚红。小茶系用小叶种制成，条索细紧，香似祁红，但持久，汤稍浅，味醇和，叶底红匀。政和工夫以大茶为主体，扬其毫多味浓之优点，又适当拼以高香之小茶，因此高级政和工夫体态匀称，毫心显露，香味俱佳。

　　② 坦洋工夫：分布较广，主要产于福建的福安、柘荣、寿宁、周宁、霞浦及屏南北部等地。坦洋工夫外形细长匀整，带白毫，色泽乌黑光亮，内质香味清鲜甜和，汤色鲜艳呈金黄色，叶底红匀光滑。

　　坦洋工夫源于福安境内白云山麓的坦洋村，相传清咸丰、同治年间（公元1851—1874年），坦洋村有胡福四（又名胡进四）者，试制红茶成功，经广州运销西欧，很受欢迎，此后茶商纷纷入山求市，接踵而来并设洋行，周围各县茶叶也渐云集坦洋。坦洋工夫名声也就不胫而走，自光绪六年至民国二十五年（公元1881–1936年）的50余年，坦洋工夫每年出口均上万担，其中1898年出口3万余组。坦洋街长1km，设茶行达36家，雇工3000余人，产量2万余担。收鲜叶范围上至政和县的新村，下至霞浦县的赤岭，方圆数百里，境跨七八个县，成为福安的主要红茶产区。运销荷兰、英国、日本、东南亚等二十余个国家与地区，每年收入外汇百余万银元。当时民谚云：国家大兴，茶换黄金，船泊龙风桥，白银用斗量。在1915年，坦洋工夫与国酒茅台同台摘得巴拿马万国会金奖。

　　③ 白琳工夫：主要产于福鼎县太姥山白琳、湖林一带，属于小叶种红茶。太姥山地处闽东偏北，与浙江毗邻，地势较高，群山叠翠，岩壑争奇，茶树常种于崖林之间，根深叶茂，芽毫雪白晶莹。19世纪50年代，闽、广茶商在福鼎经营加工工夫茶，广收白琳、翠郊、蹯溪、黄冈、湖林及浙江的平阳、泰顺等地的红茶条，集中白琳加工，白琳工夫由此而生。当地种植的小叶群体种具有茸毛多、萌芽早、产量高的特点，一般的白琳工夫，外形条索细长弯曲，茸毫多呈颗粒绒球状，色泽黄黑，内质汤色浅亮，香气鲜纯有毫香，味清鲜甜和，叶底鲜红带黄，取名为"橘红"，意为橘子般红艳的工夫，风格独特，在国际市场上很受欢迎。

4）湖红工夫

主产地是湖南安化、平阳、长沙、涟源、浏阳、桃源、邵阳、平江、长沙一带。

5）宁红工夫

主产于江西省修水、武宁、铜鼓一带。

6）川红工夫

主产于四川省宜宾、重庆、雅安等地区，是20世纪50年代产生的工夫红茶。四川省是我国茶树发源地之一，茶叶生产历史悠久。四川地势北高南低，东部形成盆地，秦岭、大巴山挡住北来寒流，东南向的海洋季风可直达盆地各隅。年降雨量1000~1300mm，气候温和，年均气温17~18℃，极端最低气温不低于-4℃，最冷的1月份，其平均气温较同纬度的长江中下游地区高2~4℃，茶园土壤多为山地黄泥及紫色砂土。

川红工夫外形条索肥壮圆紧、显金毫，色泽乌黑油润，内质香气清鲜带枯糖香，滋味醇厚鲜爽，汤色浓亮，叶底厚软红匀。川红问世以来，在国际市场上享有较高声誉，多年来畅销苏联、法国、英国、德国及罗马尼亚等国，堪称中国工夫红茶的后起之秀。

7）宜红工夫

主产于湖北省的宜昌、恩施等地区。

8）越红工夫

主产于浙江省的绍兴、诸暨、嵊县一带。

9）浮梁工夫

主产地江西景德镇一带的山区和丘陵地带，景德镇一带古称浮梁。

10）湘红工夫

主产于湖南湘西的石门、慈利、桑值、大庸等县市，现已被归于湖红工夫。

11）台湾工夫

在台湾的山地、丘陵地区均有出产，以台北县文山地区出产的为上品。

12）江苏工夫

江苏不少产茶的地方均有出产。

13）铁观音红茶

福建省安溪县的蓝田乡黄柏村等地。

14）粤红工夫

广东的潮安等地。

15）马边功夫

马边功夫为红茶新贵，由四川马边金星茶厂创制。选用海拔1200~1500m的四川小叶种为原料，结合各地功夫红茶工艺精制而成。

（3）红碎茶

红碎茶是国际茶叶市场的大宗产品，目前占世界茶叶总出口量的80%左右，有百余年的产制历史，而在我国发展，则是近30年的事。红碎茶花色很多，在我国不仅有各适用于大叶种，中小种和产地不同，制法不同的四套标准样，而且每套标准样又分碎茶、片茶、末茶和叶茶四种类型。红碎茶品质总的要求：碎茶颗粒紧细；片茶呈状；末茶呈砂粒状，叶茶条索紧卷。色泽要求乌润，香气清高忌甜香，汤色红艳滋味浓厚、鲜爽刺激性强。也就是内质要求浓、强、鲜。现将中国几种主要制法红碎茶的品质特征介绍如下：

传统制法红碎茶指按最早制造红碎茶的方法，即萎凋后茶坯采用"平揉"、"平切"，后经发酵、干燥制成。这种制法产生叶茶、碎茶、片茶、末茶四种产品，各套花色品种齐全。碎茶颗粒紧实呈短条状，色泽乌黑油润，内质汤色红浓，香味浓，叶底红匀。该类产品外形美观，但内质香味刺激性较小，因成本较高，质量上风格难于突出，目前中国仅很少地区生产。

转子制法红碎茶是指在揉切工序中使用转子机切碎的红茶。中国转子机制法于20世纪70年代在广东英德、江苏芙蓉等地率先采用，英德仿照洛托凡机制成首批转子切茶机，江苏芙蓉参照绞肉机原理制成的转子切茶机相继问世，制出中国第一批转子制法红碎茶。制法上先平揉后切碎，后来卧式揉捻机出现，部分厂（场）组装成自动流水线，将萎凋叶放入卧式揉捻机揉捻成条，再经转子机切碎。该法所制的红碎茶，亦生产碎茶、片茶、末条三类产品。其中碎茶外形紧卷呈颗粒状，重实匀齐，色泽乌润或棕黑油润，内质汤色浓亮，香味浓鲜，具有较强的刺激感，叶底匀齐红亮。该茶除具有外形美观和色泽乌润的优点外，内质浓强度较传统红碎茶好，而且成本较低，现中国大部分茶场（厂）都按此法生产。

C.T.C制法红碎茶是指揉切工序采用C.T.C切茶机切碎制成的红碎茶。C.T.C切茶机（Crushing Tearing Curling）系英国W.麦克尔彻（W.Mckercher）于1930年发明的一种切茶机，1959年引进两台，因缺少配套机械，未能制成C.T.C产品。1982年海南岛南海茶厂引进整套C.T.C机械，正式开始中国C.T.C红碎茶的生产。20世纪70年代末和80年代初期，中国开始制造C.T.C机械，但尚未大面积推广。C.T.C制法红碎茶结实呈粒状，色棕黑油润，内质香味浓强鲜爽，汤色红艳，叶底红艳匀齐，是国际卖价较高的一种红茶。

L.T.P制法红碎茶是指用劳瑞式（Laurie Tea Processor）锤击机切碎的红茶。L.T.P茶机主要由机芯、机座和传动三部分组成。机芯上装有转盘和9组刀片、31组锤片，每组刀、锤片均为4块，共160块，机芯主轴以2300r/min高速旋转进行锤切作业。当萎凋叶进入机腔破碎区后，受40组刀锤片强烈的锤切而被击成粉末状，并在机腔内旋转形成胶结颗粒后喷出机腔。L.T.P碎茶颗粒紧实匀齐，色泽棕红，欠油润，中低档茶显枯滞。香味鲜爽欠浓强，叶底红艳细匀，在热水中散成细小粉末。

1980年中国土畜产进出口公司从国外引进两套L.T.P机具，分别在湖南瓮江、广西百色进行试制，瓮江茶厂根据L.T.P茶内质浓强度上存在的缺点，对萎凋茶叶采用L.T.P机处理后进C.T.C机，再经撕、压、挤作用，增加碎片中细胞破损程度。成品在内质香气滋味浓强度方面有较明显提高，外形颗粒增多，色泽上略有改善。L.T.P加C.T.C制法的红碎茶质量佳，较传统制法的红碎茶售价提高20%~30%，但由于国内总量不多，同时又因色泽棕褐，不利于与其他红茶拼配，因而目前未能大量推广。

1）滇红碎茶

滇红碎茶制作采用优良云南大叶种茶树鲜叶，先经萎凋、揉捻或揉切、发酵、干燥等工序制成滇红毛茶；再加工制成滇红工夫茶，又经揉切制成滇红碎茶。上述各道工序，从1939年在凤庆与勐海县试制成功。成品茶外形条索紧结、雄壮、肥硕，色泽乌润，汤色鲜红，香气鲜浓，滋味醇厚，富有收敛性，叶底红润匀亮，金毫特显，毫色有淡黄、菊黄、金黄之分。

在当时国家制定的红碎茶4套标准样中，以云南大叶种茶树鲜叶加工的红碎茶为第一套样，品质也最好。当时其他省区生产的红碎茶要出口，必须拼入云南茶叶，以提高滋味的浓强度，方能获得好价，故滇红碎茶当时又被称之为"茶叶味精"（摘自邵宛芳《闻香识滇红》。）

2）南川红碎茶

具有"浓、强、鲜、香"的品质特点，质量稳定。获得外商好评，1982年以来先后受到来自日本、美国、英国、巴基斯坦等国家的茶商和茶叶界有关人士高度评价。

南川也曾先后三次派人到日本、美国考察，研修和推销茶叶，加工的南川"峨嵋牌"红碎茶土特产曾获1986年日内瓦第二十五届国际食品博览会金奖，1988年又获中国世界博览会金奖，南川"向阳牌"红碎茶畅销国内外，南川红碎茶被誉为四川茶叶五朵金花之一，南川被定为优质红碎茶商品出口基地。

南川红碎茶以云南大叶种茶树的一芽二三叶为主要原料，其中一芽二叶鲜叶占50%以上，同等嫩度的对夹叶，单片叶不得超过20%。经过鲜叶萎凋—揉捻—揉切—抖筛（筛面反复揉切、筛分）–发酵–干燥等工艺过程，形成外形颗粒紧结重实，色泽乌润；内质香气香高持久，滋味浓强鲜爽，汤色红而明亮，叶底红亮嫩匀。

4. 红茶功效

（1）提神消疲

据资料显示，红茶对血管系统和心脏具兴奋作用，强化心搏，从而加快血液循环以利新陈代谢，同时又促进发汗和利尿，由此双管齐下加速排泄乳酸（使肌肉感觉疲劳的物质）及其他体内代谢废物，达到消除疲劳的效果。

（2）生津清热

夏天饮红茶能止渴消暑，是因为茶中的多酚类、糖类、氨基酸、果胶等与口涎产生化学反应，且刺激唾液分泌，导致口腔觉得滋润，并且产生清凉感；同时咖啡碱控制体温中枢，调节体温，刺激肾脏以促进热量和代谢废物的排泄，维持体内生理平衡。

（3）利尿

在红茶中咖啡碱和芳香物质联合作用下，增加肾脏的血流量，提高肾小球过滤率，扩张肾微血管，并抑制肾小管对水的再吸收，于是促成尿量增加。如此有利于排除体内的乳酸（与肌肉疲劳有关）、尿酸（与痛风有关）、过多的盐分（与高血压有关）等有害物，以缓和各种疾病。

（4）消炎杀菌

红茶中的多酚类化合物具有消炎效果。经由实验发现，儿茶素类能与单细胞细菌结合，使蛋白质凝固沉淀，抑制和消灭病原菌。所以细菌性痢疾及食物中毒患者喝红茶颇有益，民间也常用浓茶涂伤口、褥疮和香港脚。

（5）解毒

据实验证明，红茶中的茶碱能吸附重金属和生物碱，并使沉淀分解，这对饮水和食品受到工业污染的现代人而言，是一项福音。

（6）强壮骨骼

2002年5月13日美国医师协会发表对男性497人、女性540人10年以上调查，指出饮用红茶的人骨骼强壮，红茶中的多酚类有抑制破坏骨细胞物质的活力。为了防治女性常见骨质疏松症，建议每天服用一小杯红茶，坚持数年效果明显。如在红茶中加上柠檬，强壮骨骼，效果更强，在红茶中也可加上各种水果，能起协同作用。

（7）抗氧化、延缓衰老

美国政府资助了150多项关于绿茶和红茶及其化学成分的研究，研究结果表明，绿茶和红茶中的抗氧化剂可以彻底破坏癌细胞中化学物质的传播路径。波士顿贝斯以色列女执事医疗中心血管流行病学主任墨里·密特尔曼医生说：红茶与绿茶的功效大致相当，但是红茶的抗氧化物比绿茶复杂得多，尤其是对心脏更有益。美国杂志报道，红茶抗衰老效果强于大蒜、西兰花和胡萝卜等。

（8）养胃护胃

人在没吃饭的时候饮用绿茶会感到胃部不舒服，这是因为茶叶中所含的重要物质—茶多酚具有收敛性，对胃有一定的刺激作用，在空腹的情况下刺激性更强。而红茶就不一样了，它是经过发酵烘制而成的，茶多酚在氧化酶的作用下发生酶促氧化反应，含量减少，对胃部的刺激性就随之减小了。红茶不仅不会伤胃，反而能够养胃。经常饮用加糖、加牛奶的红茶，能消炎、保护胃黏膜，对治疗溃疡也有一定效果。

（9）抗癌

关于茶叶具有抗癌作用的说法，世界各地的研究人员也对此做过许多的探索，最新研究发现，红茶同绿茶一样，有很强的抗癌功效。

（10）舒张血管

美国医学界最近研究发现，心脏病患者每天喝4杯红茶，血管舒张度可以从6%增加到10%。常人在同样喝4杯红茶后，则舒张度会增加13%。

5. 营养成分

红茶富含胡萝卜素、维生素A、钙、磷、镁、钾、咖啡碱、异亮氨酸、亮氨酸、赖氨酸、谷氨酸、丙氨酸、天门冬氨酸等多种营养元素。红茶在发酵过程中会产生茶黄素、茶红素等成分，其香气比鲜叶明显增加，形成红茶特有的色、香、味。

每100克红茶中所含营养成分表

成分名称	含量	成分名称	含量	成分名称	含量
可食部	100	水分/g	7.3	能量/kCal	294
能量/kJ	1230	蛋白质/g	26.7	脂肪/g	1.1
碳水化合物/g	59.2	膳食纤维/g	14.8	胆固醇/mg	0
灰分/g	5.7	维生素A/mg	645	胡萝卜素/mg	3870
视黄醇/mg	0	硫胺素/mg	0	核黄素/mg	0.17
尼克酸/mg	6.2	维生素C/mg	8	维生素E（T）/mg	5.47
a-E	2.8	（β-γ）-E	2.67	δ-E	0
钙/mg	378	磷/mg	390	钾/mg	1934
钠/mg	13.6	镁/mg	183	铁/mg	28.1
锌/mg	3.97	硒/μg	56	铜/mg	2.56
锰/mg	49.8	碘/μg	0		
异亮氨酸	923	亮氨酸	1671	赖氨酸	1381
含硫氨基酸/T	436	蛋氨酸	237	胱氨酸	199
芳香族氨基酸/T	1700	苯丙氨酸	988	酪氨酸	712

续表

成分名称	含量	成分名称	含量	成分名称	含量
苏氨酸	874	色氨酸	0	缬氨酸	1213
精氨酸	1229	组氨酸	470	丙氨酸	1224
天冬氨酸	2032	谷氨酸	3229	甘氨酸	1051
脯氨酸	828	丝氨酸	948		

6. 红茶饮用

红茶饮用广泛，这与红茶的品质特点有关。如按花色品种而言，有工夫饮法和快速饮法之分；按调味方式而言，有清饮法和调饮法之分；按茶汤浸出方式而言，有冲泡法和煮饮法之分。但不论何种方法饮茶，多数都选用茶杯冲（调）饮，只有少数用壶饮，如冲泡红碎茶或片、末茶。现将红茶饮用介绍如下：

（1）置具洁器

一般说来，饮红茶前，不论采用何种饮法，都得先准备好茶具，如煮水的壶、盛茶的杯或盏等。同时，还需用洁净的水，一一加以清洁，以免污染。

（2）量茶入杯

通常结合需要，每杯放入3~5g红茶，或1~2包袋泡茶。若用壶煮，则一般按茶水比1:50量茶入壶。

（3）烹水沏茶

茶入杯后冲入沸水。如果是高档红茶，以选用白瓷杯为宜，以便观其色泽。通常冲水至八分满为止。如果用壶煮，应先将水煮沸，而后放茶。

（4）闻香观色

红茶通常经3min冲泡后，即可先闻其香，再观察其汤色。这种做法在品饮高档红茶时尤为时尚。低档茶一般很少闻香观色。

（5）品饮尝味

待茶汤冷热适口时，即可举杯品味。饮高档红茶时，饮茶人需在品字上下工夫，缓缓啜饮，细细品味，在徐徐体察和欣赏之中，品出红茶的醇味，领会饮红茶的真趣，获得精神的升华。

如果品饮的红茶属条形茶，一般可冲泡2~3次。如果是红碎茶，通常只冲泡一次；第二次再冲泡，滋味就显得淡薄了。

7. 冲泡技巧

（1）茶叶好

茶叶应避潮湿高温，不可与清洁剂、香料、香皂等其他气味物质共同保存，以保持茶叶的纯净。

（2）水质好

饮用红茶，山泉水最好；一般水龙头流出的自来水，富含空气，能引发红茶内蕴的香气。

（3）茶具好

红茶芬芳的味道，一般用白陶器或玻璃茶具来搭配，来衬托出红茶独特的优美。

（4）温度好

沸腾的开水。水温维持在90~100℃，将茶壶与茶杯用热水烫过温壶（杯），然后加入放好红茶的茶壶中。

（5）时间好

注入热水后将壶盖盖上，使红茶的香气与味道能充分地在热水中释放出来。叶片细小者浸泡2~3min，叶片较大则应闷置3~5min，当茶叶绽开，沉在壶底，并不再翻滚时，即可享用。

8. 世界四大著名红茶介绍

（1）祁门红茶（中国）

祁门红茶，简称祁红，是我国传统功夫红茶的珍品，为历史名茶，出产于19世纪后期，是世界四大高香茶之一，有茶中英豪、群芳最、王子茶等美誉。祁门红茶依其品质高低分为1~7级，主要产于安徽省祁门县，与其毗邻的石台、至东、黟县及贵池等县也有少量生产，主要出口英国、荷兰、德国、日本、俄罗斯等几十个国家和地区，多年来一直是我国的国事礼茶。

（2）大吉岭红茶（印度）

大吉岭红茶产于印度西孟加拉省北部喜马拉雅山麓的大吉岭高原一带，是世界四大红茶之一。大吉岭红茶以5~6月的茶品质最优，被誉为红茶中的香槟。其汤色橙黄，气味芬芳高雅，特级大吉岭红茶带有葡萄香，口感细致柔和，适合春秋季饮用，也适合做成奶茶、冰茶及各种花式茶。其生产工艺是当时正山小种工艺能手带过去，并加以改造形成的。

（3）乌沃（斯里兰卡）

锡兰高地红茶以乌沃茶最著名，产于斯里兰卡山岳地带东侧，是世界四大红茶之一。产地常年云雾弥漫，由于冬季的东北季风带来较多的雨量（11月至次年2月），不利茶园生产，所以7—9月收获的茶叶品质最优。

（4）阿萨姆红茶（印度）

阿萨姆红茶产于印度东北喜马拉雅山麓的阿萨姆溪谷一带。当地日照强烈，需种植高大乔木树种为茶树适度遮蔽；由于雨量丰富，因此促进阿萨姆大叶种茶树蓬勃生长。以6~7月采摘的茶叶品质最优，但10~11月产的秋茶较香。阿萨姆红茶外形细扁，色泽深褐；汤色深红稍褐，带有淡淡的麦芽香、玫瑰香，滋味浓，属烈茶，是冬季饮茶的最佳选择。

9. 红茶保存

红茶最好放在茶罐里，移至阴暗、干爽的地方保存，开封后的茶叶最好尽快喝完，不然味道和香味会流失殆尽，不同茶叶不宜混合饮用，否则不能欣赏到各种茶的原汁原味。

① 铁罐储藏法：选用马口铁双盖彩色罐盛装。储存前，检查罐身与罐盖是否密闭、漏气。储存时，将干燥的茶叶装罐，罐要装实装严。这种方法较方便，但不宜长期储存。

② 热水瓶储藏法：选用保暖性良好的热水瓶作盛具。将干燥的茶叶装入干燥干净的瓶内，装实装足，尽量减少瓶内空气存留量，瓶口用软木塞盖紧，塞缘涂白蜡封口，再裹上一层胶布。由于瓶内空气少，温度稳定，这种方法保存效果较好，且简便易行。

③ 陶瓷坛储藏法：选用干燥无异味，密闭的陶瓷坛，用牛皮纸把茶叶包好，置于坛的四周，中间嵌放石灰袋，上面再放茶叶包，装满坛后盖紧，石灰袋隔1~2个月更换一次。这种方法利用生石灰的吸湿性能，茶叶不易受潮，效果较好，能在较长时间内保持茶叶品质，特别是名贵特级茶叶采用此法尤为适宜。

④ 食品塑料袋储藏法：先用洁净无异味白纸包好茶叶，再包上一张牛皮纸，然后装入食品塑料袋内，轻轻将袋内空气挤出，用细软绳子扎紧袋口，另取一只食品塑料袋，反套在装满茶叶的袋子外面，同样轻轻将袋内空气挤出，再用绳子扎紧袋口，最后放入干燥无味密闭的铁筒内。

⑤ 低温储藏法：将上述各种装满茶叶的容器，放在冰箱内。冰箱温度控制在5℃以下，可储存1年以上。此法特别适宜储藏名茶及茉莉花茶，但需防止茶叶受潮。

⑥ 木炭密封储藏法：利用木炭极能吸潮的特性来储藏茶叶。先将木块烧燃，立即用火盆或铁锅覆盖，使其熄灭，待晾后用干净布将木炭包裹起来，放于盛茶叶的瓦缸中间。缸内木炭要根据潮湿情况，及时更换。

10. 红茶茶艺

茶道六件：茶筒、茶匙、茶漏、茶则、茶夹、茶针，即茶道六君子。

① 茶筒：盛放茶艺用品的器皿筒。

② 茶匙：又称茶扒，形状像汤匙所以称茶匙，其主要用途是挖取泡过的茶。壶内茶叶冲泡过后，往往会紧紧塞满茶壶，加上一般茶壶的口都不大，用手挖出茶叶既不方便也不卫生，故皆使用茶匙。

③ 茶漏：置茶时放在壶口上，以导茶入壶，防止茶叶掉落壶外。

④ 茶则：又称茶勺，盛茶入壶之用具。

⑤ 茶夹：又称茶铲，茶夹功用与茶匙相同，可将茶渣从壶中挟出，也常有人拿它来挟着茶杯洗杯，防烫又卫生。

⑥ 茶针：又称茶通，疏通茶壶的内网（蜂巢）。当壶嘴被茶叶堵住时用来疏浚，以保持水流畅通，或放入茶叶后把茶叶拨匀，碎茶在底，整茶在上。

另外，其他茶道配件有茶盘、茶席、茶巾、茶宠、茶垫、养壶笔、茶滤网。

嘉叶共赏（赏茶）：首先观赏干茶，以好茶饷客。茶艺师观茶，意念把日月精华，天地灵气皆聚于小小的茶荷之中，请大家观赏茶的外形。

孟臣净心（温壶）：泡一杯好茶，要做到茶好、水好、火好、器好，叫做四合其美。明代制壶高手孟臣是著名的制壶大师，后人将上等的紫砂壶称为孟臣壶，孟臣净心是指先将紫砂壶烫热。

高山流水（温杯）：将温壶之水倒入品茗杯温杯。晶莹的水线上下起伏，连贯不断，为我们勾画出一幅秀美的山水风景。

芳草回春（洗茶）：目的在于润泽香茗，使茶叶逐渐舒展，茶香呼之欲出。

分承香露（再次温杯）：将洗茶的茶汤，倒入闻香杯中，分杯入杯。

悬壶高冲（正式冲泡）：好茶还需巧冲泡，这一泡为正泡，冲泡时要做到高冲低斟。悬壶高冲又称凤凰三点头，表示主人向客人"三鞠躬"，以示对客人的礼貌和尊重。

春风拂面（抹茶）：冲泡中浮有茶沫，用壶盖轻轻将浮起的茶沫抹去。

涤尽凡尘（用水冲壶）：洗去壶身外的茶渣、茶沫。

内外养身：将洗茶的茶汤浇于紫砂壶上，润壶、养壶，使其内外加热，温度一致，使壶内茶叶充分伸展，聚拢茶香。

若琛听泉：将温杯之水倒入茶船之中，这段时间，也是为了让茶壶中的茶叶充分伸展，充分浸泡。

游山玩水：端起茶壶，在茶船上逆时针方向荡一圈，目的在于除去壶底附着的水滴。

关公巡城：即分茶入杯，将壶中茶汤均匀斟入闻香杯中，俗话说茶倒七分满，留下三分是情意，我们愿将这份浓浓的情意，献给各位嘉宾、各位朋友。

韩信点兵：将壶中精华分承各杯中，使茶汤浓淡一致。

高屋建瓴：将品茗杯反转置于闻香杯上。

乾坤旋转：双手旋转闻香杯，先闻茶香。

斗转星移：将闻香杯中的茶汤旋转倒入品茗杯中。

空谷幽兰：双手抱杯，搓杯闻香，随着杯内温度的逐渐降低，杯底散发出不尽的芬芳，有高温香、中温香、冷香，值得细细体会。

三龙护鼎：请您用右手拇指和食指拿住品茗杯的杯沿，中指托住杯底，呈三龙护鼎状，手心旋转至内侧，表示对朋友的尊重。

鉴赏汤色：欣赏茶汤颜色深浅变化。

敬奉香茗：为各位来宾敬茶。

共品佳茗：品字三个口，一小口、一小品慢慢地喝，用心体会茶的美。第一口，轻轻一啜；第二口，吸进；第三口，趁热喝尽，慢慢品味。正如范仲淹说："不如仙山一啜好，冷然便遇乘风飞"。

11. 质量辨别

如何区分红茶品质的好坏，主要从：抓、观、闻、尝，来加以辨别。

① 抓：消费者可以通过抓的触感来辨别红茶的外形、轻重、粗细、紧松度等；不要太大把抓红茶，避免手心的汗渗入茶中而受潮。

品质优：外形呈条索状，比较重实；没有过多的粉末、碎叶或松散。

品质劣：以松、散、粗、轻、粉末或碎叶多为劣品。

② 观：通过观看茶的外形、色泽、干湿度、是否有碎叶等，来辨别红茶的优劣；我们可以随手捏一些，放到白纸上，来观看它的外形。

品质优：外形完整无缺、干净、大小均匀，色泽一致，并带有金色的毫毛，茶叶容易断或碎。

品质劣：外形大部分残缺，并伴有过多的粉末碎叶；大小不一，可能掺杂其他的物质（如：杂草、老枝、茶果等）；回潮的茶叶非常韧，不易折断。

③ 闻：闻其香味，是否有除了天然的香味外，还有其他异味（如：馊味、霉味等）。

品质优：冲泡后汤色清澈见底、红艳明亮，泡开的茶叶展开完整，无缺口，质感柔润、细嫩并伴有甘甜、香醇的气味。

品质劣：冲泡后的红茶汤色浑浊，并伴有许多细小的粉质物，闻其味道香味不明显，并伴有异味，都视为劣质红茶。

④ 尝：若是前面的三点都过关了，可以拿一些干茶放嘴里咀嚼分辨，根据味蕾来进一步了解红茶品质的优劣。

品质优：以甘甜、醇厚、鲜爽、浓醇等为主味。

品质劣：没有香醇滋味，味道苦涩、浓且涩、刺鼻伴有异味等都是品质劣的红茶。

12. 名茶鉴别

红茶有工夫红茶、小种红茶和红碎茶之分，这几种红茶质量的辨别如下：

（1）工夫红茶

① 外形：条索紧细、匀齐的质量好；反之，条索粗松、匀齐度差的，质量次。

② 色泽：色泽乌润，富有光泽，质量好；反之，色泽不一致，有死灰枯暗的茶叶，则质量次。

③ 香气：香气馥郁的质量好；香气不纯，带有青草气味的，质量次，香气低闷的为劣。

④ 汤色：汤色红艳，在评茶杯内茶汤边缘形成金黄"冷后浑"的为优；汤色欠明的为次，汤色深浊的为劣。

⑤ 滋味：滋味醇厚的为优；滋味苦涩的为次，滋味粗淡的为劣。

⑥ 叶底：叶底明亮的，质量好；叶底花青的为次，叶底深暗多乌条的为劣。

（2）小种红茶

小种红茶只有福建生产，其条索经壮，匀整，色泽乌润，具有松烟的特殊香气，滋味醇和、汤色红明，叶底呈古铜色。

① 外形：条索紧细，匀齐的质量好；反之，条索粗松、匀齐度差的，质量次。

② 色泽：色泽乌润，富有光泽，质量好；反之，色泽不一致，有死灰枯暗的茶叶，则质量次。

③ 香气：具有松烟特殊香气；反之香气不纯，带有青草气味的，质量次，香气低闷的为劣。

④ 汤色：汤色红明；反之，汤色欠明的为次，汤色深浊的为劣。

⑤ 滋味：滋味醇和的为优，滋味苦涩的为次，滋味粗淡的为劣。

⑥ 叶底：叶底呈古铜色，匀整的质量好，叶底花青的为次，叶底深暗多乌条的为劣。

（3）红碎茶

红碎茶的品质优劣，特别着重内质的滋味和香气，外形是第二位的。红碎茶外形呈颗粒状，紧结、重实、色泽乌润或呈油润的棕色，滋味浓厚鲜爽，富有刺激性，香气鲜浓，汤色红艳，叶底红匀明亮。

① 外形：匀齐一致。碎茶颗粒卷紧，叶茶条索紧直，片茶皱褶而厚实，末茶成砂粒状，体质重实。碎、片、叶、末的规格要分清。碎茶中不含片末茶，片茶中不含末茶，末茶中不含灰末。色泽乌润或带褐红，忌灰枯或泛黄。

② 滋味：品评红碎茶的滋味，特别强调汤质。汤质是指浓、强、鲜（浓厚、强烈、鲜爽）的程度。浓度是红碎茶的品质基础，鲜强是红碎茶的品质风格。红碎茶汤要求浓、强、鲜具备，如果汤质淡、钝、陈，则茶叶的品质次。

③ 香气：高档的红碎茶，香气特别高，具有果香、花香和类似茉莉花的甜香，要求尝味时，还能闻到茶香。

④ 叶底：叶底的色泽，以红艳明亮为上，暗杂为下，叶底的嫩度，以柔软匀整为上，粗硬花杂为下。红碎茶的叶底着重红亮度，而嫩度相当即可。

⑤ 汤色：以红艳明亮为上，暗浊为下。红碎茶汤色深浅和明亮度，是茶叶汤质的反映。

决定汤色的主要成分，是茶黄素和茶红素。茶汤乳凝（冷后浑）是汤质的优良表现。

（4）其他

国外商人，习惯采用加牛乳审评的方法：每杯茶汤中加入数量约为茶汤的1/10的鲜牛奶，加量过多不利于鉴别汤味。加奶后，汤色以粉红明亮或棕红明亮为好，淡黄微红或淡红的较好，暗褐、淡灰、灰白的为不好。加奶后的汤味，要求仍能尝出明显的茶味，这是茶汤浓的反应。茶汤入口后，两腮立即有明显的刺激性，是茶汤强度的反应，如果只感到明显的奶味，而茶味淡薄，则此茶品质差。

四、接受任务、分析任务、完成任务

（一）生产任务单

产品名称	产品规格	生产车间	单位	数量	开工时间	完工时间	客户订单号	客户名称
红茶	10包×3g/盒；20盒/箱	红茶生产车间	箱	1				

（二）任务分工

序号	操作内容		主要操作者	协助者
1	生产统筹			
2	红茶包装	工具领用		
3		原料领用		
4		检查及清洗设备、工具		
5		原料拼配		
6		称量		
7		封口		
8		包装		
9		生产场地、工具的清洁		
10	产品检测	包装检测		
11		称量检测		
12		水分检测		
13		外观审评		
14		内质审评		

（三）领料

1. 车间设备单

行号	设备代码	设备名称	规格	使用数量
1	A001	冰箱	台	
2	A002	操作台	张	
3	A003	水分活度仪	台	
4	A004	真空包装机	台	

续表

行号	设备代码	设备名称	规格	使用数量
5	A005	揉捻机	台	
6	A006	烘干机	台	

2. 工具领料单

领料部门		发料仓库		
生产任务单号		领料人签名		
领料日期		发料人签名		
行号	物料代码	物料名称	规格	发料数量
1	G001	电子秤	台	
2	G002	审评杯	个	
3	G003	热水器	个	

3. 材料领料单

领料部门		发料仓库		
生产任务单号		领料人签名		
领料日期		发料人签名		
行号	物料代码	物料名称	用量	单价	总价/元
1	Q001	鲜叶	__kg	__元/kg	
2	Q002	干茶	__kg	__元/kg	
3	Q003	内包装	__个	__元/个	
4	Q004	外包装	__个	__元/个	

（四）加工方案

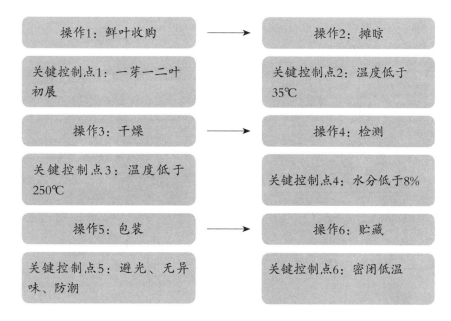

操作1：鲜叶收购　→　操作2：摊晾

关键控制点1：一芽一二叶初展　　关键控制点2：温度低于35℃

操作3：干燥　→　操作4：检测

关键控制点3：温度低于250℃　　关键控制点4：水分低于8%

操作5：包装　→　操作6：贮藏

关键控制点5：避光、无异味、防潮　　关键控制点6：密闭低温

五、产品检验标准

（一）红碎茶检验标准

1. 产品分类

红碎茶产品分为大叶种红碎茶和小叶种红碎茶。

2. 基本要求

无异味、无异嗅、无霉变，不含非茶类物质。

3. 感官品质

大叶种红碎茶各花色感官品质应符合表6-16的要求。

表6-16　　大叶种红碎茶各花色感官品质要求（GB/T 13738.1-2008《红茶》）

花色	要求				
	外形	内质			
		香气	滋味	汤色	叶底
碎茶1号	颗粒紧实、金毫显露、匀净、色润	嫩香、强烈持久	浓强鲜爽	红艳明亮	嫩匀红亮
碎茶2号	颗粒紧结、重实、匀净、色润	香高持久	浓强尚鲜爽	红艳明亮	红匀明亮
碎茶3号	颗粒紧结、尚重实、较匀净、色润	香高	鲜爽尚浓强	红亮	红匀明亮
碎茶4号	颗粒紧结、尚匀净、色尚润	香浓	浓尚鲜	红亮	红匀亮
碎茶5号	颗粒尚紧、尚匀净、色尚润	香浓	浓厚尚鲜	红亮	红匀亮
片茶1号	片状皱褶、尚匀净、色尚润	尚高	尚浓厚	红明	红匀尚明亮

续表

花色	要求				
	外形	内质			
		香气	滋味	汤色	叶底
片茶2号	片状皱褶、尚匀、色尚润	尚浓	尚浓	尚红明	红匀尚明
末茶	细沙粒状、较重实、较匀净、色尚润	纯正	浓强	深红尚明	红匀

中小叶种红碎茶各花色感官品质应符合表6–17的要求。

表6–17　　　　　　　　　中小叶种红碎茶各花色感官品质要求

花色	要求				
	外形	内质			
		香气	滋味	汤色	叶底
碎茶1号	颗粒紧实、重实、匀净、色润	香高持久	鲜爽浓厚	红亮	嫩匀红亮
碎茶2号	颗粒紧结、重实、匀净、色润	香高	鲜浓	红亮	尚嫩匀红亮
碎茶3号	颗粒较紧结、尚重实、尚匀净、色润	香高	鲜爽尚浓强	红亮	红匀明亮
片茶上档	片状皱褶、匀齐、色尚润	纯正	醇和	尚红明	红匀
片茶下档	夹片状、尚匀齐、色欠润	略粗	平和	尚红	尚红
末茶上档	细沙粒状、较重实、匀齐、色尚润	尚高	浓	深红尚亮	红匀尚亮
末茶下档	细沙粒状、尚匀齐、色欠润	平正	尚浓	深红	红匀

4. 理化指标

应符合表6–18的规定。

表6–18　　　　　　　　　理化指标（GB/T 13738.1–2008《红茶》）

项目	指标
水分（质量分数）/%	≤7.0
总灰分（质量分数）/%	≤6.5
粉末（限 自牡丹和贡眉×质量分数）/%	≤1.0

项目	指标	
	大叶种红碎茶	中小叶种红碎茶
水分（质量分数）/%	≤7.0	
总灰分（质量分数）/%	≥4.0；≤8.0	
粉末（质量分数）/%	≤2.0	
水浸出物（质量分数）/%	≥34	≥32
水溶性灰分（质量分数）/%	≥45	
水溶性灰分碱度（以KOH计）（质量分数）/%	1.0*~3.0*	
酸不溶性灰分（质量分数）/%	≤1.0	
粗纤维（质量分数）/%	≤16.5	

*当以每100g磨碎样品的毫克分子表示水溶性灰分碱度时，其限量为：最小值17.8，最大值53.6。

5. 卫生指标

① 污染物限量应符合GB 2762的规定。
② 农药残留限量应符合GB 2763的规定。

6. 净含量

应符合《定量包装商品计量监督管理办法》的规定。

7. 试验方法

① 取样方法按GB/T 8302的规定执行。
② 感官品质检验按SB/T 10157的规定执行。
③ 试样的制备按GB/T 8303的规定执行。
④ 水分检验按GB/T 8304的规定执行。
⑤ 总灰分检验按GB/T 8306的规定执行。
⑥ 碎末茶检验按GB/T 8311的规定执行。
⑦ 水浸出物检验按GB/T 8305的规定执行。
⑧ 水溶性灰分检验按GB/T 8307的规定执行。
⑨ 水溶性灰分碱度检验按GB/T 8309的规定执行。
⑩ 酸不溶性灰分检验按GB/T 8308的规定执行。
⑪ 粗纤维检验按GB/T 8310的规定执行。
⑫ 卫生指标检验按GB 2762和GB 2763的规定执行。

8. 检验规则

（1）取样
① 取样以"批"为单位，同一批投料生产、同一班次加工过程中形成的独立数量的产品为一个批次，同批产品的品质和规格一致。
② 取样按GB/T 8302的规定执行。
（2）检验
1）出厂检验
每批产品均应做出厂检验，经检验合格签发合格证后，方可出厂。出厂检验项目为感官品质、水分和净含量。
2）型式检验
型式检验项目为上述各表中要求的全部项目，检验周期每年1次。有下列情况之一时，也应进行型式检验：
① 原料有较大改变，可能影响产品质量时；
② 出厂检验结果与上一次型式检验结果有较大出入时；
③ 国家法定质量监督机构提出型式检验要求时。
3）型式检验时，应按上述表中要求全部进行检验
（3）判定规则
① 凡有劣变、异气味严重的或添加任何化学物质的产品，均判为不合格产品。
② 按上述表中要求的项目，任一项不符合规定的产品均判为不合格产品。

（4）复验

对检验结果有争议时，应对留存样或在同批产品中重新按GB/T 8302规定加倍取样进行不合格项目的复验，以复验结果为准。

9. 标志标签、包装、运输和贮存

（1）标志标签

产品的标志应符合GB/T 191的规定，标签应符合GB 7718的规定。

（2）包装

包装应符合SB/T 10035的规定。

（3）运输

运输工具应清洁、干燥、无异味、无污染。运输时应有防雨、防潮、防暴晒措施。严禁与有毒、有害、有异味、易污染的物品混装、混运。

（4）贮存

产品应在包装状态下贮存于清洁、干燥、无异气味的专用仓库中。严禁与有毒、有害、有异味、易污染的物品混放，仓库周围应无异气污染。

（二）工夫红茶检验标准

1. 产品分类与实物标准样

① 工夫红茶根据茶树品种和产品要求的不同，分为大叶和中小叶工夫两种产品。

② 每种产品的每一等级均设实物标准样，每3年更换1次。

2. 基本要求

具有正常商品的色、香、味，不得含有非茶类物质和任何添加剂，无异味、无异臭、无劣变。

3. 感官品质

大叶工夫产品各等级的感官品质应符合表6-19的要求。

表6-19　　大叶工夫产品各等级的感官品质要求（GB/T 13738.2-2008《红茶》）

级别	项目							
	外形				内质			
	形状	整碎	净度	色泽	香气	滋味	汤色	叶底
特级	肥壮紧结、多锋苗	匀齐	净	乌褐油润、金毫显露	甜香浓郁	鲜浓醇厚	红艳	肥嫩多芽、红匀明亮
一级	肥壮紧结、有锋苗	较匀齐	较净	乌褐润、多金毫	甜香浓	鲜醇较浓	红尚艳	肥嫩有芽、红匀亮
二级	肥壮紧实	匀整	尚净稍有嫩茎	乌褐尚润、有金毫	香浓	醇浓	红亮	柔嫩、红尚亮
三级	紧实	较匀整	尚净有筋梗	乌褐、稍有毫	纯正尚浓	醇尚浓	较红亮	柔嫩尚红亮
四级	尚紧实	尚匀整	有梗朴	褐欠润、略有毫	纯正	尚浓	红尚亮	尚软尚红

续表

级别	项目							
	外形				内质			
	形状	整碎	净度	色泽	香气	滋味	汤色	叶底
五级	稍松	尚匀	多梗朴	棕褐稍花	尚纯	尚浓稍涩	红欠亮	稍粗尚红稍暗
六级	粗松	欠匀	多梗多朴片	棕稍枯	稍粗	稍粗涩	红稍暗	粗、花杂

中小叶工夫产品各等级的感官品质应符合表6-20的要求。

表6-20　　中小叶工夫产品各等级的感官品质要求（GB/T 13738.2-2008《红茶》）

级别	项目							
	外形				内质			
	形状	整碎	净度	色泽	香气	滋味	汤色	叶底
特级	细紧、多锋苗	匀齐	净	乌黑油润	鲜嫩甜香	醇厚甘爽	红明亮	细嫩显芽红匀亮
一级	紧细、有锋苗	较匀齐	净稍含嫩茎	乌润	嫩甜香	醇厚爽口	红亮	匀嫩有芽、红亮
二级	紧细	匀整	尚净有嫩茎	乌尚润	甜香	醇和尚爽	红明	嫩匀、红尚亮
三级	尚紧细	较匀整	尚净稍有筋梗	尚乌润	纯正	醇和	红尚明	尚嫩匀、尚红亮
四级	尚紧	尚匀整	有梗朴	尚乌稍灰	平正	尚浓	尚红	尚匀尚红
五级	稍粗	尚匀	多梗朴	棕黑稍花	稍粗	稍粗	稍红暗	稍粗硬尚红稍花
六级	较粗松	欠匀	多梗多朴片	棕稍枯	粗	稍粗涩	暗红	粗硬红暗花杂

4. 理化指标

应符合表6-21的规定。

表6-21　　　　　　　　理化指标（GB/T 13738.2-2008《红茶》）

项目		指标		
		特级、一级	二级、三级	四级~六级
水分（质量分数）/%≤		7.0		
总灰分（质量分数）/%≤		6.5		
粉末（质量分数）/%≤		1.0	1.2	1.5
水浸出物（质量分数）/%	大叶工夫类≥	36	34	32
	中小叶工夫类≥	38	30	28

5. 卫生指标

① 污染物限量应符合GB 2762的规定。

② 农药残留限量应符合GB 2763的规定。

6. 净含量

应符合《定量包装商品计量监督管理办法》的规定。

7. 试验方法

① 取样方法按GB/T 8302的规定执行。
② 感官品质检验按SB/T 10157的规定执行。
③ 试样的制备按GB/T 8303的规定执行。
④ 水分检验按GB/T 8304的规定执行。
⑤ 总灰分检验按GB/T 8306的规定执行。
⑥ 粉末检验按GB/T 8311的规定执行。
⑦ 水浸出物检验按GB/T 8305的规定执行。
⑧ 污染物限量检验按GB 2762的规定执行。
⑨ 农药残留限量检验按GB 2763的规定执行。

8. 检验规则

（1）取样
① 取样以"批"为单位，同一批投料生产、同一班次加工过程中形成的独立数量的产品为一个批次，同批产品的品质和规格一致。
② 取样按GB/T 8302的规定执行。
（2）检验
1）出厂检验
每批产品均应做出厂检验，经检验合格签发合格证后，方可出厂。出厂检验项目为感官品质、水分和净含量负偏差。
2）型式检验
型式检验项目为上述各表中要求的全部项目，检验周期每年1次。有下列情况之一时，也应进行型式检验：
① 原料有较大改变，可能影响产品质量时；
② 出厂检验结果与上一次型式检验结果有较大出入时；
③ 国家法定质量监督机构提出型式检验要求时。
3）型式检验时，应按上述表中要求全部进行检验
（3）判定规则
① 凡有劣变、异味严重的或添加任何化学物质的产品，均判为不合格产品。
② 按上述表中要求的项目，任一项不符合规定的产品均判为不合格产品。
（4）复验
对检验结果有争议时，应对留存样或在同批产品中重新按GB/T 8302规定加倍取样进行不合格项目的复验，以复验结果为准。

9. 标志标签、包装、运输和贮存

（1）标志标签
产品的标志应符合GB/T 191的规定，标签应符合GB 7718的规定。
（2）包装
包装应符合SB/T 10035的规定。
（3）运输
运输工具应清洁、干燥、无异味、无污染。运输时应有防雨、防潮、防暴晒措施。严禁与

有毒、有害、有异味、易污染的物品混装、混运。

（4）贮存

产品应在包装状态下贮存于清洁、干燥、无异气味的专用仓库中。严禁与有毒、有害、有异味、易污染的物品混放，仓库周围应无异气污染。

（三）小种红茶检验标准

1. 产品分类与实物标准样

（1）产品

小种红茶根据产地、加工和品质的不同，分为正山小种和烟小种两种。

正山小种是指武夷山市星村镇桐木村及武夷山自然保护区域内的茶树鲜叶，用当地传统工艺制作，独具似桂圆干香味及松烟香的红茶产品，根据质量分为特级、一级、二级、三级4个级别。

烟小种是指产于武夷山自然保护区域外的茶树鲜叶，以工夫红茶的加工工艺制作，最后经松烟熏制而成，具松烟香味的红茶产品。根据质量分为特级、一级、二级、三级、四级5个级别。

（2）实物标准样

每种产品的每一等级均设实物标准样，每3年更换1次实物标准样。

2. 基本要求

具有正常商品的色、香、味，不含有非茶类物质和任何添加剂，无异味、无异臭、无劣变。

3. 感官品质

正山小种产品各等级的感官品质应符合表6-22的要求。

表6-22　　正山小种产品各等级的感官品质要求（GB/T 13738.3–2008《红茶》）

级别	项目							
	外形				内质			
	形状	整碎	净度	色泽	香气	滋味	汤色	叶底
特级	壮实紧结	匀齐	净	乌黑油润	纯正高长、似桂圆干香或松烟香明显	醇厚回甘显高山韵似桂圆汤味明显	橙红明亮	尚嫩较软有皱褶，古铜色匀齐
一级	尚壮实	较匀齐	稍有茎梗	乌尚润	纯正、有似桂圆干香	厚尚醇回甘尚显高山韵似桂圆汤味尚明	橙红尚亮	有皱褶，古铜色稍暗，尚匀亮
二级	稍粗实	尚匀整	有茎梗	欠乌润	松烟香稍淡	尚厚、略有似桂圆汤味	橙红欠亮	稍粗硬铜色稍暗
三级	粗松	欠匀	带粗梗	乌、显花杂	平正、略有松烟香	略粗、似桂圆汤味欠明、平和	暗红	稍花杂

烟小种产品各等级的感官品质应符合表6-23的要求。

表6-23　　　　烟小种产品各等级的感官品质要求（GB/T 13738.3-2008《红茶》）

级别	项目							
	外形				内质			
	形状	整碎	净度	色泽	香气	滋味	汤色	叶底
特级	紧细	匀整	净	乌黑润	松烟香浓长	醇和尚爽	红明亮	嫩匀红尚亮
一级	紧结	较匀整	净稍含嫩茎	乌黑稍润	松烟香浓	醇和	红尚亮	尚嫩匀尚红亮
二级	尚紧结	尚匀整	稍有茎梗	乌黑欠润	松烟香尚浓	尚醇和	红欠亮	摊张、红欠亮
三级	稍粗松	尚匀	有茎梗	黑褐稍花	松烟香稍浓	平和	红稍暗	摊张稍粗、红暗
四级	粗松弯曲	欠匀	多茎梗	黑褐花杂	粗淡	略粗、似桂圆汤味欠明、平和	暗红	粗老、暗红

4. 理化指标

应符合表6-24规定。

表6-24　　　　　　　　　　理化指标

项目		指标	
		特级、一级	二级~四级
水分（质量分数）/%≤		7.0	
总灰分（质量分数）/%≤		7.0	
粉末（质量分数）/%≤		1.0	1.2
水浸出物（质量分数）/%	正山小种≥	34	32
	烟小种≥	32	30

5. 卫生指标

① 污染物限量应符合GB 2762的规定。
② 农药残留限量应符合GB 2763的规定。

6. 净含量

应符合《定量包装商品计量监督管理办法》的规定。

7. 试验方法

（1）感官品质
按GB/T 23776的规定执行。
（2）理化指标
① 试样的制备按GB/T 8303的规定执行。
② 水分检验按GB/T 8304的规定执行。
③ 总灰分检验按GB/T 8306的规定执行。
④ 粉末检验按GB/T 8311的规定执行。

⑤ 水浸出物检验按GB/T 8305的规定执行。

（3）卫生指标

① 污染物限量检验按GB 2762的规定执行。

② 农药残留限量检验按GB 2762和GB 2763的规定执行。

（4）净含量

按JJF 1070的规定执行。

8. 检验规则

（1）取样

① 取样以"批"为单位，同一批投料生产、同一班次加工过程中形成的独立数量的产品为一个批次，同批产品的品质和规格一致。

② 取样按GB/T 8302的规定执行。

（2）检验

1）出厂检验

每批产品均应做出厂检验，经检验合格签发合格证后，方可出厂。出厂检验项目为感官品质、水分和净含量负偏差。

2）型式检验

型式检验项目为上述各表中要求的全部项目，检验周期每年1次。有下列情况之一时，也应进行型式检验：

① 原料有较大改变，可能影响产品质量时；

② 出厂检验结果与上一次型式检验结果有较大出入时；

③ 国家法定质量监督机构提出型式检验要求时。

（3）判定规则

按上述表中要求的项目，任一项不符合规定的产品均判为不合格产品。

（4）复验

对检验结果有争议时，应对留存样或在同批产品中重新按GB/T 8302规定加倍取样进行不合格项目的复验，以复验结果为准。

9. 标志标签、包装、运输和贮存

（1）标志标签

产品的标志应符合GB/T 191的规定；标签应符合GB 7718和《关于修改〈食品标识管理规定〉的决定》的规定。

（2）包装

包装应符合GH/T 1070的规定。

（3）运输

运输工具应清洁、干燥、无异味、无污染。运输时应有防雨、防潮、防暴晒措施。严禁与有毒、有害、有异味、易污染的物品混装、混运。

（4）贮存

产品贮存应符合GH/T 1071的规定；应在包装状态下贮存于清洁、干燥、无异气味的专用仓库中。严禁与有毒、有害、有异味、易污染的物品混放。

六、产品质量检验

1. 产品质量检验流程

见本书"任务七 茶叶品质检测方法"，水分、脂肪、蛋白质、总糖、氯化物、亚硝酸盐、菌落总数、大肠菌群的测定方法。

2. 检验报告

			报告单号：
产品名称		型号规格	
生产日期/批号		产品商标	
产品生产单位		委托人	
委托检验部门		委托人联系方式	
收样时间		收样地点	
收样人		样品数量	
样品状态		封样数量	
封样人员		封样贮存地点	
检验依据		检测日期	
检验项目	水分、脂肪、蛋白质、总糖、氯化物、亚硝酸盐、菌落总数、大肠菌群		
检验各项目	合格指标	实测数据	是否合格
检验结论			

编制：　　　　　批准：　　　　审核：

七、学业评价

学业评价表			
序号	项目	学习任务的完成情况评价		
		自评（40%）	小组评（30%）	教师评（30%）
1	工作页的填写（15分）			
2	独立完成的任务（20分）			
3	小组合作完成的任务（20分）			
4	老师指导下完成的任务（15分）			

续表

学业评价表					
序号	项目		学习任务的完成情况评价		
			自评（40%）	小组评（30%）	教师评（30%）
5	生产过程	原料的作用及性质（5分）			
6		生产工艺（10分）			
7		生产步骤（10分）			
8		设备操作（5分）			
9	分数合计（100分）				
10	存在的问题及建议				
11	综合评价分数				

说明：综合评价分数=自评分数×40%+小组评分数×30%+教师评分数×30%

考考你

1. 简述红茶的基本制作工艺。

2. 干制的方法有哪些？

3. 结合生产实训，谈谈红茶萎凋加工的注意事项。

4. 红茶加工中的关键技术是什么？

参考文献

[1] 安徽农学院. 制茶学[M]. 第2版. 北京：中国农业出版社，2008：320-321.

[2] 蔡勇，韩永国，刘自伟. 数据挖掘技术在生源分析中的应用研究[J]. 计算机应用研究，2004，（12）：179-181.

[3] 常志玲，王岚. 一种新的决策树模型在就业分析中的应用[J]. 计算机工程与科学，2011，33（5）：141-145.

[4] 陈沛玲. 决策树分类算法优化研究[硕士学位论文]. 长沙：中南大学，2007.

[5] 陈以义，方晨. 红茶变温发酵试验[J]. 中国茶叶，1993，（4）：6-7.

[6] 陈以义，江光辉. 红茶变温发酵理论探讨[J]. 茶叶科学，1993，13（2）：81-86.

[7] 陈宗道，肖纯. 红茶发酵指示仪的研制[J]. 茶叶，1988，（4）：22-24.

[8] 陈宗懋. 中国茶叶大辞典[M]. 第1版. 北京：中国轻工业出版社，2000：80-81.

[9] 方世辉，王先锋，汪惜生. 不同发酵温度和程度对工夫红茶品质的影响[J]. 中国茶叶加工，2004，（2）：19-21.

[10] 费兰克 A L. 茶的化学[M]. 尹方，译. 重庆：西南农学院，1981.

[11] 冯林. 工夫红茶通氧发酵技术及其化学成分变化研究[硕士学位论文]. 重庆：西南大学，2012.

[12] 韩慧，毛锋，王文渊. 数据挖掘中决策树算法的最新进展[J]. 计算机应用研究，2004，（12）：5-8.

[13] 黄芳. 基于数据挖掘的决策树技术在成绩分析中的应用研究[硕士学位论文]. 济南：山东

大学，2009.

[14] 黄建琴，王文杰，丁勇等. 冷冻萎凋对功夫红茶品质的影响[J]. 中国茶叶加工，2005（1）：20-22.

[15] 季桂树，陈沛玲，宋航. 决策树分类算法研究综述[J]. 科技广场，2007，（1）：9-12.

[16] 匡新，刘靖. 崂山工夫红茶的研制[J]. 茶叶科学，2010，30（增刊1）：599-603.

[17] 李芳，李一媛，王冲. 不确定数据的决策树分类算法[J]. 计算机应用，2009，29（11）：3091-3096.

[18] 李慧，余明. 基于决策树模型的湿地信息挖掘与结果分析[J]. 地球信息科学，2007，9（2）：60-64.

[19] 李小平. 多关系决策树分类算法的研究[硕士学位论文]. 呼和浩特：内蒙古大学，2011.

[20] 梁名志，王平盛，浦绍柳等. 高茶黄素红碎茶研制初报[J]. 中国茶叶加工，2003，（3）：21-22.

[21] 林丰，汤捷. 决策树模型在健康教育目标人群筛选中的应用[J]. 中国健康教育，2009，25（5）：353-355.

[22] 林国轩，刘玉芳，郭春雨. 我国工夫红茶发酵适度时间监控的研究进展[J]. 大众科技，2012，14（6）：125-126.

[23] 林清矫. 茶叶发酵设备：中国，202009670U[P/OL]. 2011-10-19.

[24] 林志垒. 基于PCA和决策树模型的农用地（耕地）质量评价研究[J]. 福建师范大学学报：自然科学版，2008，24（6）：99-104.

[25] 刘军. 决策树分类算法的研究及其在教学分析中的应用[硕士学位论文]. 南京：河海大学，2006.

[26] 刘晓东，刘玉芳，甘春萍等. 工夫红茶发酵过程中发酵叶茶汤吸光值变化的研究[J]. 茶叶科学，2011，31（4）：300-304.

[27] 刘玉芳. 工夫红茶发酵适度检测方法的研究[J]. 中国农学报，2011，27（4）：345-349.

[28] 刘仲华，黄建安，施兆鹏. 红茶制造中过氧化物酶变化的研究[J]. 湖南农学院学报. 1990，16（2）：169-175.

[29] 刘仲华，施兆鹏. 红茶制造中多酚氧化酶同工酶谱与活性的变化[J]. 茶叶科学，1989，9（2）：141-150.

[30] 刘仲华，施兆鹏. 添加剂对红茶发酵与品质的影响[J]. 食品科学，1990，11（12）：17-21.

[31] 栾丽华，吉根林. 决策树分类技术研究[J]. 计算机工程，2004，30（9）：94-96.

[32] 毛清黎，王星飞等. 外源多糖水解酶提高红碎茶品质的生化机制研究[J]. 食品科学，2001，22（3）：13-16.

[33] 毛清黎，朱旗，刘仲华等. 红茶发酵中pH调控对多酚活性及茶黄素形成的影响[J]. 湖南农业大学学报（自然科学版），2005，31（5）：524-526.

[34] 缪飞，李红昌. 决策树模型在油气勘探开发经济评价中的应用[J]. 河南石油，2005，19（4）：91-92.

[35] 那晓东，张树清，孔博，等. 基于决策树方法的淡水沼泽湿地信息提取——以三江平原东北部为例[J]. 遥感技术与应用，2008，23（4）：365-372.

[36] 钱园凤，叶阳，周小芬等. 红茶发酵技术研究现状分析[J]. 食品工业科技，2012，33（23）：388-392.

[37] 乔艳雯，臧淑英，那晓东. 基于决策树方法的淡水沼泽湿地信息提取——以扎龙湿地为例[J]. 中国农学通报，2013，29（8）：169-174.

[38] 秦春玲，刘玉芳，甘春萍. 仪器检测法在广西野生制红茶发酵控制中应用研究[J]. 广西农学报，2011，26（1）：17-20.

[39] 谭俊峰，郭丽，吕海鹏等. 超高压处理对红碎茶感官品质和主要化学成分的影响[J]. 食品科学，2008，29（9）：87-91.

[40] 宛晓春. 茶叶生物化学[M]. 第3版. 北京：中国农业出版社，2003：174，180-193，203-210.

[41] 汪东风. 茶汤氧还体系电位值的测定[J]. 茶业通报，1993，（4）：3-5.

[42] 王静红，王熙照，邵艳华，等. 决策树算法的研究及优化[J]. 微机发展，2004，14（9）：30-32.

[43] 夏涛，高丽萍. 茶鲜叶匀浆悬浮发酵工艺监测参数[J]. 茶叶科学，1999，19（1）：47-53.

[44] 夏涛，高丽萍. 茶鲜叶匀浆悬浮发酵体系优化模型研究[J]. 茶叶科学，1999，19（1）：55-60.

[45] 夏涛，童启庆，萧伟祥. 茶鲜叶匀浆悬浮发酵体系工艺放大指标的研究[J]. 安徽农业大学学报，2000，27（1）：45-47.

[46] 夏涛，童启庆，萧伟祥. 悬浮发酵红茶与传统红茶品质比较研究[J]. 茶叶科学，2000，20（2）：105-109.

[47] 夏涛，童启庆，萧伟祥. 影响悬浮发酵红茶色素形成的因素[J]. 安徽农业科学，1999，27（5）：520-521.

[48] 夏涛. 红茶色素形成机理的研究[J]. 茶叶科学，1999，19（2）：139-144.

[49] 萧伟祥，钟瑾，萧慧，等. 茶红色素形成机理和制取[J]. 茶叶科学，1997，17（1）：1-8.

[50] 肖纯，陈宗道. 红茶发酵程度的传感技术研究[J]. 茶业通报，1989，（2）：41-44.

[51] 肖茂. 有氧厢柜式红茶发酵室：中国，201894162U[P/OL]. 2011-07-13. http：//dbpub. cnki. net/grid2008/Dbpub/Detail. aspx?filename=CN201894162U&dbname=SCPD2011&uid=WEEvREcwSlJHSldRa1FhcXVLbliVTnhaQW5wb3AvWW9uL2tIR2J4QW9la2tnQkVMVTVrbEx3MWdZNUtFb1JjPQ==.

[52] 严俊，林刚，叶付刚，等. 测色技术在工夫红茶品质评价中的应用研究[J]. 中国农业通报，1997，13（6）：24-26.

[53] 杨贤强，王岳飞，陈留记. 茶多酚化学[M]. 第1版. 上海：上海科学技术出版社，2003：101-105.

[54] 姚靠华，蒋艳辉. 基于决策树的财务预警[J]. 系统工程，2005，23（10）：102-106.

[55] 叶庆生. 红茶萎凋发酵中多酚氧化酶、过氧化物酶同工酶的活性变化与儿茶素、茶黄素组分的消长[J]. 安徽农学院学报. 1986，（2）：19-29.

[56] 于洋. 基于决策树的网络教学系统的学生模型研究[J]. 鲁东大学学报：自然科学版，2013，29（1）：32-34.

[57] 喻扬，王永红，储炬，等. 控制发酵过程氧化还原电位优化酿酒酵母乙醇生产[J]. 生物工程学报，2007，23（5）：878-883.

[58] 袁弟顺，林丽明，金心怡，等. 冰冻对工夫红茶发酵及水浸出物泡出速率的影响[J]. 湖南农业大学学报（自然科学版），2004，30（5）：438-439.

[59] 赵和涛. 红茶发酵时主要化学变化及不同发酵方法对工夫红茶品质的影响[J]. 蚕桑茶叶通讯，1989，（2）：11-12.

[60] 赵和涛. 红茶加工中醇类芳香物质转化产物及形成途径[J]. 食品科学，1995，16（4）：3-5.

[61] 赵静娴. 基于决策树的财务危机预警模型研究[J]. 哈尔滨商业大学学报（社会科学版），2008，（4）：97–99.

[62] 赵夕旦，张和森，宋宇然. 氧化还原电位的测定及在水族中的应用[J]. 北京水产，2000，（6）：44–45.

[63] 钟萝. 茶叶品质理化分析[M]. 上海：上海科学技术出版社，1989：101–105，476–477.

[64] 周建军，吴春笃，储金宇，等. 氧化还原电位滴定法测定羟自由基[J]. 理化检验（化学分册），2009，45（9）：1043–1044.

[65] 朱兴华.一种红茶自动恒温装置:中国，201830837U[P/OL]. 2011–05–18.http://dbpub.cnki.net/grid2008/Dbpub/Detail.aspx?filename=CN201830837U&dbname=SCP2011&uid=WEEvREcwSlJHSldRa1FhcXVLbllIvTnhaQW5wb3AvWW9uL2tlR2J4QW9la2nQkVMVTVrbEx3MWdZNUtFb1JjPQ==.

[66] Bhattacharyya N, Seth S, Tudu B, et al. Detection of optimum fermentation time for black tea anufacturing using electronic nose[J]. Sensors and Actuators B: Chemical, 2007, 122（2）:627–634.

[67] Bhattacharyya N, Seth S, Tudu B, et al. Monitoring of black tea fermentation process using lectronic nose[J]. Journal of Food Engineering, 2007, 80（4）: 1146–1156.

[68] Bhattacharyya N, Tudu B, Bandyopadhyay R, et al. Aroma characterization of orthodox black tea with electronic nose[C]. Tencon 2004. 2004 IEEE Region 10 Conference. IEEE, 2004:427–430.

[69] Borah S. Bhuyan M. A computer based system for matching colours during the monitoring of tea fermentation[J]. International Journal of Food Science and Technology, 2005, 40（6）:675–682.

[70] Chen P C, Chang F S, Chen I Z. Redox potential of tea infusion as an index for the degree of fermentation[J]. Analytica Chimica Acta, 2007, 594（1）: 32–36.

[71] Cloughley J B, Ellis R T. The effect of pH modification during fermentation on the quality arameters of Central African black tea [J]. Agricultural and Food science, 1980, 31（9）:924–934.

[72] Cloughley J B. The effect of fermentation temperature on the quality parameters and price evaluation of Central African black teas [J]. Agriculture and Food Science, 1980, 31（9）:911–919.

[73] Dix M A, Fairley C J. Millin D J, et al. Fermentation of tea in agueous suspension. Influence of tea peroxidase[J]. Journal of the Science of Food and Agriculture, 1981, 32（9）: 920–932.

[74] Dutta R, Hines E L, Gardner J W, et al. Tea quality prediction using a tin oxide–based electronic nose: an artificial intelligence approach[J]. Sensors and Actuators B: Chemical, 2003, 94（2）: 228– 237.

[75] Gardner J W. Bartlett P N. A brief history of electronic nose [J]. Sensors and Actuators B:Chemical, 1994, 18（1）: 210–211.

[76] Geissman T A. The chemistry of flavonoid compounds[M]. Oxford, London, New York, Paris.:Pergamon Press, 1962.

[77] Hafezi M, Nasernejad B, Vahabzadeh F. Optimization of fermentation time for Iranian black ea production[J]. Iran. J. Chem. Chem. Eng. Vol, 2006, 25（1）: 39–44.

[78] Hilton P J. The Effect of Shade upon the Chemical Constituents of the Flush of Tea[J], Trop Sci, 1974（16）: 15–24.

[79] Katayama S, Takeuchi H, Taniguchi H. Odor analysis of green tea by sensors[C]. Proceedings of 2004 International Conference–CHA（tea）Culture and Science. 2004: 642–646.

[80] Muthumani T, Senthil Kumar R S. Influence of fermentation time on the development of compounds

responsible for quality in black tea[J]. Food Chemistry, 2007, 101（1）: 98–102.

[81] Muthumani T, Senthil Kumar R S. Studies on freeze–withering in black tea manufacturing[J].Food Chemistry, 2007, 101（1）: 103–106.

[82] Nabarun B, Pawan K. Aroma characterization of black tea using electronic nose[C].Proceedings of 2004 International Conference–CHA（tea）Culture and Science. 2004: 117–120.

[83] Obanda M, Okinda Owuor P, Mang'oka R. Changes in the chemical and sensory quality parameters of black tea due to variations of fermentation time and temperature[J]. Food Chemistry, 2001, 75（4）: 395–404.

[84] Roberts E A H. The Chemistry of Flavonoid Substances. New York: Pergamon, Press Ins, 1962: 649–699.

[85] Robertson A. Effects of physical and chemical conditions on the in–vitro oxidation of tea leaf catechins[J]. Phytochemistry, 1983, 22（4）: 889–896.

[86] Tüfekci M, Güner S. The determination of optimum fermentation time in Turkish black tea manufacture[J]. Food chemistry, 1997, 60（1）: 53–56.

任务七

Task 07 | 茶叶品质检验方法

　　茶叶作为一种饮品，深受国人的欢迎。国人对茶的熟悉，上至帝王将相，达官显贵，下至平民百姓，挑夫贩夫，无不以茶为好。中国古语有云："开门七件事，柴米油盐酱醋茶"，由此可见，国人对茶的喜好。随着人们生活水平的提高和健康意识的增强，消费者对茶叶质量安全的要求也日趋严格。但与人们的喜好与关注相悖的是，茶叶的质量安全现状却不乐观。农残含量、重金属、微生物、稀土元素和非茶异物（包括磁性物）5个方面一直以来都是困扰茶叶质量安全的重要因素，因此茶叶的检验，应当贯穿于茶叶的生产加工过程中。

任务 7-1

水分含量的测定

　　水分是导致茶叶变质的主要因素。一般情况下，当水分含量超过8.5%时，易发生腐败变质。水分也是影响茶叶质量的重要因素。当水分含量超过10%时，茶叶中的营养成分会发生变化（维生素发生氧化、类酯的水解、氨基酸的减少等）、风味物质变化（香气物质的逸散、滋味的变淡、色素的分解、褐变反应等）[1]。控制水分是保障茶叶质量，延缓茶叶变质的手段。因此水分含量的测定对茶叶的品质具有重要作用。

训练目标

　　1. 了解茶叶中水分含量的测定原理。
　　2. 学会干燥法测定水分含量的操作方法，包括称量瓶恒重、样品称量与干燥、计算与数据处理等。

知识准备

直接干燥法

（参照GB/T 8304—2002《茶 水分测定》）

1. 原理

在规定的温度下，置茶叶试样于烘箱中加热除去水分达到恒重。

2. 仪器和设备

2.1　鼓风电热恒温干燥箱：能自动控制温。
2.2　分析天平：感量为0.0001g。
2.3　干燥器：内附有效干燥剂。
2.4　铝质烘皿：具盖，内径75~80mm。
2.5　磨碎机：由不吸收水分的材料制成；死角尽可能小，易于清扫；使磨碎样品能完全通过孔径600~1000μm的筛。

3. 分析前准备

3.1　按GB/T 8302规定取样。
3.2　试样制备
3.2.1　紧压茶以外的各类茶：先用磨碎机将少量试样磨碎，弃去，再磨碎其余部分试样，过20目筛，储于塑料瓶中，保存备用。

3.2.2 紧压茶：用锤子和凿子将紧压茶分成4~8份，再在每份不同处取样，用锤子击碎，过20目筛，储于塑料瓶中，保存备用。

3.3 铝质烘皿的准备：将铝制烘皿连同盖子清洗干净后，置于（103±2）℃的烘箱中，加热1h后，加盖取出，放置于干燥器内冷却至室温。称量准确至0.001g，并重复干燥至前后两次连续称量结果之差小于1mg。

4. 分析步骤

称取5g（精确至0.001g）试样于已知质量的铝制烘皿中，置于（103±2）℃的烘箱中，皿盖斜置皿上，加热4h，加盖取出，与干燥器内冷却至室温。称量，精确至0.001g。再置于干燥箱中加热1h，加盖取出，于干燥器内冷却至室温。称量，精确至0.001g。重复加热1h的操作，直至连续两次称量差不超过0.005g，即为恒重，以最小称量为准。

5. 结果计算

5.1 样品中的水分含量X按下式计算：

$$X = \frac{m_1 - m_2}{m_0} \times 100\%$$

式中：m_1——试样和铝质烘皿烘前的质量，单位为克（g）；

m_2——试样和铝质烘皿烘后的质量，单位为克（g）；

m_0——试样的质量，单位为克（g）；

5.2 当分析结果符合允许差的要求时，则取两次测定的算术平均值作为结果，精确到0.1%。

6. 精密度

在同一实验室由同一操作者在短暂的时间间隔内、用同一设备对同一试样获得的两次独立测定结果每100g不得超过0.2g。

任务实施

一、实验试剂及仪器设备的准备

仪器和设备单				
序号	名称	规格	数量	备注
1				
2				
3				
4				
5				

二、实验仪器设备的清洗

三、写出实训操作步骤

四、数据记录及计算

水分含量检验原始记录			
			检验报告编号:
样品名称		样品的其他信息 （生产的批号、日期等）	
检验依据		仪器名称及编号	
试剂来源		检验日期	
检验人		校核人	
测定结果	项目	样1	样2
	试样和铝质烘皿烘前的质量m_1/g		
	试样和铝质烘皿烘后的质量m_2/g		
	试样的质量m_0/g		
	计算公式		
	水分含量X/（g/100g）		
	水分含量平均值X/（g/100g）		
	测定结果的绝对差值/（g/100g）		
	极差与平均值之比/%		

五、回顾与总结

任务评价

		任务考核评价表					
评价 项目	评价标准	**评价方式**			权 重	得分 小计	总分
		小组 评价	组间 评价	教师 评价			
		0.3	**0.3**	**0.4**			
4S 素养	1. 遵守实验室管理规定，严格操作程序 2. 实操过程中能做到随做随清洁 3. 实操结束后能迅速清理、清洁、整顿实训区域， 做到实训室的清洁卫生				0.3		
专业 能力	1. 知道茶叶中水分的测定原理与方法 2. 操作规范 3. 数据处理正确 4. 实验结果准确且精确度高				0.5		
职业 素养	1. 能与小组成员有效沟通，主动承担任务 2. 能认真实操，并能自觉维持实训室的安静				0.2		

思考题

1. 茶叶中水分测定过程中，主要的原理是什么？
2. 如何判断铝质烘皿已经完全烘干？
3. 水分测量过程中需要用到干燥器，简述干燥器的使用方法。

任务 7-2

灰分的测定

灰分是茶叶经（525±25）℃灼烧灰化后所得的残渣，其主要组成是矿质元素的氧化物，大部分是营养元素。根据灰分在水中或10%盐酸中的溶解性，灰分可分为水溶性灰分、水不溶性灰分、酸溶性灰分和酸不溶性灰分四类。部分不良茶叶生产厂商在生产中会出现以下行为：采用以次充好；加工卫生状况差，茶叶在采收、运输、加工和储存过程中混入动物毛发、粪便、玻璃碎片、金属、泥沙、灰尘等夹杂物；加工工艺粗糙，导致加工器械的铁屑附着茶叶表面。这些行为都会导致茶叶灰分的升高。因此对茶叶灰分进行检测，可以判断茶叶的品质及卫生状况。灰分是茶叶检验项目中唯一一项既具有品质判定意义又具有卫生检验意义的重要的化学指标，在国内外茶叶进出口检验及国内监督检查中，大都将灰分列为必检项目。[2]

训练目标

1. 了解茶叶中灰分含量的测定原理。
2. 学会灰化炉的使用。
3. 掌握灰分含量测定的操作方法。

知识准备

总灰分测定

（参照GB /T8306—2002《茶 总灰分测定》）

1. 原理

在规定的条件下，试样经（525±25）℃加热灼烧，分解有机物至恒量。

2. 仪器和设备

2.1 坩埚：瓷质、高型，容积30mL。

2.2 电热板。

2.3 高温电炉：（525±25）℃。

2.4 干燥器：内盛有效干燥剂。

2.5 坩埚钳。

2.6 分析天平：感量0.001g。

3. 分析前准备

3.1 按GB/T 8302规定取样。

3.2 试样制备

3.2.1 紧压茶以外的各类茶：先用磨碎机将少量试样磨碎，弃去，再磨碎其余部分试样，过20目筛，储于塑料瓶中，保存备用。

3.2.2 紧压茶：用锤子和凿子将紧压茶分成4~8份，再在每份不同处取样，用锤子击碎，过20目筛，储于塑料瓶中，保存备用。

3.3 坩埚的准备：将洁净的坩埚置于（525±25）℃高温炉内，灼烧1h，待炉温降至300℃左右时，取出坩埚，于干燥器内冷却至室温，称量（准确至0.001g）。

4. 分析步骤

（1）称取混匀的磨碎试样2g（准确至0.001g）于坩埚内，在电热板上徐徐加热，使试样充分炭化至无烟。

（2）将坩埚移入（525±25）℃高温炉内，灼烧至无炭粒（不少于2h）。

（3）待炉温降至300℃左右时，取出坩埚，置于干燥器内冷却至室温，称量。

（4）恒重：将称量后的样品再移入高温炉内以（525±25）℃灼烧1h，取出，冷却，称量。再移入高温炉内，灼烧30min，取出，冷却，称量。重复此操作，直至连续两次称量差不超过0.001g为止。以最小称量为准。

5. 结果计算

5.1 样品中的灰分含量X按下式计算：

$$X = \frac{M_1 - M_2}{M_0 \times m} \times 100\%$$

式中：M_1——试样和坩埚灼烧后的质量，单位为克（g）；

M_2——坩埚的质量，单位为克（g）；

M_0——试样的质量，单位为克（g）；

m——试样干物质的含量，%。

5.2 当分析结果符合允许差的要求时，则取两次测定的算术平均值作为结果，精确到0.1%。

6. 精密度

在同一实验室由同一操作者在短暂的时间间隔内、用同一设备对同一试样获得的两次独立测定结果每100g不得超过0.2g。

任务实施

一、实验试剂及仪器设备的准备

仪器和设备单				
序号	名称	规格	数量	备注
1	磨碎机			
2	坩埚	30mL		
3	坩埚钳			
4	分析天平	感量0.001g		
5	干燥器			
6				

二、实验仪器设备的清洗

三、写出实训操作步骤

四、数据记录及计算

灰分含量检验原始记录			
			检验报告编号：
样品名称		样品的其他信息 （生产的批号、日期等）	
检验依据		仪器名称及编号	
试剂来源		检验日期	
检验人		校核人	
测定结果	项目	样1	样2
	试样和坩埚灼烧后的质量M_1/g		
	坩埚的质量M_2/g		
	试样的质量M_0/g		
	计算公式		
	灰分含量X/（g/100g）		
	灰分含量平均值X/（g/100g）		
	测定结果的绝对差值/（g/100g）		
	极差与平均值之比/%		

五、回顾与总结

任务评价

任务考核评价表							
评价 项目	评价标准	评价方式			权 重	得分 小计	总分
		小组 评价	组间 评价	教师 评价			
		0.3	0.3	0.4			
4S 素养	1. 遵守实验室管理规定，严格操作程序 2. 实操过程中能做到随做随清洁 3. 实操结束后能迅速清理、清洁、整顿实训区域，做到实训室的清洁卫生				0.3		

续表

评价项目	评价标准	评价方式			权重	得分小计	总分
		小组评价	组间评价	教师评价			
		0.3	0.3	0.4			
专业能力	1. 知道茶叶中水分的测定原理与方法 2. 操作规范 3. 数据处理正确 4. 实验结果准确且精确度高				0.5		
职业素养	1. 能与小组成员有效沟通，主动承担任务 2. 能认真实操，并能自觉维持实训室的安静				0.2		

思考题

1. 茶叶灰分测定过程中为什么要反复灼烧至恒重？
2. 如何判断坩埚已经完全烘干？
3. 简述灰分测定的基本原理。

任务 7-3
水溶性灰分和水不溶性灰分的测定

　　茶叶灰分是茶叶理化指标中唯一既具有品质判定意义又具有卫生检验意义的指标。国际国内的茶叶贸易对茶叶总灰分、水溶性灰分等指标都有检测要求。根据茶叶总灰分在水中的溶解与否分为水溶性灰分和水不溶性灰分，水溶性灰分大部分为钾、钠、钙、镁等营养元素的氧化物及可溶性盐类，一般不低于茶叶总灰分的50%；水不溶性灰分除泥沙外，还有铁、铝等金属氧化物和碱土金属的碱式磷酸盐。[1]茶叶水溶性灰分占茶叶总灰分的比例大，是茶叶品质好的象征。因此，茶叶中水溶性灰分的检测对判断茶叶的品质具有重要的作用。

训练目标

1. 了解茶叶中水溶性灰分及水不溶性灰分含量的测定原理。
2. 学会灰化炉的使用。
3. 掌握水溶性灰分及水不溶性灰分含量测定的操作方法。

知识准备

水溶性灰分和水不溶性灰分的测定

（参照GB/T8307—2002《茶 水溶性灰分和水不溶性灰分测定》）

1. 原理

用热水提取总灰分，经无灰滤纸过滤、灼烧、称量残留物，测得水不溶性灰分：由总灰分和水不溶性灰分的质量之差算出水可溶性灰分。

2. 仪器和设备

2.1 坩埚：瓷质、高型，容积30mL。

2.2 电热板。

2.3 高温电炉：（525 ± 25）℃。

2.4 干燥器：内盛有效干燥剂。

2.5 坩埚钳。

2.6 分析天平：感量0.001g。

2.7 漏斗。

2.8 无灰滤纸。

3. 分析前准备

3.1 按GB/T 8302规定取样。

3.2 试样制备

3.2.1 紧压茶以外的各类茶：先用磨碎机将少量试样磨碎，弃去，再磨碎其余部分试样，过20目筛，储于塑料瓶中，保存备用。

3.2.2 紧压茶：用锤子和凿子将紧压茶分成4~8份，再在每份不同处取样，用锤子击碎，过20目筛，储于塑料瓶中，保存备用。

3.3 总灰分的制备：按"任务7-2 灰分的测定"制备总灰分，并测出总灰分的质量M_1。

4. 分析步骤

（1）用25mL热蒸馏水，将灰分从坩埚中洗入100mL烧杯中，盖上玻璃表面皿。

（2）用温水加热至微沸（防溅），趁热用无灰滤纸过滤。

（3）用热去离子水分数次洗涤烧杯，表面皿和滤纸上的残留物，直至滤液和洗液体积达150mL为止。

（4）将滤纸连同残留物移入原坩埚中，在沸水浴上小心地蒸去水分。

（5）移入高温炉内，以（525 ± 25）℃灼烧至灰中无炭粒（约2 h），待温度降至300℃左右时，取出坩埚，于干燥器内冷却至室温，称重。

（6）再移入高温炉内，灰化温度灼烧30min，冷却并称重。如此重复操作，直至连续2次称量之差不超过0.001g为止，即为恒重，以最小称量为准。

5. 结果计算

5.1 样品中的水不溶性灰分含量按下式计算：

$$水不溶性灰分（\%）= \frac{M_1 - M_2}{M_0 \times m} \times 100\%$$

式中：M_1——坩埚和水不溶性灰分的质量，单位为克（g）；

　　　M_2——坩埚的质量，单位为克（g）；

　　　M_0——试样的质量，单位为克（g）；

　　　m——试样干物质的含量，%。

5.2 样品中的水溶性灰分含量按下式计算：

$$水溶性灰分（\%）= \frac{M_1 - M_2}{M_0 \times m} \times 100\%$$

式中：M_1——总灰分的质量，单位为克（g）；

　　　M_2——水不溶性灰分的质量，单位为克（g）；

　　　M_0——试样的质量，单位为克（g）；

　　　m——试样干物质的含量，%。

5.3 当分析结果符合允许差的要求时，则取两次测定的算术平均值作为结果，精确到0.1%。

6. 精密度

在同一实验室由同一操作者在短暂的时间间隔内、用同一设备对同一试样获得的两次独立测定结果每100g不得超过0.2g。

任务实施

一、实验试剂及仪器设备的准备

仪器和设备单				
序　号	名　称	规　格	数　量	备　注
1	磨碎机			
2	坩埚	30mL		
3	坩埚钳			
4	分析天平	感量0.001g		
5	干燥器			
6	无灰滤纸			

二、实验仪器设备的清洗

三、写出实训操作步骤

四、数据记录及计算

灰分含量检验原始记录			
检验报告编号：			
样品名称		样品的其他信息 （生产的批号、日期等）	
检验依据		仪器名称及编号	
试剂来源		检验日期	
检验人		校核人	
测定结果	项目	样1	样2
	总灰分的质量M_1/g		
	水不溶性灰分的质量M_2/g		
	试样的质量M_0/g		
	试样干物质含量/%		
	计算公式		
	水溶性灰分含量X/（g/100g）		
	水溶性灰分含量平均值X/（g/100g）		
	测定结果的绝对差值/（g/100g）		
	极差与平均值之比/%		

五、回顾与总结

任务评价

任务考核评价表							
评价 项目	评价标准	评价方式			权 重	得分 小计	总分
		小组 评价	组间 评价	教师 评价			
		0.3	0.3	0.4			
4S 素养	1. 遵守实验室管理规定，严格操作程序 2. 实操过程中能做到随做随清洁 3. 实操结束后能迅速清理、清洁、整顿实训区 域，做到实训室的清洁卫生				0.3		

续表

评价项目	评价标准	评价方式			权重	得分小计	总分
		小组评价	组间评价	教师评价			
		0.3	0.3	0.4			
专业能力	1. 知道茶叶中水分的测定原理与方法 2. 操作规范 3. 数据处理正确 4. 实验结果准确且精确度高				0.5		
职业素养	1. 能与小组成员有效沟通，主动承担任务 2. 能认真实操，并能自觉维持实训室的安静				0.2		

表顶标题：任务考核评价表

思考题

1. 茶叶水溶性和不溶性灰分测定过程中为什么要反复灼烧至恒重？
2. 如何用25mL热蒸馏水，将灰分完全从坩埚中洗入100mL烧杯中？
3. 简述水溶性灰分测定的基本原理。

任务 7-4

酸不溶性灰分的测定

茶叶灰分可分为水溶性灰分、水不溶性灰分、酸溶性灰分和酸不溶性灰分4种。茶叶灰分检测也主要是对以上4种灰分进行检验。酸不溶性灰分为总灰分经盐酸处理后的残留部分。酸不溶性灰分大部分为沾染的泥沙，以及存在于茶叶组织中的二氧化硅。酸不溶性灰分高，表明茶叶中夹杂的矿质元算杂质越高，茶叶品质越差。茶叶生产过程中，需要对茶叶酸不溶性灰分进行检验。

训练目标

1. 了解茶叶中酸不溶性灰分含量的测定原理。
2. 学会分析试样的制备。
3. 掌握酸不溶性灰分含量测定的操作方法。

知识准备

酸不溶性灰分的测定

（参照GB /T8308—2013《茶 酸不溶性灰分测定》）

1. 原理

用盐酸溶液处理总灰分，过滤、灼烧并称量灼烧后的残留部分。

2. 仪器和设备

2.1 坩埚：瓷质、高型，容量50mL。

2.2 电热板。

2.3 高温电炉：（525±25）℃。

2.4 干燥器：内盛有效干燥剂。

2.5 坩埚钳。

2.6 水浴。

2.7 分析天平：感量0.001g。

2.8 漏斗。

2.9 无灰滤纸。

2.10 表面皿：直径60mm。

2.11 烧杯：100mL。

3. 分析前准备

3.1 按GB/T 8302规定取样。

3.2 试样制备

3.2.1 紧压茶以外的各类茶：先用磨碎机将少量试样磨碎，弃去，再磨碎其余部分试样，过20目筛，储于塑料瓶中，保存备用。

3.2.2 紧压茶：用锤子和凿子将紧压茶分成4~8份，再在每份不同处取样，用锤子击碎，过20目筛，储于塑料瓶中，保存备用。

3.3 坩埚的准备：将洁净的坩埚置于（525±25）℃高温炉内，灼烧 1h，待炉温降至300℃左右时，取出坩埚，于干燥器内冷却至室温，称量（准确至0.001g）。

3.4 试样中干物质含量的测定：按"任务7-1 水分含量的测定"测定出试验中干物质的含量，记为m。

4. 分析步骤

（1）用10%的盐酸溶液25mL，将总灰分从坩埚中分次洗入100mL烧杯中，盖上玻璃表面皿。

（2）在沸水浴上小心加热，直至溶液由浑浊变为透明时，继续加热5min。

（3）趁热用无灰滤纸过滤，用沸蒸馏水少量反复洗涤烧杯和滤纸上的残留物，直到中性。

（4）将滤纸连同残留物移入原坩埚中，在沸水浴上小心地蒸去水分。

（5）将滤纸连同残渣转移到原坩埚内，在沸水浴上小心蒸去水分，移入高温炉内，以（525±25）℃灼烧至灰中无炭粒（约2 h），待温度降至300℃左右时，取出坩埚，于干燥器内冷却至室温，称重。

（6）再移入高温炉内，灰化温度灼烧30min，冷却并称重。如此重复操作，直至连续2次称量之差不超过0.001g为止，即为恒重，以最小称量为准。

5. 结果计算

5.1 样品中的酸不溶性灰分含量按下式计算：

$$酸不溶性灰分（\%）= \frac{m_1-m_2}{m_0 \times w} \times 100\%$$

式中：m_1——坩埚和酸不溶性灰分的质量，单位为克（g）；

$\quad\quad m_2$——坩埚的质量，单位为克（g）；

$\quad\quad m_0$——试样的质量，单位为克（g）；

$\quad\quad w$——试样干物质的含量，%。

5.2 当分析结果符合允许差的要求时，则取两次测定的算术平均值作为结果，精确到0.01%。

6. 精密度

在同一实验室由同一操作者在短暂的时间间隔内、用同一设备对同一试样获得的两次独立测定结果绝对差值，不得超过算术平均值的10%。

任务实施

一、实验试剂及仪器设备的准备

仪器和设备单				
序号	名称	规格	数量	备注
1	磨碎机			
2	坩埚	50mL		
3	坩埚钳			
4	分析天平	感量0.001g		
5	干燥器			
6	无灰滤纸			
7	漏斗			
8	水浴锅			
9	表面皿	直径60mm		
10	烧杯	100mL		

二、实验仪器设备的清洗

三、写出实训操作步骤

四、数据记录及计算

灰分含量检验原始记录			
		检验报告编号：	
样品名称		样品的其他信息 （生产的批号、日期等）	
检验依据		仪器名称及编号	
试剂来源		检验日期	
检验人		校核人	
测定结果	项　目	样　1	样　2
	坩埚和酸不溶性灰分的质量m_1/g		
	坩埚的质量m_2/g		
	试样的质量m_0/g		
	试样干物质含量/%		
	计算公式		
	酸不溶性灰分含量X/（g/100g）		
	酸不溶性灰分含量平均值X/（g/100g）		
	测定结果的绝对差值/（g/100g）		
	极差与平均值之比/%		

五、回顾与总结

任务评价

任务考核评价表							
评价 项目	评价标准	评价方式			权 重	得分 小计	总 分
		小组 评价	组间 评价	教师 评价			
		0.3	0.3	0.4			
4S 素养	1. 遵守实验室管理规定，严格操作程序 2. 实操过程中能做到随做随清洁 3. 实操结束后能迅速清理、清洁、整顿实训区域，做到实训室的清洁卫生				0.3		
专业 能力	1. 知道茶叶中水分的测定原理与方法 2. 操作规范 3. 数据处理正确 4. 实验结果准确且精确度高				0.5		

续表

任务考核评价表							
评价项目	评价标准	评价方式			权重	得分小计	总分
		小组评价	组间评价	教师评价			
		0.3	0.3	0.4			
职业素养	1. 能与小组成员有效沟通，主动承担任务 2. 能认真实操，并能自觉维持实训室的安静				0.2		

思考题

1. 茶叶中酸不溶性成分的构成？
2. 详述酸不溶性灰分的测定方法？
3. 简述酸不溶性灰分测定的基本原理。

任务 7-5

水浸出物的测定

茶叶中含有多种成分，成品茶中干物质有约40%左右的物质是溶于沸水的。这些能溶于沸水的物质之和称为水浸出物。[1]水浸出物的成分中含有大量的营养成分，如氨基酸、多酚类、咖啡碱、茶色素、可溶性糖和芳香物质等数十种。水浸出物含量与茶品品质密切相关，对茶叶品质起着决定性的作用，因此在生产加工过程中需要对茶叶的水浸出物含量进行测定。

训练目标

1. 了解茶叶中水浸出物测定原理。
2. 学会分析试样的制备。
3. 掌握水浸出物测定的操作方法。

知识准备

水浸出物测定

（参照GB/T 8305—2002《茶 水浸出物测定》）

1. 原理

用沸水回流提取茶叶中的水可溶性物质，回流提取一段时间后，再经过滤、冲洗、干燥、称量浸提后的茶渣，用茶叶的质量减去烘干后茶渣的质量，即得出水浸出物的质量。

2. 仪器和设备

2.1 干燥箱：温控（120±2）℃。

2.2 布氏漏斗连同抽滤装置。

2.3 水浴锅。

2.4 铝盒：具盖，内径75mm~80mm。

2.5 干燥器。

2.6 分析天平：感量0.001g。

2.7 锥形瓶：500mL。

2.8 磨碎机。

3. 分析前准备

3.1 按GB/T 8302规定取样。

3.2 试样制备

3.2.1 紧压茶以外的各类茶：先用磨碎机将少量试样磨碎，弃去，再磨碎其余部分试样，过20目筛，储于塑料瓶中，保存备用。

3.2.2 紧压茶：用锤子和凿子将紧压茶分成4份~8份，再在每份不同处取样，用锤子击碎，过20目筛，储于塑料瓶中，保存备用。

3.3 试样中干物质含量的测定：按"任务7-1 水分含量的测定"测定出试验中干物质的含量，记为m。

3.4 铝盒准备：将铝盒清洗干净，连同15cm定性快速滤纸置于120℃的恒温干燥箱内，烘干1h，取出，在干燥器内冷却至室温，称量（精确至0.001g）。

4. 分析步骤

① 称取 2g（准确至0.001g）磨碎试样于500mL锥形瓶中，并加入沸腾的蒸馏水100mL。

② 将锥形瓶迅速转移到沸水浴中，浸提45min，每隔10min振动一次。

③ 浸提完成后，立即趁热减压过滤，并用约150mL的沸腾蒸馏水洗涤茶渣数次。

④ 将茶渣连同已知质量的滤纸移入铝盒内，然后移入120℃的恒温干燥箱内烘1h。

⑤ 加盖取出后，冷却1h再烘1h，立即移入干燥器内冷却至室温，称量。

5. 结果计算

5.1 水浸出物含量按下式计算：

$$水浸出物（\%）=（1-\frac{M_1}{M_0 \times m}）\times 100\%$$

式中：M_1——干燥后茶渣的质量，单位为克（g）；

M_0——试样的质量，单位为克（g）；

m——试样干物质的含量，%。

5.2 当分析结果符合允许差的要求时，则取两次测定的算术平均值作为结果，精确到0.1%。

6. 精密度

在同一实验室由同一操作者在短暂的时间间隔内、用同一设备对同一试样获得的两次独立测定结果每100g不得超过0.5g。

任务实施

一、实验试剂及仪器设备的准备

仪器和设备单				
序号	名称	规格	数量	备注
1	磨碎机			
2	布氏漏斗			
3	水浴锅			
4	分析天平	感量0.001g		
5	干燥器			
6	锥形瓶	500mL		
7	铝盒	内径75~80mm		

二、实验仪器设备的清洗

三、写出实训操作步骤

四、数据记录及计算

水浸出物检验原始记录				
				检验报告编号：
样品名称		样品的其他信息（生产的批号、日期等）		
检验依据		仪器名称及编号		
试剂来源		检验日期		
检验人		校核人		
测定结果	项目		样1	样2
	试样干物质含量m/%			
	试样的质量M_0/g			
	干燥后茶渣的质量M_1/g			
	计算公式			
	水浸出物含量X/（g/100g）			
	水浸出物含量平均值X/（g/100g）			
	测定结果的绝对差值/（g/100g）			
	极差与平均值之比/%			

五、回顾与总结

....
....
....
....
....

任务评价

任务考核评价表							
评价项目	评价标准	评价方式			权重	得分小计	总分
		小组评价	组间评价	教师评价			
		0.3	0.3	0.4			
4S素养	1. 遵守实验室管理规定，严格操作程序 2. 实操过程中能做到随做随清洁 3. 实操结束后能迅速清理、清洁、整顿实训区域，做到实训室的清洁卫生				0.3		
专业能力	1. 知道茶叶中水分的测定原理与方法 2. 操作规范 3. 数据处理正确 4. 实验结果准确且精确度高				0.5		
职业素养	1. 能与小组成员有效沟通，主动承担任务 2. 能认真实操，并能自觉维持实训室的安静				0.2		

思考题

1. 回顾茶叶中干物质含量的测定方法。
2. 简述水浸出物测定方法。

任务 7-6
粗纤维的测定

　　茶叶中的粗纤维，通常是指茶叶经特定浓度的酸、碱、醇和醚等溶剂作用后的剩余残渣。粗纤维同茶的老嫩程度直接相关。一般来说，粗纤维含量越多，茶叶越老；粗纤维含量越低，茶叶越嫩。嫩度高的茶叶，所含的茶多酚、氨基酸、生物碱、维生素等营养成分多。因此，只有在采摘嫩度高的前提下，才能做出色、香、味、形俱全的成茶；反之，粗纤维多的老茶，品质必然低劣。由于粗纤维含量的高低与茶叶品质息息相关，所以生产过程中需要对茶叶中的粗纤维进行检测。

训练目标

1. 了解茶叶中粗纤维含量的测定原理。
2. 学会分析试样的制备。
3. 掌握茶叶中粗纤维含量测定的操作方法。

知识准备

粗纤维的测定

（参照GB/T8310—2013《茶 粗纤维测定》）

1. 原理

用一定浓度的酸、碱消化处理试样，留下的残留物，再经灰化、称量。由灰化时的质量损失计算粗纤维含量。

2. 仪器和设备

2.1 分析天平：感应量0.001g。

2.2 尼龙布：孔径50pm（相当于300目）。

2.3 玻质砂芯坩埚：微孔平均直径80~160μm，体积30mL。

2.4 高温炉：（525±25）℃

2.5 干燥箱：（120±2）℃

2.6 干燥器：盛装有效干燥剂

3. 试剂及溶液

3.1 1.25%硫酸溶液

配制方法：吸取6.9mL浓硫酸（密度为1.84g/L，质量分数为98.3%），缓缓加入少量水中，冷却定容至1L，摇匀。

3.2 1.25%氢氧化钠溶液

配制方法：称取12.5g氢氧化钠，缓缓加入少量水中，冷却定容至1L，摇匀。

3.3 1%盐酸溶液体积分数

配制方法：取10mL浓盐酸（密度为1.18g/L，质量分数为37.5%）缓缓加入少量水中，冷却定容至1L，摇匀。

3.4 95%乙醇。

3.5 丙酮。

4. 分析前准备

4.1 按GB/T 8302规定取样。

4.2 试样制备

4.2.1 紧压茶以外的各类茶：先用磨碎机将少量试样磨碎，弃去，再磨碎其余部分试样，过20目筛，储于塑料瓶中，保存备用。

4.2.2　紧压茶：用锤子和凿子将紧压茶分成4份~8份，再在每份不同处取样，用锤子击碎，过20目筛，储于塑料瓶中，保存备用。

4.3　坩埚的准备：将洁净的坩埚置于（525±25）℃高温炉内，灼烧1h，待炉温降至300℃左右时，取出坩埚，于干燥器内冷却至室温，称量（准确至0.001g）。

4.4　试样中干物质含量的测定：按"任务7-1　水分含量的测定"测定出试验中干物质的百分含量，记为m。

5. 分析步骤

（1）酸消化

称取试样约2.5g（准确至0.001g）于400mL一烧杯中，加入约100℃的1.25%硫酸溶液200mL，放在电炉上加热（在1min内煮沸）。准确微沸30min并随时补加热水，以保持原溶液的体积。移去热源，将酸消化液倒入内铺50km尼龙布的布氏漏斗中，缓缓抽气减压过滤，并用每次50mL沸蒸馏水洗涤残渣，直至中性，10min内完成。

（2）碱消化

用约100℃的1.25%氢氧化钠200mL，将尼龙布上的残渣全部洗入原烧杯中，放在电炉上加热（在1min内煮沸）。准确微沸30min，并随时补加热水，以保持原溶液的体积。将碱消化液连同残渣倒入连接抽滤瓶的玻质砂芯坩埚中，缓缓抽气减压过滤，用50mL左右沸蒸馏水洗涤残渣，再用1%盐酸洗涤1次，然后用沸蒸馏水洗涤数次，直至中性，最后用乙醇洗涤2次，丙酮洗涤3次并抽滤至干，除去溶剂。

（3）干燥

将上述坩埚及残留物移入干燥箱（4，5）中，120℃烘4h。放在干燥器中冷却，称量（准确至0.001g）。

（4）灰化

将已称量的坩埚，放在高温炉中。（525±25）℃灰化2h，待炉温降至300℃左右时，取出于干燥器中冷却，称量（精确至0.001g）。

6. 结果计算

6.1　茶叶中粗纤维含量按下式计算：

$$粗纤维（\%）=\left(\frac{m_1-m_2}{m}\right)\times100\%$$

式中：m_1——灰化前坩埚及残留物的质量，单位为克（g）；

　　　m_2——灰化后坩埚及灰分的质量，单位为克（g）；

　　　m——试样干物质的含量，%。

6.2　当分析结果符合允许差的要求时，则取两次测定的算术平均值作为结果，精确到0.01%。

7　精密度

在同一实验室由同一操作者在短暂的时间间隔内、用同一设备对同一试样获得的两次独立测定结果绝对差值，不得超过算术平均值的10%。

任务实施

一、实验试剂及仪器设备的准备

仪器和设备单				
序号	名称	规格	数量	备注
1	分析天平			
2	玻质砂芯坩埚	微孔平均直径80μm~160μm，体积30mL		
3	坩埚钳			
4	分析天平	感量0.001g		
5	干燥器			
6	尼龙布	孔径50pm（相当于300目）		
7	漏斗			
8	1.25%硫酸		1L	
9	1.25%氢氧化钠溶液		1L	
10	1%盐酸溶液		1L	

二、实验仪器设备的清洗

三、写出实训操作步骤

四、数据记录及计算

粗纤维含量检验原始记录			
			检验报告编号：
样品名称		样品的其他信息（生产的批号、日期等）	
检验依据		仪器名称及编号	
试剂来源		检验日期	
检验人		校核人	
测定结果	项目	样1	样2
	试样干物质的含量m/%		
	灰化前坩埚及残留物的质量m_1/g		
	灰化后坩埚及灰分的质量m_2/g		
	试样干物质含量/%		

续表

粗纤维含量检验原始记录		
		检验报告编号:
测定结果	计算公式	
	粗纤维含量X/（g/100g）	
	粗纤维含量平均值X/（g/100g）	
	测定结果的绝对差值/（g/100g）	
	极差与平均值之比/%	

五、回顾与总结

任务评价

评价项目	评价标准	评价方式			权重	得分小计	总分
		小组评价	组间评价	教师评价			
		0.3	0.3	0.4			
4S素养	1. 遵守实验室管理规定，严格操作程序 2. 实操过程中能做到随做随清洁 3. 实操结束后能迅速清理、清洁、整顿实训区域，做到实训室的清洁卫生				0.3		
专业能力	1. 知道茶叶中水分的测定原理与方法 2. 操作规范 3. 数据处理正确 4. 实验结果准确且精确度高				0.5		
职业素养	1. 能与小组成员有效沟通，主动承担任务 2. 能认真实操，并能自觉维持实训室的安静				0.2		

思考题

1. 粗纤维对茶叶品质的影响有哪些？
2. 详述粗纤维的测定方法。
3. 简述茶叶干物质测定方法。

任务 7-7

咖啡因的测定

茶叶中含有多种生物碱，且存在一定量的咖啡因。在茶叶中含有1%~5%的咖啡因。咖啡因属于弱碱性的化合物，能够在乙醇和水中微溶，在氯仿中能溶解，味道较苦，形态为白色针状晶体。咖啡因可以作为一种神经性的兴奋剂使用，具有让大脑兴奋、刺激心脏的作用，并且可以起到利尿的作用，在呼吸器官、心脏等方面具有重要的作用。同时利用咖啡因可以实现阿司匹林的止痛效果，减轻患者的痛苦。

训练目标

1. 了解茶叶中咖啡因的测定原理。
2. 学会咖啡因标准曲线的制备。
3. 掌握茶叶中咖啡因测定的操作方法。

知识准备

咖啡因的测定

（参照GB/T 8312—2013《茶 咖啡因测定》）

1. 原理

茶叶中的咖啡因易溶于水，除去干扰物质后，用特定波长测定其吸光度，根据咖啡因各浓度与吸光度所制作的标准曲线，计算出茶叶中咖啡因的含量。

2. 仪器和设备

2.1 紫外分光光度仪。

2.2 分析天平：感量0.001g。

3. 试剂和溶液

3.1 碱式乙酸铅溶液：称取50g碱式乙酸铅，加水100mL，静置过夜，倾出上清液过滤。

3.2 盐酸：0.01mol/L溶液，取0.9mL浓盐酸，用水稀释1L，摇匀。

3.3 硫酸：4.5mol/L溶液，取浓硫酸250mL，用水稀释至1L，摇匀。

3.4 咖啡因标准液：称取100mg咖啡因（纯度不低于99%）溶于100mL水中，作为母液，准确吸取5mL，加水至100mL作为工作液（1mL含咖啡因0.05mg）。

4. 分析前准备

4.1 按GB/T 8302规定取样。

4.2 试样制备

4.2.1 紧压茶以外的各类茶：先用磨碎机将少量试样磨碎，弃去，再磨碎其余部分试样，过20目筛，储于塑料瓶中，保存备用。

4.2.2 紧压茶：用锤子和凿子将紧压茶分成4份~8份，再在每份不同处取样，用锤子击碎，过20目筛，储于塑料瓶中，保存备用。

4.2.3 试样中干物质含量的测定：按"任务7-1 水分含量的测定"测定出试验中干物质的百分含量，记为m。

5. 分析步骤

（1）称取3g（准确至0.001g）磨碎试样于500mL锥形瓶中，加沸蒸馏450mL，立即移入沸水浴中，浸提45min（每隔10min摇动一次）。浸提完毕后立即趁热减压过滤，残渣用少量热蒸馏水洗涤2~3次。

（2）滤液移入500mL容量瓶中，冷却后用蒸馏水稀释至刻度。

（3）用移液管准确吸取上述溶液10mL，移入100mL容量瓶中，加入4mL，0.01mol/L盐酸和1mL碱式乙酸铅溶液，用水稀释至刻度，提匀，静置澄清过滤。

（4）准确吸取滤液25mL，注入50mL容量瓶中，加入4.5mol/L 硫酸溶液0.1mL，加水稀释至刻度，混匀，静置澄清过滤。

（5）用10mm比色杯，在波长274nm处以试剂空白溶液作参比，测定吸光度（A）

（6）制作咖啡碱标准曲线

分别吸取 0, 1, 2, 3, 4, 5, 6mL咖啡因工作液（3.4）于一组25mL容量瓶中，各加入1.0mL盐酸（3.2），用水稀释至刻度，混匀，用10mm石英比色杯，在波长274nm处，以试剂空白溶液作参比，测定吸光度（A）。将测得的吸光度与对应的咖啡碱浓度绘制标准曲线。

6. 结果计算

6.1 样品中咖啡碱含量以干态质量分数表示，含量按下式计算：

$$咖啡碱含量（\%）=\frac{1000C_0 \times L_0}{M_0 \times M_1}$$

式中：C_0——根据试样测得的吸光度（A），从咖啡碱标准曲线上查得的咖啡因相应含量，单位为毫克每毫升（mg/mL）；

L_0——试液总量，单位为毫升（mL）；

M_0——试样用量，单位为克（g）；

M_1——试样干物质的含量，%。

6.2 当分析结果符合允许差的要求时，则取两次测定的算术平均值作为结果，精确到0.01%。

7. 精密度

在同一实验室由同一操作者在短暂的时间间隔内、用同一设备对同一试样获得的两次独立测定结果绝对差值，不得超过算术平均值的10%。

任务实施

一、实验试剂及仪器设备的准备

仪器和设备单				
序号	名称	规格	数量	备注
1	紫外分光光度仪			
2	分析天平	感量0.001g		
3	碱式乙酸铅溶液	50%		
4	盐酸	0.01mol/L		
5	硫酸	4.5mol/L		
6	咖啡因工作液	0.05mg/mL		
7				
8				

二、实验仪器设备的清洗

三、写出实训操作步骤

四、数据记录及计算

咖啡因含量检验原始记录			
			检验报告编号:
样品名称		样品的其他信息 （生产的批号、日期等）	
检验依据		仪器名称及编号	
试剂来源		检验日期	
检验人		校核人	
测定结果	项目	样1	样2
	样品的吸光度/（mg/mL）		
	试液总量/mL		
	试样用量/g		
	试样干物质含量/%		
	计算公式		
	咖啡因含量X/（g/100g）		

续表

咖啡因含量检验原始记录		
		检验报告编号：
测定结果	咖啡因含量平均值X/（g/100g）	
	测定结果的绝对差值/（g/100g）	
	极差与平均值之比/%	

五、回顾与总结

任务评价

任务考核评价表							
评价 项目	评价标准	评价方式			权 重	得分 小计	总分
		小组 评价	组间 评价	教师 评价			
		0.3	0.3	0.4			
4S 素养	1. 遵守实验室管理规定，严格操作程序 2. 实操过程中能做到随做随清洁 3. 实操结束后能迅速清理、清洁、整顿实训区域，做到实训室的清洁卫生				0.3		
专业 能力	1. 知道茶叶中水分的测定原理与方法 2. 操作规范 3. 数据处理正确 4. 实验结果准确且精确度高				0.5		
职业 素养	1. 能与小组成员有效沟通，主动承担任务 2. 能认真实操，并能自觉维持实训室的安静				0.2		

思考题

1. 详述咖啡因标准曲线的制作方法。
2. 详述咖啡因的测定方法。
3. 简述咖啡因测定的基本原理。

任务 7-8

茶多酚的测定

茶多酚是一类存在于茶树中的多羟基酚类化合物的总称，其主要成分包括儿茶素类、黄酮、黄酮醇类、花青素类、酚酸及缩酚酸类，其抽提混合物称茶多酚。茶多酚为无定形粉末形态，具有收敛性和涩味，易吸水变成棕色，甚至成褐黑色胶状物。由于茶多酚具有重要的生理活性，能抗衰老、清除人体自由基、抗癌、抗辐射，且在食品、日用化工、医药保健等领域有重要的应用，因此准确反映茶叶中茶多酚的含量就显得尤为重要。

训练目标

1. 了解茶叶中茶多酚含量的测定原理。
2. 学会没食子酸标准曲线的制备。
3. 掌握茶多酚含量测定的操作方法。

知识准备

茶多酚的测定

（参照GB /T8313—2008《茶 茶叶中茶多酚和儿茶素含量的检测方法》）

1. 原理

茶叶磨碎样中的茶多酚用70%的甲醇在70℃的水浴上提取，福林酚试剂氧化茶多酚中的羟基并显示蓝色，在其最大吸收波长765nm处测其吸光度，以没食子酸作为校正标准，根据没食子酸各浓度与吸光度所制作的标准曲线，计算出茶多酚的含量。

2. 仪器和设备

2.1 分析天平：感量0.001g。

2.2 水浴锅：（70±1）℃。

2.3 离心机：转速3500r/min。

2.4 分光光度计。

3. 试剂和溶液

3.1 乙腈：色谱纯。

3.2 甲醇：分析纯。

3.3 碳酸钠：分析纯。

3.4 甲醇水溶液：体积比7：3。

3.5 福林酚试剂：分析纯。

3.6 10%福林酚试剂：将20mL福林酚试剂转移到200mL容量瓶中，用水定容并摇匀。

3.7 7.5%碳酸钠（质量分数）溶液：称取（37.50±0.01）g碳酸钠，加适量水溶解，转移至500mL容量瓶中，定容至刻度，摇匀。

3.8 没食子酸标准储备溶液（1000μg/mL）：称取（0.110±0.001）g没食子酸，于100mL容量瓶中，定容至刻度，摇匀。

3.9 没食子酸工作液：用移液管分别移取1.0、2.0、3.0、4.0、5.0mL没食子酸标准储备液于100mL容量瓶中，分别用水定容至刻度，摇匀，浓度分别为10、20、30、40、50μg/mL。

4. 分析前准备

4.1 按GB/T 8302规定取样。

4.2 试样制备

4.2.1 紧压茶以外的各类茶：先用磨碎机将少量试样磨碎，弃去，再磨碎其余部分试样，过20目筛，储于塑料瓶中，保存备用。

4.2.2 紧压茶：用锤子和凿子将紧压茶分成4~8份，再在每份不同处取样，用锤子击碎，过20目筛，储于塑料瓶中，保存备用。

4.3 母液制备：称取0.2g（精确到0.0001g）均匀磨碎的试样于10mL离心管中，加入在70℃预热过的70%甲醇溶液5mL，用玻璃棒充分搅拌均匀，立即移入70℃水浴中，浸提10min（隔5min搅拌一次），浸提后冷却到室温，转入离心机在3500r/min转速下离心10min，将上清液转移至10mL容量瓶。残渣再用70%甲醇溶液5mL提取一次，重复上述操作。合并提取液定容至10mL，摇匀，过0.45μm的膜，待用。

4.4 测试液：移取母液1.0mL于100mL容量瓶中，用水定容至刻度，摇匀，待测。

4.5 试样中干物质含量的测定：按"任务7–1 水分含量的测定"测定出试验中干物质的含量，记为m。

5. 分析步骤

（1）用移液管分别移取没食子酸工作液、水及测试液各1mL于刻度试管内，并在每只试管内加入福林酚试剂（3.6）摇匀。

（2）反应3~8min，加入7.5%的碳酸钠溶液4.0mL，加水定容至刻度，摇匀。

（3）室温下放置60min，用10mm比色皿，在765nm波长下，测定吸光度。

（4）分别测定没食子酸工作液的吸光度，根据没食子酸工作液的浓度与对应的吸光度制作标准曲线。

6. 结果计算

6.1 样品中的茶多酚按下式计算：

$$茶多酚含量（\%）=\frac{1000\times S\times A\times V\times d}{m\times m_1}$$

式中：A——样品测试吸光度；

V——样品提取液的体积，单位为毫升（mL）；

d——稀释因子（通常为1mL稀释为100mL，则其稀释因子为100）；

S——没食子酸标准曲线的斜率，10；

m——样品干物质的含量，%；

m_1——样品质量，单位为克（g）。

6.2 当分析结果符合允许差的要求时，则取两次测定的算术平均值作为结果，精确到0.01%。

7. 精密度

在同一实验室由同一操作者在短暂的时间间隔内、用同一设备对同一试样获得的两次独立测定结果绝对差值，不得超过算术平均值的10%。

任务实施

一、实验试剂及仪器设备的准备

仪器和设备单				
序号	名称	规格	数量	备注
1	磨碎机			
2	水浴锅	（70±1）℃		
3	离心机	3500r/min		
4	分析天平	感量0.001g		
5	容量瓶	500mL		
6	容量瓶	100mL		
7	移液管	1mL		
8	分光光度计			
9				
10				

二、实验仪器设备的清洗

三、写出实训操作步骤

四、数据记录及计算

茶多酚含量检验原始记录			
			检验报告编号：
样品名称		样品的其他信息 （生产的批号、日期等）	
检验依据		仪器名称及编号	
试剂来源		检验日期	

续表

茶多酚含量检验原始记录		
		检验报告编号：
检验人		校核人	
测定结果	项　目	样　1	样　2
	样品吸光度A		
	样品提取液d/mL		
	试样的质量m_1/g		
	试样干物质含量m/%		
	计算公式		
	茶多酚含量X/%		
	茶多酚含量平均值X/（g/100g）		
	测定结果的绝对差值/（g/100g）		
	极差与平均值之比/%		

五、回顾与总结

....

....

....

....

....

任务评价

任务考核评价表							
评价项目	评价标准	评价方式			权重	得分小计	总分
		小组评价 0.3	组间评价 0.3	教师评价 0.4			
4S素养	1. 遵守实验室管理规定，严格操作程序 2. 实操过程中能做到随做随清洁 3. 实操结束后能迅速清理、清洁、整顿实训区域，做到实训室的清洁卫生				0.3		
专业能力	1. 知道茶叶中水分的测定原理与方法 2. 操作规范 3. 数据处理正确 4. 实验结果准确且精确度高				0.5		
职业素养	1. 能与小组成员有效沟通，主动承担任务 2. 能认真实操，并能自觉维持实训室的安静				0.2		

思考题

1. 茶叶中茶多酚的种类有哪些?
2. 详述茶叶中茶多酚的测定方法。
3. 简述没食子酸标准曲线的制作方法。

任务 7-9

游离氨基酸的测定

在茶叶中,氨基酸是其主要的化学成分之一。茶叶中的氨基酸以两种形态存在,一种是游离态的氨基酸,另一种是结合态的氨基酸即结合在蛋白质中的氨基酸,属于不溶性的。茶叶水浸出物中呈游离状态存在的具有 α–氨基的有机酸均称为游离氨基酸。在茶叶中已发现二十多种游离氨基酸,茶叶中的游离氨基酸其含量占干物重的2%~5%,其中以特征氨基酸-茶氨基酸含量最高。游离氨基酸是茶叶中的重要营养成分,因此生产过程中测定游离氨基酸的含量,对判断茶品质有着一定的指导意义。

训练目标

1. 了解茶叶中游离氨基酸含量的测定原理。
2. 学会分析试样的制备。
3. 掌握游离氨基酸含量测定的操作方法。

知识准备

游离氨基酸的测定

(参照GB/T 8314—2013《茶 游离氨基酸总量的测定》)

1. 原理

α–氨基酸在pH8.0的条件下与茚三酮共热,形成紫色络合物,用分光光度法在特定的波长下测定其吸光度,以茶氨酸作为校正标准,根据茶氨酸各浓度与吸光度所制作的标准曲线,计算出α–氨基酸的含量。

2. 仪器和设备

2.1 分析天平:感量0.001g。

2.2 分光光度计。

3. 试剂和溶液

3.1 pH8.0磷酸盐缓冲液:配制 1/15mol/L磷酸氢二钠和1/15mol/L磷酸二氢钾溶液。然后取

1/15mol/L的磷酸氢二钠溶液95mL和1/15mol/L磷酸二氢钾溶液5mL，混匀。

3.2 2%茚三酮溶液：称取水合茚二酮（纯度不低于99%）2g，加50mL水和80mg氯化亚锡（SnCl$_2$·2H$_2$O）搅拌均匀。分次加少量水溶解，放在暗处，静置一昼夜，过滤后加水定容至100mL。

3.3 茶氨酸标准液：称取100mg茶氨酸（纯度不低于99%）溶于100mL水中，作为母液。准确吸取5mL母液，加水定容至50mL作为工作液（1mL含茶氨酸0.1mg）。

3.4 分别吸取0.0，1.0，1.5，2.0，2.5，3.0mL氨基酸工作液于一组25mL容量瓶中，各加水4mL、pH8.0磷酸缓冲溶液0.5mL和2%的茚三酮溶液0.5mL，在沸水浴中加热15min，冷却后加水定容至25mL，待用。

4. 分析前准备

4.1 按GB/T 8302规定取样。

4.2 试样制备

4.2.1 紧压茶以外的各类茶：先用磨碎机将少量试样磨碎，弃去，再磨碎其余部分试样，过20目筛，储于塑料瓶中，保存备用。

4.2.2 紧压茶：用锤子和凿子将紧压茶分成4~8份，再在每份不同处取样，用锤子击碎，过20目筛，储于塑料瓶中，保存备用。

5. 分析步骤

（1）称取 3g（准确至0.001g）磨碎试样于500mL锥形瓶中，加沸蒸馏450mL，立即移入沸水浴中，浸提45min（每隔10min摇动一次）。浸提完毕立即趁热减压过滤，残渣用少量热蒸馏水洗涤2~3次。

（2）滤液移入500mL容量瓶中，冷却后用蒸馏水稀释至刻度。

（3）准确吸取试液1mL，注入25mL的容量瓶中，加pH8.0磷酸盐缓冲液0.5mL和2%茚三酮溶液0.5mL，在沸水浴中加热15min。待冷却后加水定容至25mL。放置10min后，用5mm比色杯，在570nm处，以试剂空白溶液作参比，测定吸光度。

（4）分别测定各浓度茶氨酸工作液（3.4）的吸光度，根据茶氨酸工作液的浓度与对应的吸光度制作标准曲线。

6. 结果计算

6.1 样品中的游离氨基酸按下式计算：

$$游离氨基酸总量（以茶氨酸计）（\%）= \frac{1000 \times C \times L_1}{L_2 \times M_0 \times m} \times 100\%$$

式中：L_1——试液总量，mL；

L_2——测试用试液量，mL；

C——根据样品测定的吸光度从标准曲线上查得的茶氨酸的毫克数，mg；

m——样品干物质的含量，%；

M_0——样品质量，g。

6.2 当分析结果符合允许误差的要求时，取两次测定的算术平均值作为结果，精确到0.01%。

7. 精密度

在同一实验室由同一操作者在短暂的时间间隔内，用同一设备对同一试样获得的两次独立测定结果，绝对差值不得超过算术平均值的10%。

任务实施

一、实验试剂及仪器设备的准备

仪器和设备清单				
序号	名称	规格	数量	备注
1	分析天平	感量0.001g		
2	分光光度计			
3	容量瓶	500mL		
4	减压过滤装置			
5	容量瓶	25mL		
6	移液管	1mL		
7				
8				

二、实验仪器设备的清洗

三、写出实训操作步骤

四、数据记录及计算

游离氨基酸含量检验原始记录			
		检验报告编号：	
样品名称		样品的其他信息 （生产的批号、日期等）	
检验依据		仪器名称及编号	
试剂来源		检验日期	
检验人		校核人	
测定结果	项目	样1	样2
	试液总量L_1/mL		
	测试用试液量L_2/mL		
	试样的质量M_0/g		
	试样干物质含量m/%		
	茶氨酸的毫克数C/mg		
	计算公式		

续表

游离氨基酸含量检验原始记录		
		检验报告编号：
测定结果	游离氨基酸含量X/%		
	游离氨基酸含量平均值X/（g/100g）		
	测定结果的绝对差值/（g/100g）		
	极差与平均值之比/%		

五、回顾与总结

任务评价

任务考核评价表						
评价项目	评价标准	评价方式			权重	得分小计	总分
		小组评价	组间评价	教师评价			
		0.3	0.3	0.4			
4S素养	1. 遵守实验室管理规定，严格操作程序 2. 实操过程中能做到随做随清洁 3. 实操结束后能迅速清理、清洁、整顿实训区域，保持实训室的清洁卫生				0.3		
专业能力	1. 知道茶叶中游离氨基酸的测定原理与方法 2. 操作规范 3. 数据处理正确 4. 实验结果准确且精确度高				0.5		
职业素养	1. 能与小组成员有效沟通，主动承担任务 2. 能认真实操，并能自觉维持实训室的安静				0.2		

思考题

1. 茶叶中游离氨基酸的种类有哪些？
2. 详述茶叶中游离氨基酸的测定方法。
3. 简述茶多酚标准曲线的制作方法。

任务 7-10

铅的测定

铅是茶叶中主要的重金属污染成分之一，在食品卫生监测指标中铅含量作为茶叶卫生质量的一个重要检测内容。欧盟最近提出了我国出口茶叶欧盟茶叶中，铅含量不得超过5mg/kg的限量要求，因此测定出口茶叶中的铅含量已势在必行。

训练目标

1. 了解茶叶中铅含量的测定原理。
2. 学会铅标准曲线的制备。
3. 掌握铅含量测定的操作方法。

知识准备

铅的测定

（参照GB5009.12—2010《食品安全国家标准 食品中铅的测定》）

1. 原理

试样经灰化或酸消解后，注入原子吸收分光光度计石墨炉中，电热原子化后吸收283.3nm共振线，在一定浓度范围，其吸收值与铅含量成正比，与标准系列比较定量。

2. 仪器和设备

2.1 原子吸收光谱仪，附石墨炉及铅空心阴极灯。

2.2 分析天平：感量0.001g。

2.3 马福炉。

2.3 恒温干燥箱。

2.4 坩埚。

2.5 电炉。

2.6 压力消解器。

3. 试剂和溶液

3.1 硝酸：优级纯。

3.2 过氧化氢：分析纯。

3.3 过硫酸铵：分析纯。

3.4 高氯酸：优级纯。

3.5 硝酸（1+1）：取50mL 硝酸慢慢加入50mL水中。

3.6 硝酸（0.5mol/L）：取3.2mL硝酸加入50mL水中，稀释至100mL。

3.7 硝酸（1mol/L）：取6.4mL硝酸加入50mL水中，稀释至100mL。

3.8 磷酸二氢铵溶液（20g/L）：称取2.0g磷酸二氢铵，以水溶解稀释至100mL。

3.9 混合酸：硝酸+高氯酸（9+1）。取9份硝酸与1份高氯酸混合。

3.10 铅标准储备液：准确称取1.000g金属铅（99.99%），分次加少量硝酸（1+1），加热溶解，总量不超过37mL，移入1000mL容量瓶，加水至刻度。混匀。此溶液每毫升含1.0mg铅。

3.11 铅标准使用液：每次吸取铅标准储备液1.0mL于100mL容量瓶中，加硝酸（0.5mol/L）至刻度。重复上述操作一次后，分别吸取10mL、20mL、40mL、60mL、80mL上述溶液，加入到100mL容量瓶中，加硝酸（0.5mol/L）至刻度。如此经多次稀释成每毫升含10.0ng、20.0ng、40.0ng、60.0ng、80.0ng铅的标准使用液。

4. 分析前准备

4.1 按GB/T 8302规定取样。

4.2 试样制备

4.2.1 紧压茶以外的各类茶：先用磨碎机将少量试样磨碎，弃去，再磨碎其余部分试样，过20目筛，储于塑料瓶中，保存备用。

4.2.2 紧压茶：用锤子和凿子将紧压茶分成4~8份，再在每份不同处取样，用锤子击碎，过20目筛，储于塑料瓶中，保存备用。

4.3 试样消解：称取 1~5g 试样（精确到0.001g，根据铅含量而定）于瓷坩埚中，先小火在可调式电热板上炭化至无烟，移入马弗炉（500±25）℃灰化6~8h，冷却。若个别试样灰化不彻底，则加1mL 混合酸（硝酸+高氯酸）在可调式电炉上小火加热，反复多次直到消化完全，放冷，用硝酸（0.5mol/L）将灰分溶解，用滴管将试样消化液洗入或过滤入（视消化后试样的盐分而定）10~25mL 容量瓶中，用水少量多次洗涤瓷坩埚，洗液合并于容量瓶中并定容至刻度，混匀备用；同时作试剂空白。

5. 分析步骤

（1）仪器条件：根据各自仪器性能调至最佳状态。参考条件为波长283.3nm，狭缝0.2~1.0nm，灯电流5~7mA，干燥温度120℃，20s；灰化温度450℃，持续15~20s，原子化温度：1700~2300℃，持续4~5 s，背景校正为氘灯或塞曼效应。

（2）标准曲线绘制：吸取上面配制的铅标准使用液10.0ng/mL，20.0ng/mL，40.0ng/mL，60.0ng/mL，80.0ng/mL各10μL，注入石墨炉，测得其吸光值并求得吸光值与浓度关系的一元线性回归方程。

（3）试样测定：分别吸取样液和试剂空白液各10μL，注入石墨炉，测得其吸光值，代入标准系列的一元线性回归方程中求得样液中铅含量。

6. 结果计算

6.1 样品中的铅含量按下式计算：

$$X = \frac{1000\,(c_1 - c_0) \times V}{m}$$

式中：X——试样中铅含量，单位为毫克每千克（mg/kg）；

$\qquad c_1$——测定样液中铅含量，单位为钠克每毫升（ng/mL）；

$\qquad c_0$——空白液中铅含量，单位为钠克每毫升（ng/mL）；

V——试样消化液定量总体积，单位为毫升（mL）；

m——试样质量，单位为克（g）。

6.2 当分析结果符合允许差的要求时，则取两次测定的算术平均值作为结果，精确到0.01%。

7. 精密度

在同一实验室由同一操作者在短暂的时间间隔内、用同一设备对同一试样获得的两次独立测定结果绝对差值，不得超过算术平均值的20%。

任务实施

一、实验试剂及仪器设备的准备

仪器和设备单				
序号	名称	规格	数量	备注
1	磨碎机			
2	恒温干燥箱	（120±1）℃		
3	马福炉			
4	分析天平	感量0.001g		
5	容量瓶	1000mL		
6	容量瓶	100mL		
7	压力消解器			
8	原子吸收光谱仪			
9				
10				

二、实验仪器设备的清洗

三、写出实训操作步骤

四、数据记录及计算

铅含量检验原始记录			
			检验报告编号：
样品名称		样品的其他信息 （生产的批号、日期等）	
检验依据		仪器名称及编号	

续表

铅含量检验原始记录		
		检验报告编号:
试剂来源		检验日期	
检验人		校核人	
测定结果	项目	样1	样2
	试样中铅含量X/（mg/kg）		
	测定样液中铅含量c_1/（ng/mL）		
	空白液中铅含量c_0/（ng/mL）		
	试样消化液定量总体积v/%		
	试样质量m/g		
	计算公式		
	铅含量X/（mg/kg）		
	铅含量平均值X/（mg/kg）		
	测定结果的绝对差值/mg		
	极差与平均值之比/%		

五、回顾与总结

....

....

....

....

....

任务评价

任务考核评价表							
评价项目	评价标准	评价方式			权重	得分小计	总分
		小组评价	组间评价	教师评价			
		0.3	0.3	0.4			
4S素养	1. 遵守实验室管理规定，严格操作程序 2. 实操过程中能做到随做随清洁 3. 实操结束后能迅速清理、清洁、整顿实训区域，做到实训室的清洁卫生				0.3		
专业能力	1. 知道茶叶中水分的测定原理与方法 2. 操作规范 3. 数据处理正确 4. 实验结果准确且精确度高				0.5		
职业素养	1. 能与小组成员有效沟通，主动承担任务 2. 能认真实操，并能自觉维持实训室的安静				0.2		

思考题

1. 简述茶叶中铅含量的测定原理。
2. 详述茶叶中铅的测定方法。
3. 简述铅标准曲线的制作方法。

任务 7-11

有机氯的测定

民以食为天，食以安为先。农产品的安全性是人民对食品的首要要求。化学农药自1938年开始在世界上推广应用，20世纪50年代末农药残留问题凸现。我国茶叶生产中仍存在农药用量大、次数多、滥用的现象。机氯农药属于残效期长，稳定性强的一类农药，除了目前在农作物生长和存储期仍在施用的一些带来残留外，因早期大量施用且降解很慢，长期存在于环境中，会再次在农作物中带来残留，因此需要对茶叶中各种有机氯农药残留量进行检测。

训练目标

1. 了解茶叶中有机氯农药的测定原理。
2. 学会试样凝胶色谱层析净化的方法。
3. 掌握茶叶中各有机氯农药的测定方法。

知识准备

有机氯的测定

1. 原理

试样中的有机氯农药组分经有机溶剂提取、凝胶色谱层析净化，用毛细管柱气相色谱分离，电子捕获器检测，与标准比较定量。电子捕获检测器对于负电极强的化合物具有较高的灵敏度，利用这一特点，可分别测出微量的六六六和滴滴涕。不同异构体和代谢物可同时分别测定。

2. 仪器和设备

2.1 分析天平：感量0.001g。

2.2 气相色谱仪：具有电子捕获检测器（ECD）。

2.3 旋转蒸发仪。

2.4 全自动凝胶色谱系统：带有固定波长（254nm）紫外检测器。

2.5 凝胶净化柱：（长30cm，内径2.5cm，具活塞玻璃层析柱，柱底垫少许玻璃棉，用洗脱剂乙酸乙酯-环己烷（体积比为1:1）浸泡的凝胶以湿法装入柱中，柱床高约26cm，胶床始终保持在洗脱液中）。

3. 试剂和溶液

3.1 丙酮：分析纯。

3.2 正己烷：分析纯。

3.3 环己烷：分析纯。

3.4 石油醚：沸程30~60℃，分析纯。

3.5 氯化钠：分析纯。

3.6 硫酸：分析纯。

3.7 乙酸乙酯：分析纯。

3.8 无水硫酸钠：分析纯。

3.9 农药标准品：α-六六六（α-HCH）、六氯苯（HCB）、β-六六六（β-HCH）、γ-六六六（γ-HCH）、五氯硝基苯（PCNB）、δ-六六六（δ-HCH）、五氯苯胺（PCA）、七氯（Heptachlor）、无氯苯基硫醚（PCPs）、艾氏剂（Aldrin）、氧氯丹（Oxychlordance）、环氧七氯（Heptachlor epoxide）、反氯丹（trans-chlordance）、α-硫丹（α-endosulfan）、顺氯丹（cis-chlordance）、P，P'-滴滴伊（P，P'-DDE）、狄氏剂（Dieldrin）、异狄氏剂（Endrin）、β-硫丹（β-endosulfan）、P，P'-滴滴滴（P，P'-DDD）、O，P'-DDT（O，P'-DDT）、异狄氏剂醛（Endrin ketone）、硫丹硫酸盐（Endosulfan）、P，P'-滴滴涕（P，P'-DDT）、异狄氏剂酮（Endrin keton）、灭蚁灵（Mirex），纯度均应不低于98%。

3.9 标准溶液的配制：分别准确称取或量取上述农药标准品适量，用少量苯溶解，再用正己烷稀释成一定浓度的标准储备液。量取适量的标准储备液，用正己烷稀释为系列混合标准溶液。

4. 分析前准备

4.1 按GB/T 8302规定取样。

4.2 试样制备

4.2.1 紧压茶以外的各类茶：先用磨碎机将少量试样磨碎，弃去，再磨碎其余部分试样，过20目筛，储于塑料瓶中，保存备用。

4.2.2 紧压茶：用锤子和凿子将紧压茶分成4~8份，再在每份不同处取样，用锤子击碎，过20目筛，储于塑料瓶中，保存备用。

5. 分析步骤

（1）称取已充分粉碎样品20.00g于250mL具塞锥形瓶中，加水20mL，加入40mL丙酮，摇匀，振摇30min，加氯化钠6g，摇匀。加石油醚30mL，振荡30min，静置30min，将上层有机相转入100mL具塞三角瓶中，经无水硫酸钠干燥，并量取35mL移入旋转蒸发仪。

（2）浓缩至剩下1mL左右，加入2mL乙酸乙酯-环己烷（1+1）溶液再浓缩，如此重复三次，浓缩至1mL，供凝胶色谱层析净化用。

（3）手动凝胶色谱柱净化：将试样浓缩液经凝胶柱，用乙酸乙酯-环己烷（1+1）溶液洗脱，弃去0~35mL流分，收集35~70mL流分。将其旋转蒸发至约1mL，将其旋转蒸发浓缩至约1mL，再经凝胶柱净化，收集35~70mL流分，蒸发浓缩，用氮气吹除溶剂，用正己烷定容至1mL，留待GC分析。

（4）气相色谱仪参考条件

色谱柱：DM-5石英弹性毛细管柱，长30m、内径0.32mm，膜厚0.25μm。

柱温：升温程序90℃停留1min，然后以40℃/min的速率升温至170℃，以2.3℃/min的速率升温至230℃，停留17min，再以40℃/min的速率升温至280℃，停留5min。

进样口温度：280℃，不分流进样，进样量1μL。

检测器：电子捕获检测器（ECD），温度300℃。

载气流速：氮气，流速1mL/min；尾吹25mL/min。

柱前压：0.5MPa。

（5）色谱分析：吸取1μL混合标样及1μL试样净化液注入气相色谱中，记录色谱图，以保留时间定性，以试样和标准的峰高或峰面积比较定量。

6. 结果计算

6.1 样品中的各有机氯农药含量按下式计算：

$$试样中各有机氯农药含量 X（\%）= V_1 \times m_1 \times f / 1000 V_2 m$$

式中：X——试样中各有机氯农药的含量，（mg/kg）

m_1——被测样液中各农药的含量，（ng）

V_1——样液进样的体积，（μL）

f——稀释因子

m——试样的质量，（g）

V_2——样液最后定容体积，（mL）

6.2 当分析结果符合允许差的要求时，则取两次测定的算术平均值作为结果，精确到0.01%。

7. 精密度

在同一实验室由同一操作者在短暂的时间间隔内、用同一设备对同一试样获得的两次独立测定结果绝对差值，不得超过算术平均值的20%。

任务实施

一、实验试剂及仪器设备的准备

仪器和设备单				
序号	名称	规格	数量	备注
1	磨碎机			
2	气相色谱仪	具有电子捕获检测器（ECD）		
3	旋转蒸发仪			
4	分析天平	感量0.001g		
5	全自动凝胶色谱系统			
6	容量瓶	100mL		
7	凝胶净化柱			
8	移液枪	1μL		
9				
10				

二、实验仪器设备的清洗

三、写出实训操作步骤

四、数据记录及计算

有机氯含量检验原始记录			
			检验报告编号：
样品名称		样品的其他信息 （生产的批号、日期等）	
检验依据		仪器名称及编号	
试剂来源		检验日期	
检验人		校核人	
	项目	样1	样2
测定结果	试样中各农药的含量/（mg/kg）		
	被测样液中各农药的含量m_1/ng		
	试样的质量m_1/g		
	样液进样的体积V_1/μL		
	样液最后定容体积，V_2/mL		
	计算公式		
	试样中各农药的含量X/%		
	试样中各农药的含量平均值X/（g/100g）		
	测定结果的绝对差值/（g/100g）		
	极差与平均值之比/%		

五、回顾与总结

任务评价

任务考核评价表							
评价项目	评价标准	评价方式			权重	得分小计	总分
		小组评价	组间评价	教师评价			
		0.3	0.3	0.4			
4S素养	1. 遵守实验室管理规定，严格操作程序 2. 实操过程中能做到随做随清洁 3. 实操结束后能迅速清理、清洁、整顿实训区域，做到实训室的清洁卫生				0.3		
专业能力	1. 知道茶叶中水分的测定原理与方法 2. 操作规范 3. 数据处理正确 4. 实验结果准确且精确度高				0.5		
职业素养	1. 能与小组成员有效沟通，主动承担任务 2. 能认真实操，并能自觉维持实训室的安静				0.2		

思考题

1. 详述茶叶中有机氯农药检测方法。
2. 详述试样凝胶色谱层析净化的方法。
3. 简述气相色谱检测用方法。

参考文献

[1] 陈宗懋. 农药残留问题的过去、现在和将来[J]，科技导报，2011，29（32）：76.

[2] 蒋定国，方从容，杨大进，等测定茶叶中27种有机氯和拟除虫菊酯农药多组分残留气相色谱法[J]，中国食品卫生杂志，2005，17（5）：385.

[3] 参照GB /T 5009.19–2008《食品中有机氯农药多组分残留量的测定》

[4] 汤茶琴，张定，黎星辉，茶树及成品茶叶中铅的研究进展[J]，福建茶叶，2006，（2）：15–17.

[5] 傅明，胡宇东，陈新焕，关于茶叶中铅含量测定方法的初步探讨[J]，茶叶，2001，27（1）：56–57.

[6] 吕玉宪. 粗纤维含量与茶叶品质关系浅析[J]蚕桑茶叶通讯，1991，4：17–18.

[7] 王宏树、方昊云. 若干处理对红茶水浸出物含量及品质影响研究[J]茶叶通讯，2009，36（1）：14–15.

[8] 杨昌举. 食品科学概论[J]北京：中国人民大学出版社，1999：354–361.

[9] 刘本英，周红杰，王平盛，等 茶叶灰分和水分与品质关系[J] 热带农业科技 2007，30（3）：22

[10] 刘晓霞. 贵州茶叶灰分含量分析[J]农技服务，2011，28（8）：1215—1216